의학 보건학 연구자를 위한

다변수 분석

미첼 카츠 지음

배정민, 이솔암 옮김

의학 보건학 연구자를 위한
다변수 분석

2020년 4월 13일 1판 1쇄 박음
2020년 4월 20일 1판 1쇄 펴냄

지은이 | 미첼 카츠
옮긴이 | 배정민 · 이솔암
펴낸이 | 한기철

펴낸곳 | 한나래출판사
등록 | 1991. 2. 25. 제22–80호
주소 | 서울시 마포구 토정로 222, 한국출판콘텐츠센터 309호
전화 | 02) 738–5637 · 팩스 | 02) 363–5637 · e–mail | hannarae91@naver.com
www.hannarae.net

Multivariable Analysis: A Practical Guide for Clinicians and Public Health Researchers, 3rd ed by Mitchell H. Katz

This Korean edition was published by HANNARAE Publishing Co. in 2020 by arrangement with Cambridge University Press, Cambridge, CB2 8BS, U. K. through KCC(Korea Copyright Center Inc.), Seoul.

ISBN 978–89–5566–235–1 93310

* 이 도서의 국립중앙도서관 출판예정도서목록(CIP)은 서지정보유통지원시스템 홈페이지(http://seoji.nl.go.kr)와 국가자료종합목록 구축시스템(http://kolis–net.nl.go.kr)에서 이용하실 수 있습니다.(CIP제어번호: CIP2020013512)

이 책이 필요한 이유

"다변수 분석은 결코 간단하지 않다." 다변수 분석을 수행해보았거나 그 결과를 해석해본 연구자라면 이 말에 틀림없이 공감할 것이다. 수많은 기초 의학통계학 서적이 있지만, 대부분은 다변수 분석에 대해 아주 기본적인 내용만 다루고 넘어가기 때문에 큰 도움이 되지 못한다. 한편, 다변수 분석을 전문적으로 다루는 서적도 있지만 수식과 증명으로 가득 차 있어 연구자가 궁금해하는 질문에 속 시원한 답변을 주지 못한다. 수학책이 아니면서도 다변수 분석을 이해하고, 실행하고, 그 결과를 해석할 수 있도록 해주는 책은 없는 걸까?

이 책은 이러한 의문을 가진 독자에게 좋은 길잡이가 될 것이다. 미첼 카츠 박사(Dr. Mitchell Katz)의 자문자답으로 쓰여진 이 책은 연구자들이 궁금해하는 많은 질문에 대한 해답을 제공해 줄 것이다.

- 다변수 분석은 왜 필요할까?
- 다변수 분석 중에서도 어떠한 종류를 골라야 할까?
- 다변수 분석을 수행하기 위해서는 얼마나 많은 대상자가 필요할까?
- 동일한 대상자에게 여러 번 측정이 이루어진 경우 어떻게 해야 할까?

이러한 질문에 대한 답변과 자세한 설명을 이 책에서 찾아보길 바란다. 여러 가지 팁과 요약본, 도표 및 도움이 될 만한 참고서적도 함께 제시되어 있다.

특히 의대생, 전공의, 혹은 임상가에게 이 책은 통계 분석이라는 너무나도 혼란스러운 분야를 헤쳐 나가기 위해 꼭 필요한 길잡이가 될 것이다.

이 책의 1판에 대한 찬사

"이 책은 다변수 분석을 비수학적 관점에서 다룬 첫 번째 책이며, 임상가를 위해 쓰여졌다. 이 책에는 필요한 내용이 충분히 포함되어 있으면서도 그 구성이 알차고, 간결하고 명확하게 쓰여 있어 참고서적, 교과서, 혹은 자습서 어떤 목적으로도 추천할 만하다. 이 책은 임상가가 다변수 분석을 수행하기 위해 꼭 필요한 실제적인 안내서가 될 것이다!"

Leonard E. Braitman, Ph.D., 내과학 회보 (Annals of Internal Medicine)

머리말

임상연구에서 다변수 분석의 중요성은 날이 갈수록 커지고 있다. 이 책의 초판이 발행된 1999년에는 로지스틱 회귀모형과 비례위험 모형이 이 분야에서 최첨단 기술이었다. 지금은 다소 오래된 구닥다리 기술처럼 느껴지기도 하지만, 혼합효과 모형, 일반화 추정 방정식, 포아송 회귀, 성향점수와 같은 새로운 다변수 분석 기법들이 계속해서 등장하고 있다.

통계 프로그램의 발달, 등록자료와 같이 대규모의 인구 대상으로 경시적 관찰이 이루어진 데이터베이스에 대한 접근성의 향상, 그리고 임상 효과성 연구(clinical effectiveness study－의료의 질 향상과 의료비용 절감을 위해 수행되는 일련의 치료 방법들을 비교하는 연구)에 대해 높아진 관심 덕분에 연구자들이 이러한 다양한 모형을 사용해볼 기회가 많아졌다.

그럼에도 불구하고 오랫동안 변하지 않은 사실이 있는데, 통계학을 전공하지 않은 보건의학 연구자들이 다변수 분석을 수행하고 이를 통해 얻은 결과를 해석하기 위해서는 쉬운 지침서가 필요하다는 것이다. 통계 프로그램을 사용할 때 높은 수준의 프로그래밍 능력이나 수학적 자질이 꼭 필요한 것은 아니지만 잘못 구축된 다변수 모형은 반드시 잘못된 결과를 낳게 된다. 또한, 분석을 올바르게 수행했다고 하더라도 그 결과로부터 적절한 결론을 도출하지 못하는 경우도 있다.

이러한 문제를 해결하기 위해 이 책은 다변수 모형을 만들고 그 결과를 해석하는 데 초점을 맞추고 있다. 이 책에서는 본이 될 만한 여러 논문을 예시로 들면서 독자들이 분석을 올바르게 수행하고 결과를 효과적으로 제시할 수 있도록 하였다. 올바르게 자료를 다루고 분석하는 데 있어서 이미 학술지에 게재된 연구를 살펴보는 것만큼 효율적인 방법은 없기 때문이다.

기존의 많은 통계학 교과서들이 모형의 종류에 따라 구성되어 있는 데 반해 이 책은 실제로 분석을 수행하는 과정에 따라 다변수 분석의 필요성 검토(1장과 2장), 올바른 모형의 선택(3장), 독립변수 선정(4장과 5장), 다변수 모형의 구축(6장)과 분석 수행(7장), 결과 해석(8장), 기본 가정의 검토(9장), 모형의 적합도 검증(12장) 등의 순서로 구성하였다. 일반적으로 모형이 타당하다면 서로 다른 방법론을 이용해 분석하더라도 비슷한 결과를 얻을 수 있다. 반면, 분석 방법에 따라 결과가 매우 달라진다면 그 결과의 타당성을 의심해볼 필요가 있다. 주어진 자료를 어떤 방법으로 분석해야 하는지에 대한 논쟁을 끝내는 가장 좋은 방법은 여러 방법을 모두 적용해보고 결과가 서로 어떻게 다른지 확인해보는 것이다. 만약 그들 사이에 별 차이가 없다면 분석 결과의 타당성이 높다고 볼 수 있다. 그러나 사용한 분석 방법에 따라 결과에 상당한 차이가 있다면 자료의 특성에 대해 다시 고민해보아야 한다. 이 책은 실제로 연구가 진행되는 과정에 따라 구성되었기 때문에 연구자는 현재 단계에서 자신에게 필요한 내용을 쉽게 확인해볼 수 있을 것이다.

이 책은 의학통계학에 어느 정도 익숙한 독자에게 적합하다. 이러한 책을 쓸 때는 얼마나 자세한 내용까지 다루어야 하는지 결정하는 것이 가장 어렵다. 수많은 모형 중 단 한 가지 방법에 대해서 이 책보다 두껍게 쓸 수도 있고, 실제로 그러한 서적을 많이 찾아볼 수 있다. 하지만, 이 책은 분량을 최대한 짧게 유지하면서도 임상 연구자에게 충분한 지침을 줄 수 있도록 특정한 주제에 대해서는 참고문헌을 미주에 기록해두었다. 통계학 교과서는 비싸고 논문 또한 접근성이 떨어지므로 가급적 유용한 웹사이트를 찾아 제공하려 했다.

필자가 캘리포니아 대학교 샌프란시스코(the University of California, San Francisco)에서 20년 동안 만난 학생들은 이 책을 쓰는 데 중요한 질문과 통찰을 제공해주었다. 미국의사회 내과학회지(JAMA Internal Medicine)의 부편집장으로 활동했던 경험 역시 다변수 분석의 실질적인 활용에 대한 통찰을 제공해주었다. 이 자리를 빌어 편집장(Rita Redberg, M.D.), 의학통계 편집자(John Neuhaus, Ph.D., Kirsten Johansen, M.D.), 그 외 저자와 협업한 편집자(Patrick O'Malley, M.D., Kirsten Johansen, M.D.)에게 감사를 표한다. 그리고 이번 판을 내는 데 큰 도움을 준 캠브리지대학교 출판사(Cambridge University Press)의 편집자(Richard Marley)와 직원들에게 감사드린다.

이 책을 쓰고 개정하는 데 가장 도움이 된 것은 여러 연구자들이 저자의 이메일을 통해 보내준 수많은 의견과 질문이다. 책을 집필하는 것은 매우 고독한 일로, 이 책으로 인해 연구자들이 더 나은 연구를 수행할 수 있을 것이라는 믿음이 없었다면 결코 이 일을 하지 않았을 것이다. 질문이나 향후 개정판에 대한 제안사항이 있다면 언제든지 메일(mhkatz59@yahoo.com)을 보내주기 바란다.

옮긴이의 말

모든 분야가 그러하듯 보건의학연구에도 거대한 변화의 물결이 일고 있습니다. 우선 국민건강영양조사 원시자료와 건강보험 심사평가자료 등 다양한 빅데이터가 공개되어 개인 연구자도 전국 규모의 데이터를 다룰 수 있게 되었습니다. 뿐만 아니라, R과 Python과 같은 오픈소스 소프트웨어의 보급으로 거의 모든 종류의 통계기법을 라이센스에 대한 부담 없이 사용할 수 있게 되었습니다. 바야흐로 누구나 훌륭한 분석을 수행할 수 있는 시대가 열렸습니다. 도구와 재료는 모자람 없이 갖추어졌습니다. 자, 그럼 이 방대한 자원을 활용할 수 있는 사람은 누구일까요?

그동안 제가 수많은 프로젝트를 진행하며 배운 것은 내 연구에 대한 통계 분석을 남에게 맡길 수 없다는 것입니다. 질병의 위험요인을 탐색하고, 진단이나 예후를 예측하기 위한 통계 모형은 그 분야에 대한 풍부한 임상 경험과 통찰 없이는 제대로 만들 수가 없습니다. 나의 가설을 증명하기 위해 연구를 어떻게 설계하고, 모형에 어떤 변수를 넣고 어떤 상호작용을 고려해야 할지 결정하는 것 모두, 컴퓨터도 다른 통계 전문가도 아닌 연구자의 몫입니다. 딥 러닝과 같은 최신 분석 기법이 의학연구의 패러다임을 바꾸는 것처럼 보여도 결국 의학연구의 절대 다수는 다변수 분석으로 남을 것입니다. 우리는 여러 요인들이 복합적으로 작용하는 다변수 세상에 살고 있기 때문입니다. 그러므로 다변수 분석을 이해하고 올바르게 수행할 수 있는 연구자만이 빅데이터의 주인이 될 수 있다고 믿습니다.

저자가 머리말에서 밝혔듯이, 로지스틱 회귀분석과 콕스의 비례위험모형은 한 시대를 여는 첨단이었습니다. 그로부터 꽤 많은 시간이 흐른 지금은 의학연구의 기본기가 되었습니다. 요즘의 피어 리뷰(peer review)와 독자들은 그리 호락호락하지 않습니다. 모형을 사용하는 데 필요한 기본 가정과 여러 요소들을 면밀히 검토한 후에야 우리가 만든 모형이 널리 인정받을 수 있을 것입니다. 하지만 좌절할 필요는 없습니다. 제대로 된 분석을 위해 갖추어야 할 지식이 우리가 넘보기 어려울 만큼 많은 것은 아니니까요.

《의학 보건학 연구자를 위한 다변수 분석》은 다변수 분석에 필요한 모든 개념을 담고 있는 백과사전과 같은 책입니다. 이 책의 저자인 미첼 카츠 박사는 내과 전문의 취득 이후 샌프란시스코 보건부(San Francisco Department of Health), 로스앤젤레스 카운티 보건국(Los Angeles County Health Agency)을 거쳐 뉴욕시 건강 및 병원 공사(New York City Health and Hospitals Corporation)의 최고경영자로 있습니다. 그가 통계학자가 아닌 만큼 이 책은 수식보다 개념 위주로 접근하고 있습니다. 이 책에는 통계 분석 프로그램의 사용법이나 분석 코드가 담겨 있지는 않습니다. 대신 결과변수에 따라 사용할 수 있는 다변수 모형의 종류, 교란변수와 억제변수, 상호작용, 다중공선성, 서로 연관된 관측값, 모형의 기본 가정 등 연구자가 꼭 알아야 할 통계적 개념들에 대해 쉽고 자세하게 풀어서 설명해줍니다. 로지스틱 회귀모형과 콕스의 비례위험모형은 물론이고, 비례오즈 회귀분석, 다항 로지스틱 회귀분석, 포아송 회귀분석과 음이항 회귀분석에 더하여 비교적 최근의 기법인 성향점수, 일반화 추정 방정식과 혼합효과 모형까지 상세히 조명하고 있습니다. 이 책은 이론에 치우치지 않고 연구자들이 실제로 분석을 수행하며 마주하게 되는 여러 고민들에 대해 하나씩 친절하게 답하는 형식으로 쓰였기 때문에 연구자들의 가려운 곳을 긁어주는 시원한 효자손과 같은 책이라 하겠습니다. 그러므로 이 책은 다변수 분석을 처음 시작하는 연구자들뿐 아니라 코호트 연구를 한 번쯤 수행해본 분들에게 더 큰 도움이 될 것입니다.

오랜 기간 널리 사랑받아온 명저를 번역할 수 있었던 것은 역자로서 큰 영광이었습니다. 처음 통계를 공부할 때 번갯불에 콩 구워 먹듯 읽었던 책을 이번에는 마치 대학원 공부를 하듯 몇 번씩 곱씹어가며 번역을 했습니다. 그리고 독자들의 이해를 돕기 위해 풍부한 사례를 들어 설명하는 저자의 정성과 배려에 다시 한 번 탄복했습니다. 그동안 통계 분석의 방법에 대한 서적은 많았지만 다변수 분석을 제대로 알려주는 책은 찾기 어려웠던 것 같습니다. 이 책이 통계에 대한 깊이 있는 지식에 목말라 있던 보건의학 연구자들의 갈증을 풀어줄 수 있을 것으로 기대합니다.

누군가에게 의존하지 않고 어떤 데이터든 척척 분석해내는 연구자를 꿈꿔본 적 있습니까? 처음부터 쉽지는 않을 겁니다. 배워야 할 것도 많고 경험도 필요합니다. 하지만, 아는 만큼 잘할 수 있습니다. 이 책을 차근차근 따라가다 보면 어느새 다변수 분석에 소양을 갖춘 연구자가 되어 있는 자신을 발견하게 될 것입니다. 빅데이터 속에서 연구자로서의 통찰을 마음껏 탐색할 수 있는 당신을 응원합니다.

contents

chapter 9 기본 가정의 검토 217

chapter 10 성향점수 241

chapter 11 서로 연관된 관측값 249

chapter

1

서론

1. 왜 다변수 분석 기법을 사용해야 할까?
2. 교란변수란 무엇이며,
   이것을 다루는 데 다변수 분석은 어떤 도움이 될까?
3. 억제변수란 무엇이며,
   이것을 다루는 데 다변수 분석은 어떤 도움이 될까?
4. 상호작용이란 무엇이며,
   이것을 다루는 데 다변수 분석은 어떤 도움이 될까?

1 왜 다변수 분석 기법을 사용해야 할까?

우리는 다변수 세상에 살고 있다. 의학적, 정치적, 사회적 또는 개인적인 사건들 대부분이 여러 요인을 지니며, 이 요인들은 서로 연관되어 있다. 다변수 분석(multivariable analysis)은 하나의 사건이나 결과에 작용하는 서로 다른 요인들의 상대적 기여도를 결정하는 통계적 도구이다.[1]

정의

> 다변수 분석은 하나의 사건에 작용하는 서로 다른 요인들의 상대적 기여도를 결정하는 통계적 도구이다.

대부분의 질병은 여러 요인을 지니며, 예후 또한 다양한 요인에 의해 좌우되므로 다변수 분석은 특히 임상연구에 유용하다. 단일 병원체에 의해 발생하는 것으로 생각되는 감염병도 사실 병원성과 같은 병원체의 특성, 노출 경로와 강도, 숙주의 면역 방어 등 여러 요인이 복합적으로 작용한다.

다변수 분석은 여러 위험요인의 다각적인 특성과 그들이 결과 발생에 미치는 상대적 기여도를 분석한다. 예를 들어 관찰 역학(observational epidemiology)은 조기 사망이 특히 흡연, 비활동적인 생활 방식, 비만, 콜레스테롤 수치 상승, 고혈압과 관련된 여러 가지 위험요인과 관련되어 있음을 알려준다. 단, 이 요인들이 조기 사망을 초래한다고 말할 수는 없다. 통계 분석만으로는 요인과 결과 간의 인과관계를 증명할 수 없다.[2] 인과성이란 생물학적 개연성과 무작위 임상시험과 같은 엄밀한 연구 설계를 통해 정립되는 것이다.

그럼에도 관찰 연구를 통해 조기 사망의 위험요인을 확인하는 것은 중요하다. 왜냐하

1 '다변량 분석(multivariate analysis)'과 '다변수 분석(multivariable analysis)'은 종종 혼용되어 쓰이는 경향이 있다. 엄밀히 말하자면 다변량 분석은 여러 결과변수를 동시에 예측하는 것을 지칭한다. 이 책에서는 단일 결과변수를 예측하기 위해 여러 변수를 사용하는 기법에 대하여 다루므로 다변수 분석으로 통일했다.

2 이 책에서는 전체적으로 '연관된'과 '관련된'이라는 말을 혼용해 쓰고 있다. 마찬가지로 '위험요인', '노출', '예측변수'와 '독립변수', '결과변수'와 '종속변수'도 각각 혼용한다. 비록 이 중 위험요인, 예측변수, 결과 같은 용어들은 인과성을 암시할 수도 있겠으나, 인과성은 통계 분석으로 증명할 수 없다는 사실을 기억하라. 인과성을 정립하는 최선의 방법은 교란요인을 제거하기 위한 무작위 배정, 결과변수가 위험요인의 원인이 될 가능성을 최소화하는 경시적 연구 등 엄밀한 연구 설계이다.

면 흡연, 앉아서 생활하는 습관, 비만과 같이 조기 사망을 초래할 수 있는 여러 조건에 사람들을 무작위로 배정하여 실험할 수는 없기 때문이다. 더욱이 이러한 조건들은 함께 발생하는 경향이 있다. 즉, 흡연하는 사람들은 덜 운동하고 비만일 가능성이 높다.

다변수 분석은 이러한 요인 각각의 '독립적'인 기여도를 분리해준다. 운동의 경우를 예로 들어보자. 여러 연구에서 운동하는 사람은 앉아서 생활하는 습관을 가진 사람보다 오래 사는 것으로 나타났다. 그러나 만약 운동하는 사람이 오래 사는 이유가 단지 그들이 담배를 피울 가능성이 적고 저지방 음식을 섭취하여 콜레스테롤을 낮게 유지하는 데 있다면 규칙적인 운동을 시작한다고 해서 사람의 평균 수명이 바뀌지 않을 것이다.

에어로빅 센터 경시적 연구는 이 중요한 질문에 대한 답을 찾고자 했다.[3] 연구자들은 남성 2만 5,341명과 여성 7,080명을 대상으로 운동과 사망 사이의 관계를 조사했다. 모든 참가자는 1970년과 1989년 사이에 기반조사를 받았다. 여기에는 신체검사, 피검사, 러닝머신 평가가 포함되었다. 참가자들의 평균 추적관찰 기간은 남성의 경우 8.4년, 여성은 7.5년이었다.

[표 1-1]은 추적 기간 동안 사망자와 생존자의 특성을 비교한 것이다. 남녀 각각 생존자와 사망자 간에는 많은 차이가 있음을 알 수 있다. 특히, 생존자는 더 젊고, 혈압이 낮고, 콜레스테롤이 낮았으며, 흡연을 거의 하지 않았고 신체적으로 건강했다.

3 Blair, S. N., Kampert, J. B., Kohl, H. W., et al. (1996). "Influences of cardiorespiratory fitness and other precursors on cardiovascular disease and all-cause mortality in men and women." *JAMA,* 276, 205–210.

[표 1-1] 에어로빅 센터 경시적 연구에서 생존자, 사망자의 기본 특성

특성	남자		여자	
	생존 (n=24,740)	사망 (n=601)	생존 (n=6,991)	사망 (n=89)
연령(표준편차)	42.7 (9.7)	52.1 (11.4)	42.6 (10.9)	53.3 (11.2)
체질량지수, kg/m^2 (표준편차)	26.0 (3.6)	26.3 (3.5)	22.6 (3.9)	23.7 (4.5)
수축기혈압, mm Hg (표준편차)	121.1 (13.5)	130.4 (19.1)	112.6 (14.8)	122.6 (17.3)
총 콜레스테롤, mg/dL (표준편차)	213.1 (40.6)	228.9 (45.4)	202.7 (40.5)	228.2 (40.8)
공복 혈당, mg/dL (표준편차)	100.4 (16.3)	108.1 (32.0)	94.4 (14.5)	99.9 (25.0)
운동량, %				
낮음	20.1	41.6	18.8	44.9
중간	42	39.1	40.6	33.7
높음	37.9	19.3	40.6	21.3
현재 또는 최근 흡연자, %	26.3	36.9	18.5	30.3
관상동맥 심장질환의 가족력, %	25.4	33.8	25.2	27
심전도 이상, %	6.9	26.3	4.8	18
만성 질환 보유, %	18.4	40.3	13.4	20.2

출처: Blair, S. N., et al. (1996). "Influences of cardiorespiratory fitness and other precursors on cardiovascular disease and all-cause mortality in men and women." *JAMA,* 276, 205–210.

[표 1-1]은 흥미로운 결과이지만, '꾸준한 운동이 독립적으로 수명을 증가시키는가?' 라는 질문에 대한 답이 되지는 못한다. 운동량이 많은 집단은 연구 기간 동안 사망할 확률이 적었지만 이들은 젊고 담배를 거의 피우지 않았고 혈압도 낮았기 때문에 이 중 어떤 요인이 수명을 연장시켰는지 알 수 없기 때문이다.

연구자들은 운동이 수명(혹은 반대로 사망)과 독립적으로 연관성이 있는지 확인하기 위해 다변수 분석 기법 중 하나인 비례위험모형을 사용했다. 결과는 [표 1-2]에 나와 있다. 만약 남자에서 10,000인년당 사망 건수를 비교한다면 운동량이 중간이거나 높은 집단(25명)에 비해 운동량이 적은 집단(38.1명)에서 사망자가 더 많다는 걸 볼 수 있다. 이러한 차이는 운동량이 적은 집단에서 더 높은 상대위험도(38.1/25 = 1.52)를 반영한다. 이는 다른 변수들의 영향이 보정된 것이다. 낮은 운동량이 높은 사망률과 연관성이 있으며 알려진 다른 위험인자인 흡연, 고혈압, 콜레스테롤, 가족력 등과 독립적으로 작용함을 의미한다. 여성에서도 같은 경향을 확인할 수 있다.

[표 1-2] 에어로빅 센터 경시적 연구에서 사망과 관련된 위험요인을 탐색하기 위한 다변수 분석

독립변수		남자		여자	
		10,000인년당 사망	보정된 상대위험 (95% 신뢰구간)	10,000인년당 사망	보정된 상대위험 (95% 신뢰구간)
운동량	낮음	38.1	1.52 (1.28–1.82)	27.8	2.1 (1.36–3.26)
	중간/높음	25	1.0 (기준)	13.2	1.0 (기준)
흡연 정도	상시 흡연 또는 최근 흡연자	39.4	1.65 (1.39–1.97)	27.8	1.99 (1.25–3.17)
	과거 흡연 또는 흡연경험 없음	23.9	1.0 (기준)	14	1.0 (기준)
수축기 혈압	≥ 140 mm Hg	35.6	1.30 (1.08–1.58)	13	0.76 (0.41–1.40)
	< 140 mm Hg	27.3	1.0 (기준)	17.1	1.0 (기준)
콜레스테롤 수치	≥ 240mg/dL	35.1	1.34 (1.13–1.59)	18	1.09 (0.68–1.74)
	< 240mg/dL	26.1	1.0 (기준)	16.6	1.0 (기준)
관상동맥 심장질환 가족력	있음	29.9	1.07 (0.90–1.29)	12.8	0.70 (0.43–1.16)
	없음	27.8	1.0 (기준)	18.2	1.0 (기준)
체질량지수	≥ 27 kg/m^2	28.8	1.02 (0.86–1.22)	15.9	0.94 (0.52–1.69)
	< 27 kg/m^2	28.2	1.0 (기준)	16.9	1.0 (기준)
공복 혈당	≥ 120mg/dL	34.4	1.24 (0.98–1.56)	29.6	1.79 (0.80–4.00)
	< 120mg/dL	27.9	1.0 (기준)	16.5	1.0 (기준)
이상 심전도	있음	44.4	1.64 (1.34–2.01)	25.3	1.55 (0.87–2.77)
	없음	27.1	1.0 (기준)	16.3	1.0 (기준)
만성질환	있음	41.2	1.63 (1.37–1.95)	17.5	1.05 (0.61–1.82)
	없음	25.3	1.0 (기준)	16.7	1.0 (기준)

출처: Blair, S. N., et al. (1996). "Influences of cardiorespiratory fitness and other precursors on cardiovascular disease and all-cause mortality in men and women." *JAMA*, 276, 205–210.

다변수 분석 외에 이러한 문제를 해결할 수 있는 방법으로는 층화분석(stratified analysis)이 있다. 층화분석은 다른 변수를 고정시킨 상태에서 위험요인이 결과변수에 미치는 영향을 평가하는 것이다. 예를 들어 흡연자와 비흡연자로 나눈 다음 운동량에 따른 사망률을 비교하면, 흡연 여부에 독립적으로 운동이 사망에 미치는 상대위험도를 계산할 수 있다. 이러한 분석 결과는 [표 1-3]에 나와 있다.

[표 1-3] 에어로빅 센터 경시적 연구에서 남자의 전체 사망에 대한 흡연과 운동의 층화분석

		10,000인년당 사망	층별 상대위험 (95% 신뢰구간)
흡연자	적은 운동량	48.0	1.63 (1.26–2.13)
	중간/높은 운동량	29.4	1.0 (기준)
비흡연자	적은 운동량	44.0	2.19 (1.77–2.70)
	중간/높은 운동량	20.1	1.0 (기준)

정의

층화분석은 다른 변수의 특성(값)을 일정하게 고정했을 때 위험요인이 결과변수에 미치는 영향을 평가하는 방법이다.

[표 1-3]은 [표 1-2]와 달리 집단을 층화한 뒤 단변수 분석[4]을 수행한 결과이다. 운동량이 적은 집단의 사망률이 운동량이 중간이거나 높은 집단에 비해 높다는 것을 흡연자군(48.0 대 29.4)과 비흡연자군(44.0 대 20.1)에서 모두 확인할 수 있다. 이 층화분석은 사망률에 미치는 운동의 효과가 흡연 여부와 독립적이라는 사실을 보여준다.

그러면 운동과 수명 사이의 관계에 영향을 미칠 것으로 생각되는 다른 변수들은 어떤가? 이들 각각에 대해 층화할 수도 있을 것이다. 이렇게 하면 운동이 수면에 미치는 영향이 단순히 흡연 여부에 따라 결정되는 것이 아니라 높은 콜레스테롤 수치나 혈압 등 다른 요인에도 독립적이라는 사실을 보여줄 수 있다. 그러나 이는 운동과 수명의 관계가 또 하나의 변수에 대해 독립적이라는 사실을 보일 뿐이다.

두 변수(흡연과 콜레스테롤)에 대해 층화하려면, 운동과 수명의 관계를 네 집단(높은 콜레스테롤의 흡연자, 낮은 콜레스테롤의 흡연자, 높은 콜레스테롤의 비흡연자, 낮은 콜레스테롤의 비흡연자)에서 분석해야 한다. 세 변수를 층화하려면[흡연(예/아니오), 높은 콜레스테롤 수치(예/아니오), 고혈압(예/아니오)] 8개 집단(2×2×2=8)으로 나누어야 한다. 고혈당(예/아니오)을 추가하면 16개 집단(2×2×2×2=16), 연령군(10년 단위 6개)을 또 추가하면 96개 집단(2×2×2×2×6=96)이 필요하다. 그럼에도 [표 1-1]에서 사망률과 연관된 모든 변수를 고

4 두 변수 사이의 연관성을 기술하는 데는 이변수 분석이라는 용어를 사용하기도 한다. 단변수 분석과 이변수 분석은 유사한 의미로 사용되며 통계 프로그램이나 문헌에 따라 혼용되기도 한다.

려하지 못했다.

층화변수를 추가할 때마다 운동과 수명 간 관계를 분석해야 하는 집단의 수가 늘어나게 된다. 이럴 경우 결과를 보여주기 위해 논문 한 편이 아닌 책 한 권 정도의 분량이 필요할 것이고, 아무리 큰 표본에서 시작했다 하더라도 각 집단의 표본수는 충분치 못할 것이다. 예를 들어 에어로빅 센터 경시적 연구에서 남자는 2만 5,341명이었으며 사망자는 601명이었다. 분포가 균일할 것을 가정할 때 96개의 소집단은 각각 최대 6명의 사망 건수를 기대할 수 있다. 그러나 실제로는 분포가 균일하지 않을 것이므로 몇몇 집단의 크기는 매우 작을 것이고, 그중 일부는 사망한 사례가 없을 수도 있다.

다변수 분석은 결과변수에 대한 다수의 독립변수들의 영향을 동시에 분석함으로써 이러한 한계를 극복할 수 있다. 그러나 이러한 장점에는 항상 전제조건이 따른다. 다변수 모형은 자료의 특성에 대한 몇 가지 가정을 전제로 하는데, 때론 이러한 가정들이 잘 충족되고 있는지 판정하기 어렵다. 이 문제에 대해서는 3장과 4장, 9장에서 다룰 것이다.

2 교란변수란 무엇이며, 이것을 다루는 데 다변수 분석은 어떤 도움이 될까?

다변수 분석이 여러 위험요인의 독립적인 기여도를 동시에 평가할 수 있는 능력은 '교란(confounding)'이 있을 때 특히 중요하다. 교란은 위험요인과 결과변수 간의 연관성이 제3의 변수에 의해 영향을 받는 것을 의미하며, 이 변수를 교란변수(confounder)라고 한다.

정의

교란변수란 위험요인과 연관되어 있으며 결과변수와는 인과적 관계에 있다.

어떤 변수가 교란변수가 되려면 위험요인과 반드시 연관되어 있어야 하고, 결과변수와 인과적 관계에 있어야 한다[그림 1-1].

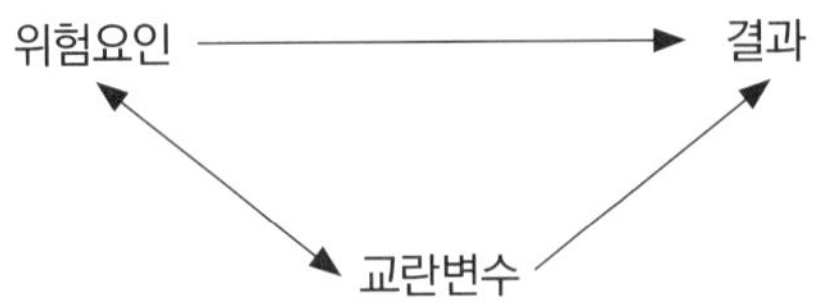

[그림 1-1] 위험요인, 교란변수, 결과 사이의 관계

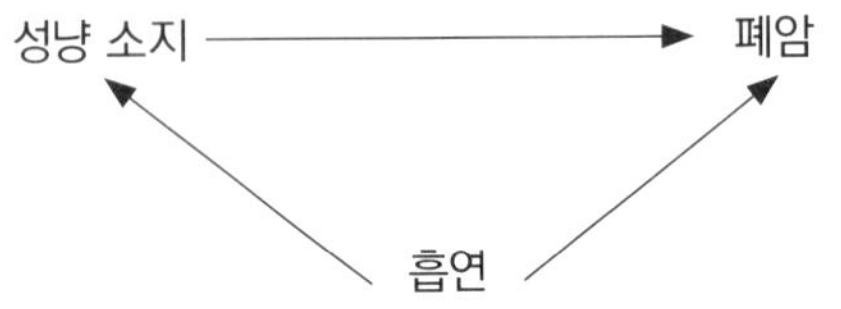

[그림 1-2] 성냥 소지와 흡연, 폐암 사이의 관계

[그림 1-2]의 성냥 소지와 폐암 발생 간 관계는 교란변수의 고전적인 사례다. 성냥을 소지한 사람들은 폐암에 걸릴 가능성이 매우 높은데, 이때 교란변수는 흡연이다. 이 사례가 종종 언급되는 이유는 성냥 소지 그 자체가 폐암을 일으킬 수 없다는 걸 쉽게 알 수 있기 때문이다.

교란효과를 파악하고 제거하기 위해 층화분석을 이용할 수 있다. 흡연 여부를 층화하면 성냥 소지가 폐암과 연관되지 않았다는 사실을 알 수 있다. 다시 말해서 비흡연자와 흡연자를 나누어 보면 성냥 소지와 폐암 발생에는 연관성이 없다. 교란의 통계적 증거는 층화하지 않은 분석과 층화분석 간의 결과 차이에 있다. 층화하지 않은 분석에서 카이제곱 검정은 유의하였으며 폐암에서의 성냥의 효과는 1보다 매우 클 것이다. 하지만, 흡연자군과 비흡연자군으로 층화된 뒤에는 성냥 소지와 폐암과 유의한 연관성이 없을 것이다. 즉, 오즈비는 두 군에서 모두 1에 가까울 것이다. 이는 [표 1-3]의 운동이 흡연자와 비흡연자 모두에서 사망과 유의하게 연관된 결과와 다르다.

대다수의 임상적 사례에서 교란현상은 성냥 소지와 폐암 간의 관계에 비해 모호하며 탐지하기 어렵다. 이번에는 혈관 확장술(풍선이 내장된 관을 이용하여 막힌 혈관을 개통하는 시술)을 받은 관상동맥 심장질환 환자의 예후와 흡연과의 관계를 살펴보자.

담배회사들은 오랫동안 관련이 없다고 주장해왔지만, 우리 모두는 흡연이 사망 위험을 증가시킨다는 사실을 알고 있다. [표 1-2]의 에어로빅 센터 경시적 연구를 포함한 수많은 연구들은 흡연이 사망률 증가와 연관되었음을 보여준다. 그렇다면 하스다이(Hasdai)

[표 1-4] 흡연 수준과 사망 위험 사이의 단변수 분석

단변수 분석	비흡연자	과거 흡연자	최근 금연자	계속 흡연자
사망의 상대위험도	1.0 (기준)	1.08 (0.92-1.26)	0.56 (0.40-0.77)	0.74 (0.59-0.94)

출처: Hasdai, D., et al. (1997). "Effect of smoking status on the long-term outcome after successful percutaneous coronary revascularization." *N. Engl. J. Med.* 336, 755–761.

[표 1-5] 인구학적, 임상적 요인과 흡연 수준 간의 연관성

	비흡연자	과거 흡연자	최근 금연자	계속 흡연자
연령, 세 ± SD	67 ± 11	65 ± 10	56 ± 10	55 ± 11
협심증 유병기간, 개월 ± SD	41 ± 66	51 ± 72	21 ± 46	29 ± 55
당뇨, %	21%	18%	8%	10%
고혈압, %	54%	48%	38%	39%
관상동맥 질환의 침범 정도, %				
단일 혈관	50%	51%	57%	55%
두 혈관	36%	36%	34%	36%
세 혈관	14%	13%	10%	9%

출처: Hasdai, D., et al. (1997). "Effect of smoking status on the long-term outcome after successful percutaneous coronary revascularization." *N. Engl. J. Med.* 336, 755–761.

와 동료들의 연구 결과를 어떻게 설명해야 할까?[5] 그들은 혈관 확장술을 받은 관상동맥 질환자 5,437명을 비흡연자, 과거 흡연자, 최근 금연자와 계속 흡연자로 분류하여 추적관찰했다. 사망의 상대위험도와 95% 신뢰구간이 [표 1-4]에 나와 있다.

계속해서 흡연하는 사람들의 사망 위험이 흡연 경험이 전혀 없는 사람들(비흡연자)에 비해 어떻게 낮을 수 있을까? 상식적으로 생각해보면 최근 금연자들은 적어도 수년이 지나야 사망 위험이 보통 수준으로 돌아올 것이며 최소한 비흡연자들보다 사망 위험이 낮을 수는 없을 것이다.

이외에 혈전 용해 치료를 받은 관상동맥 질환 환자에 대한 몇몇 연구에서도 흡연과 예후 사이에 유사한 관계가 발견되었으며, 이런 효과는 '흡연자의 역설(smoker's

5 Hasdai, D., Garratt, K. N., Grill, D. E., et al. (1997). "Effect of smoking status on the long-term outcome after successful percutaneous coronary revascularization." *N. Engl. J. Med*, 336, 755–761.

[표 1-6] 흡연 수준과 사망 위험에 대한 단변수/다변수 연관성 비교

	비흡연자	과거 흡연자	최근 금연자	계속 흡연자
사망의 상대위험도 (단변수 분석)	1.0 (기준)	1.08 (0.92–1.26)	0.56 (0.40–0.77)	0.74 (0.59–0.94)
사망의 상대위험도 (다변수 분석)	1.0 (기준)	1.34 (1.14–1.57)	1.21 (0.87–1.70)	1.76 (1.37–2.26)

출처: Hasdai, D., et al. (1997). "Effect of smoking status on the long-term outcome after successful percutaneous coronary revascularization." *N. Engl. J. Med.* 336, 755–761.

paradox)'[6]로 불린다. 이러한 역설 뒤에는 어떠한 사실이 숨어 있을까? [표 1-5]를 보자. 비흡연자와 과거 흡연자에 비해 최근 금연자와 계속 흡연자들은 보다 젊고, 협심증 유병기간이 비교적 짧으며 당뇨병이나 고혈압 환자의 비율이 낮았다. 또한 관상동맥 질환의 증상도 비교적 덜 심각한 상태였다. 즉, 단일 혈관 질환인 경우가 더 많았고 세 혈관 질환은 보다 적었다. 이런 사실을 놓고 보면 최근 금연자와 계속 흡연자의 사망 위험이 비흡연자나 과거 흡연자보다 낮은 게 이상하지 않다. 그들은 비흡연자나 과거 흡연자보다 젊고 다른 건강 문제가 비교적 적기 때문이다.

[표 1-6]에서 다변수 분석과 단변수 분석의 사망 위험을 비교해보자. 저자들이 다변수 분석에서 집단 간 연령과 협심증 유병 기간 등과 같은 차이들을 보정한 데 주목하자.

군 간의 기저 변수의 차이들을 보정하면 과거 흡연자와 계속 흡연자의 사망 위험이 비흡연자에 비해 유의하게 높게 나타난다. 이는 매우 상식적인 결과다. 최근 금연자들은 비흡연자들에 비해 사망 위험이 높지만 상대위험도의 신뢰구간이 1을 포함하고 있어 통계적으로 유의하지 않다. 단변수 분석과 다변수 분석의 결과가 서로 다른 것은 교란효과가 존재함을 알려준다. 층화분석과 비교했을 때 다변수 분석의 장점은 연령, 협심증 유병기간, 당뇨 환자, 고혈압 환자, 관상동맥 질환 증상과 같이 층화하기 어려운 요인들을 한꺼번에 처리할 수 있다는 것이다.

TIP

교란요인이 여럿 있을 때 다변수 분석이 층화분석보다 적절하다.

6 Barbash, G. I., Reiner, J., White, H. D., et al. (1995). "Evaluation of paradoxical beneficial effects of smoking in patients receiving thrombolytic therapy for acute myocardial infarction: Mechanisms of the 'smoker's paradox' from the GUSTO-I trial, with angiographic insights." *J. Am. Coll. Cardiol*, 26, 1222–1229.

3 억제변수란 무엇이며, 이것을 다루는 데 다변수 분석은 어떤 도움이 될까?

억제변수(suppresser)는 교란변수의 일종이다. 교란변수가 그렇듯이, 억제변수 또한 위험요인과 결과변수에 각각 연관되어 있다[그림 1-3]. 다른 점은 단변수 분석에서 위험요인과 결과변수 사이에 연관성이 보이지 않는다는 점이다. 그러나 억제변수를 보정하면, 위험요인과 결과변수 사이의 연관성이 유의하게 관찰된다.

TIP

교란요인과 달리 억제변수는 보정하기 전에는 위험요인과 결과변수 간의 연관성이 보이지 않는다.

억제변수를 발견하고 보정하는 것은 매우 중요하다. 예를 들어 항레트로바이러스 치료가 HIV(human immunodeficiency virus, 인체 면역결핍 바이러스)에 감염된 환자의 주사바늘에 찔린 의료 종사자들의 HIV 혈청전환(seroconversion)을 막을 수 있는지 여부는 알려져 있지 않았다. 수년 동안 위험에 노출된 의료인에게 지도부딘(zidovudine) 치료가 시행되어왔지만 그 사용을 뒷받침하는 효능에 대한 자료는 없었다. 무작위 대조시험이 시도된 적은 있지만 당연히도 의료인들이 무작위 배정을 원치 않았기 때문에 참가자를 모집할 수 없었다.

그 대신 환자-대조군 연구가 수행되었다.[7] 주사바늘에 찔려 항체가 생성된 의료인을 환자군, 바늘에 찔렸지만 HIV 음성 반응을 보인 의료인을 대조군으로 정하고, 지도부딘을 복용하는 사람들의 비율이 대조군보다 환자군에서 더 낮을 것인지 여부를 조사하였다. 그 결과 지도부딘 사용자의 비율은 환자군(27%, 9/33)이 대조군(36%, 247/679)보다 낮았으나 통계적으로 유의하지 않았다($p=0.35$). 오즈비 0.7은 지도부딘이 보호 효과가 있음을 보여주지만 95% 신뢰구간은 넓게 1을 포함하고 있었다(0.3–1.4).

7 Cardo, D. M., Culver, D. H., Ciesielski, C. A., et al. (1997). "A case-control study of HIV seroconversion in health-care workers aft er percutaneous exposure." *N. Engl. J. Med*, 337, 1485–1490.

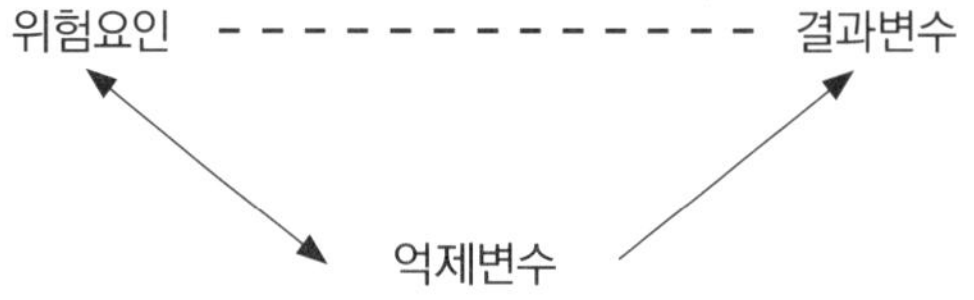

[그림 1-3] 위험요인과 억제변수, 결과변수 사이의 관계

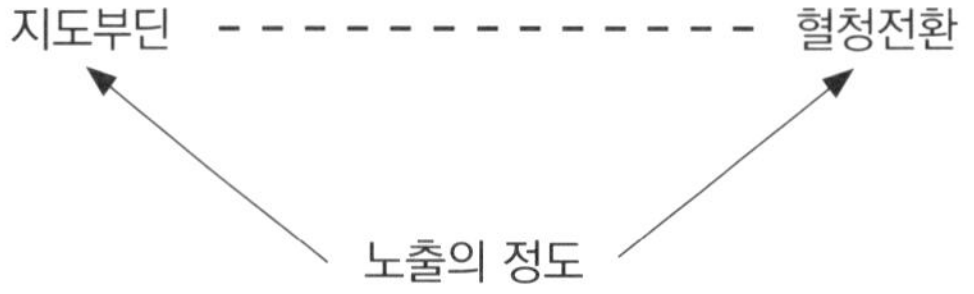

[그림 1-4] 지도부딘, 노출의 정도, 혈청전환 사이의 관계

하지만, 주사에 깊이 찔렸거나 피가 묻은 바늘에 찔린 것과 같이 바이러스에 특히 심각하게 노출된 경우 경미한 노출의 의료인보다 지도부딘을 더 사용했을 가능성이 있었다. 또한 심각한 노출을 접한 의료인에서 혈청전환이 일어날 가능성도 더 높았다.

다중 로지스틱 회귀분석을 이용하여 노출의 정도를 보정했을 때, 지도부딘은 혈청전환 위험을 유의하게 낮췄다(오즈비 0.2, 95% 신뢰구간 0.1–0.6, $p<0.01$). 이는 억제 효과의 좋은 예다[그림 1-4]. 노출의 정도는 지도부딘의 사용과 연관되어 있으며 혈청전환과 인과적인 연관성이 있다. 단변수 분석에서 지도부딘 사용은 혈청전환과 유의한 관계를 보이지 않았으나 노출의 정도를 보정한 후 유의한 결과를 보였다.

이 연구에서는 억제변수를 포함하는 다변수 분석을 통해 지도부딘의 효능을 확인할 수 있었지만, 이러한 분석이 모든 잠재적 편향을 보정할 수는 없다는 점을 잊으면 안 된다. 예를 들어 이 연구에서 환자군과 대조군은 동일한 인구집단에서 추출되지 않았기 때문에 선택 편향이 결과에 영향을 미쳤을 가능성이 높다. 그럼에도 이 연구는 항레트로바이러스 치료가 HIV에 감염된 환자의 주사바늘에 찔린 의료인에 대한 표준 치료법으로 자리 잡는 데 중요한 역할을 하였다.

4 상호작용이란 무엇이며, 이것을 다루는 데 다변수 분석은 어떤 도움이 될까?

상호작용(interaction)은 위험요인이 결과변수에 미치는 영향의 정도가 제3의 변수에 따라 달라질 때 발생한다.

정의

상호작용은 위험요인이 결과변수에 미치는 영향이 제3의 변수에 따라 달라질 때 생긴다.

[그림 1-5]는 상호작용을 설명하는 그림이다. 위험요인이 결과에 미치는 영향(실선으로 나타낸 부분)은 상호작용 변수의 값에 따라 다르다. 점선은 상호작용 효과를 고려하지 않은 관계를 나타낸다.

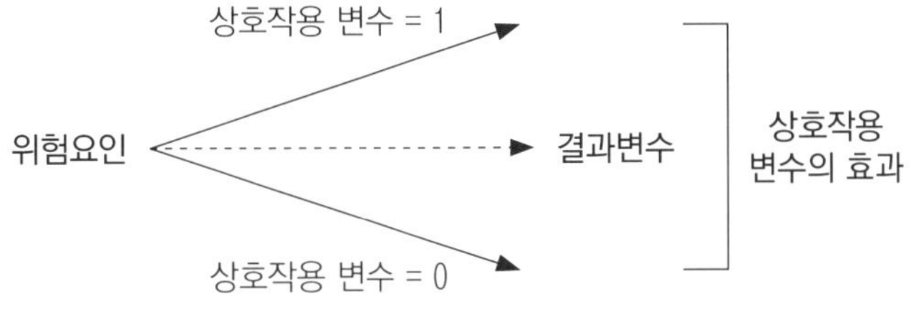

[그림 1-5] 상호작용의 효과

극단적인 경우 상호작용으로 인해 위험요인이 결과변수에 미치는 영향의 방향이 정반대로 바뀔 수도 있다. 이런 현상은 상호작용 변수의 특정한 값에서 위험요인이 결과변수의 해당 사건이 발생할 가능성을 증가시키지만, 상호작용 변수의 다른 값에서는 위험요인이 사건 발생 가능성을 반대로 감소시키는 경우에 나타난다. 하지만 대부분의 경우는 결과변수에 미치는 위험요인의 영향 크기가 제3의 변수의 특정한 값에 따라 더 강력해지거나 약해진다.

상호작용은 교란요인의 경우와 마찬가지로 층화를 통해 식별할 수 있다. 상호작용 변수로 층화하면 서로 다른 상호작용 변수 값에서 결과에 미치는 위험요인의 영향을 관찰할 수 있다. 또한 위험요인과 결과변수 사이의 연관성이 상호작용 변수에 따라 통계적으로 다르게 나타나는지는 카이제곱 검정을 통해 검정할 수 있다.

그러나 교란요인을 제거하기 위해 층화를 하는 데에 제한점이 있었던 것과 마찬가지로, 상호작용을 식별하기 위해 층화를 하는 것에도 제한이 있다. 우선 한두 개가 넘는 변수를 층화하는 것은 꽤 성가신 일이다. 게다가 여러 상호작용이 동시에 존재할 수도 있다. 층화가 하나의 상호작용 변수에 대해서는 결과에 미치는 위험요인의 영향을 정확하게 정량화할 수 있지만, 이때 위험요인과 결과 사이의 관계에 영향을 줄 수 있는 교란요인과 같은 다른 변수에 대해서는 보정하지 못한다. 반면 다변수 분석에서는 상호작용항을 추가하여 다른 변수들을 보정하면서 그 유의성을 평가할 수 있다.

주커(Zucker)와 동료들은 흉통이나 급성 허혈성 심장질환으로 응급실에 내원한 환자들에게서 심근경색에 대한 특정 징후나 증상이 여성과 남성 환자 사이에 차이가 있는지 조사했다.[8] [표 1-7]은 여러 독립변수들과 급성심근경색 확진 사이의 연관성을 보여준다. 회귀계수와 오즈비는 다중 로지스틱 회귀모형에서 추정된 것이다. 저자들은 남성과 ST분절 상승, 남성과 울혈성 심부전, 남성과 백인종 등 성별과 관련된 세 가지 중요한 상호작용을 발견했다.

이러한 상호작용은 무엇을 의미하는가? 남성과 ST분절 상승의 상호작용을 예로 들어보자. 심근경색에 관련된 다른 변수들을 보정한 후에도 남성 환자들은 여성보다 급성 심근경색 발생 위험성이 더 높다는 점에 주목하자(오즈비 1.6). 마찬가지로 ST분절 상승이 있을 경우 허혈성 질환 발생의 징조일 가능성이 더 높았다(오즈비 8.1). 이 두 값을 통해 ST분절 상승을 보인 남성($1.6 \times 8.1 = 13.0$)은 여성($1.0 \times 8.1 = 8.1$)보다 심근경색의 발생 위험이 훨씬 높을 것으로 예상할 수 있다. 오즈비의 곱셈 연산에 대해서는 9장 7절에서 다루기로 한다.

8 Zucker, D. R., Griffith, J. L., Beshansky, J. R., et al. (1997). "Presentations of acute myocardial infarction in men and women." *J. Gen. Intern. Med*, 12, 79–87.

[표 1-7] 다중 로지스틱 회귀모형으로 추정된 급성심근경색과 독립변수들 간의 연관성

독립변수	추정 계수	오즈비
남성	**0.4852**	**1.6**
연령(<50세)	0.1432	1.2
흉통	0.8792	2.4
주 호소 증상: 흉통	0.4399	1.6
구토/메스꺼움	0.5153	1.7
울혈성 심부전증	0.6759	2
백인	0.0987	1.1
ST분절 상승	**2.0948**	**8.1**
ST분절 하강	1.2632	3.5
Q파(wave)	0.5311	1.7
당뇨 병력	0.2781	1.3
고혈압 병력	0.2032	1.2
협심증 병력	−0.2976	0.7
소화성 궤양 병력	−0.3210	0.7
어지러움	−0.4437	0.6
상호작용항		
남성이고 울혈성 심부전증	−0.6899	0.5
남성이고 ST분절 상승	**−0.5187**	**0.6**
남성이고 백인	0.5206	1.7

출처: Zucker, D. R., et al. (1997). "Presentations of acute myocardial infarction in men and women." *J. Gen. Intern. Med.* 12, 79–87.

남성과 ST분절 상승에 대한 두 오즈비의 곱을 보면, ST분절 상승을 보이는 남성은 ST분절 상승을 보이는 여성보다 급성심근경색의 위험이 유의하게 높은 것처럼 보일 수 있다(13.0 대 8.1). 하지만 ST분절 상승을 보인 경우 남성과 여성 환자의 실제 위험도는 비슷했다. 이는 남성과 ST분절 상승의 상호작용에 해당하는 계수값이 음수이고 오즈비가 0.6인 것에 반영되어 있다. 남성과 ST분절 상승의 상호작용에 대한 오즈비를 추가로 곱해주면 ST분절 상승을 보인 남성 환자(1.6×8.1×0.6=7.8)와 여성 환자(1.0×8.1×1.0=8.1)의 심근경색 발생 위험이 비슷한 것을 알 수 있다.

비록 ST분절 상승만으로 심근경색을 진단할 수는 없지만, 이는 심근경색에서 관찰되는 매우 특징적인 징후이다. 따라서 ST분절 상승을 보이는 경우 심근경색의 위험이 남성과 여성 환자에게 비슷하다는 사실은 그리 놀라운 일은 아니다. 만약 ST분절 상승에 더해 남성 성별이 상황을 더욱 악화시키는 인자였다면 상호작용의 추정 계수는 양성이고

오즈비는 1보다 클 것이다. 뿐만 아니라 ST분절 상승이 동반된 남성에서 심근경색의 위험은 여성에서 ST분절 상승의 오즈비 8.1에 남성 성별에 의한 오즈비 1.6을 곱한 13.0보다 더 크게 나타날 것이다.

상호작용을 평가하고 해석하는 작업은 쉬운 일이 아니다. 이 주제에 대해서는 7장 3절, 8장 4절, 9장 7절에서 다시 다룰 것이다.

chapter

2

다변수 모형의 주요 사례

1. 임상연구에서 자주 사용되는 다변수 모형에는 무엇이 있을까?
2. 병인 연구에서 다변수 모형은 어떻게 사용될까?
3. 중재 연구에서 다변수 모형은 어떻게 사용될까?
4. 진단 연구에서 다변수 모형은 어떻게 사용될까?
5. 예후 연구에서 다변수 모형은 어떻게 사용될까?

1 임상연구에서 자주 사용되는 다변수 모형에는 무엇이 있을까?

다변수 분석이 자주 사용되는 경우는 다음과 같다. 이 네 가지 연구에 대해 2장 2절부터 5절에 걸쳐 논의하고자 한다.

① 병인 연구(observational studies of etiology)
② 중재 연구(intervention studies, 무작위화와 비무작위화)
③ 진단 연구(studies of diagnosis)
④ 예후 연구(studies of prognosis)

2 병인 연구에서 다변수 모형은 어떻게 사용될까?

병인 연구의 목적은 질병 발생에 영향을 미치는 요인들을 파악하여 흡연과 같은 유해 인자를 제거하고, 적절한 운동과 같은 건강 증진 활동을 촉진하는 데 있다.

비록 관찰 연구에서 인과성을 증명할 수 없다 해도 다변수 분석은 연관성을 곡해하는 교란요인을 제거하여 인과성에 대한 논증을 강화할 수 있다. 1장에서 다룬 운동과 사망률에 대한 연구로 돌아가보자. 만약 운동과 수명 간의 연관성이 인과적 관계에 있다면 사람들로 하여금 운동을 격려하여 수명을 연장시킬 수 있을 것이다. 그런데 만약 운동의 효과가 흡연에 의해 교란된 효과라면 어떨까? 즉, 흡연이 수명을 감소시키는 실제 요인이고 흡연자들이 운동을 적게 하는 것이 마치 운동과 장수 사이에 연관성이 있는 것처럼 보이게 한 것이라면, 운동량을 늘려도 수명에는 별다른 영향이 없을 것이다. [표 1-2]의 자료는 긴 수명에 대한 운동의 효과가 흡연이나 다른 요인들에 의해 교란되지 않았음을 보여주고 있다. 따라서 운동은 수명을 연장시키는 데 적절한 활동이 된다.

병인을 탐색하는 관찰 연구에서 다변수 분석이 필수적이게 된 이유 중 하나는 심장병과 같은 다요인성질환의 발병에 매우 많은 요인이 관여한다는 것을 알게 되었기 때문이다. 이러한 여러 요인들은 서로 연관되어 있기 때문에 층화만으로 교란요인을 제거하는 건 쉽지 않다. 예를 들어 가드너(Gardner) 등은 저밀도지단백(LDL) 입자의 크기가 심혈관질환의 발생에 영향을 주는지에 대한 연구에서 심혈관질환 발생의 위험을 높인다고 오랫동안 잘 알려진 흡연, 혈압, 체질량지수 등의 위험요인뿐 아니라 최근에 알려진 위험인자인 HDL 콜레스테롤, 비HDL 콜레스테롤과 중성지방도 함께 보정하였다.[1] 하지만, 1948년에 시작된 심혈관질환과 관련하여 가장 대규모 연구 중 하나인 프레이밍햄 연구(Framingham study)에서는 1972년 이후가 돼서야 HDL 콜레스테롤에 대한 자료가 수집되었다.[2]

불행히도 다변수 분석이 병인 연구에 사용될 경우에도 제한들이 존재한다. 가장 큰 제한은 측정되지 않았거나 모르는 변수들에 대한 보정이 불가능하다는 사실이다. 따라서 측정된 모든 변수들에 대해 보정을 했다 하더라도 결과로 나타난 연관성이 교란되었을 가능성은 여전히 존재한다.

측정되지 않았거나 모르는 변수들에 대해서는 다변수 분석으로 보정할 수 없다.

다변수 분석의 두 번째 제한은 잠재적인 교란요인을 모형에 추가한다고 해서 교란요인으로 인한 편향이 완전히 제거되었다고 보장할 수 없다는 점이다. 다변수 모형에서 교란을 적절히 보정하려면 교란요인이 두 집단 혹은 결과변수에서 서로 충분히 겹쳐 있어야 한다. 예를 들어 한 군에는 흡연자들만 있고 다른 군에는 비흡연자만 있다면 흡연을 보정해도 흡연으로 야기되는 교란작용을 통제할 수 없다. 이렇기 때문에 다변수 분석을 수행하기 전 잠재적인 교란요인이 군 간에 적절히 겹쳐 있는지 단변수 분석을 통해 확인하는 것이 중요하다.

1 Gardner, C. D., Fortmann, S. P., and Krauss, R. M. (1996). "Association of small low-density lipoprotein particles with the incidence of coronary artery disease in men and women." *JAMA,* 276, 875–881.

2 Levy, D., Wilson, P. W. F., Anderson, K. M., et al. (1990). "Stratifying the patient at risk from coronary disease: New insights from the Framingham heart study." *Am. Heart. J.* 119, 712–717.

또한 교란요인의 분포가 충분히 겹쳐져 있다 하더라도 완벽한 보정은 불가능하다. 종속변수와 독립변수 측정값에 오차가 있듯이 교란요인에도 오차가 존재한다. 교란요인의 측정값이 완벽하지 않다면 모형에 추가해도 교란요인을 완전히 통제할 수 없을 것이다. 더구나 모형 자체도 오차를 포함할 수 있다. 중요한 변수가 누락되었거나 모형의 형태가 부적절하게 설정되었을 수 있고(4장 3절), 변수들 간 상호작용이 적절히 고려되지 않았을 수도 있다(9장 7절). 하지만, 이러한 제한들로 연구자들을 좌절시킬 생각은 없다. 그보다는 통계적 모형으로 할 수 있는 것과 할 수 없는 부분을 인지하는 겸손한 자세가 필요하다는 사실을 언급하고 싶다.

TIP

다변수 분석을 실시하기 앞서, 비교하려는 집단 사이에 잠재적 교란요인의 분포가 충분히 겹치는지 단변수 분석을 통해 검토하는 것이 좋다.

3 중재 연구에서 다변수 모형은 어떻게 사용될까?

중재 연구에서 얻은 자료를 분석할 때 실험 설계가 무작위 배정이든 아니든, 혹은 해당 중재가 약물이든 교육이든, 혹은 법령의 변화이든지 관계없이 집단 간의 기저 차이를 보정하는 것은 언제나 중요하다. 왜냐하면 연구 시작 단계에서 비교하고자 하는 집단 사이에 차이가 있으면 연구 종료시점에서 결과의 차이가 중재로 인한 것인지 집단 간 기저 차이로 인한 것인지 알기 어렵기 때문이다. 예를 들어 실제 약을 처방받은 환자들이 위약을 처방받은 환자들보다 나이가 많다면? 질환에 대한 교육을 받은 사람들이 일반적인 치료를 받은 사람들에 비해 교육수준이 높다면? 법안이 통과된 주에 사는 사람들의 소득이 법안이 통과되지 않은 주에 거주하는 사람들보다 높다면? 이 모든 경우에 있어서 연구 종료 시점에서의 집단 간 어떤 형태의 차이라도 그것이 중재에 의한 것인지 아니면 기저 차이에 의한 것인지 판단하는 것은 불가능할 것이다.

TIP

중재 연구에서 집단 간에 기저 차이가 있는 경우, 연구 종료 시점의 집단 간 차이가 중재에 의한 것인지 아니면 집단 간의 고유 차이 때문인지 구분하기 어렵다.

비무작위 중재 연구에서는 기저에 항상 현저한 차이가 존재한다. 실제 현실에서 사람들은 자신의 행동을 무작위로 결정하지 않는다. 약을 투여받는 사람들은 약을 쓰지 않는 사람들에 비해 더 아팠거나, 의료기관에 대한 접근성이 더 좋거나, 혹은 더 적극적인 주치의를 가졌을 가능성이 높다. 질환에 대한 교육프로그램을 신청한 사람들은 일반적인 치료를 받는 사람들보다 건강에 대한 관심이 더 높을 것이다. 또한, 특정 법안이 통과된 주에 거주하는 사람들은 다른 주에 거주하는 사람들과 여러모로 다를 것이다.

이러한 기저 간의 차이 때문에 비무작위 중재 연구를 하지 말라는 것은 아니다. 현실적으로 비용, 교통, 혹은 윤리적 문제 등으로 무작위배정 임상연구가 불가능한 경우가 많다. 이러한 경우 비무작위 중재 연구가 필요하며, 두 군을 통계적으로 유사한 조건으로 만들어주기 위해 다변수 분석이 사용될 수 있다.

TIP

무작위화가 불가능한 경우 두 군을 통계적으로 비슷하게 만들기 위해 다변수 분석을 사용할 수 있다.

급성 관상동맥 증후군으로 병원에 입원한 환자에서 스타틴(statin) 복용의 효과를 확인하기 위한 중요한 비무작위 연구에서 잘 알려진 교란요인들을 보정하는 데 다변수 분석이 사용되었다.[3] 연구자들은 입원 기간 동안 스타틴 치료를 받은 5,959명의 환자와 치료를 받지 않은 9,522명의 환자를 비교했다. 그 결과 스타틴을 복용한 환자들의 원내 사망 위험이 유의하게 낮다는 사실을 발견했다(오즈비 0.19, 95% 신뢰구간 0.16 – 0.23).

이러한 단변수 분석이 스타틴 치료가 급성 관상동맥 증후군으로 인한 사망 위험을 낮춘다는 사실을 증명하는가? 그렇지는 않다! 배정이 무작위로 이루어지지 않았기 때문에 병원에서 스타틴 치료를 받은 환자들과 그렇지 않은 환자들 간에는 중요한 차이가 있

3 Spencer, F. A., Allegrone, J., Goldberg, R. J., et al. (2004). "Association of statin therapy with outcomes of acute coronary syndromes: The Grace study." *Ann. Intern. Med*, 140, 857–866.

었을 것이다. [표 2-1]을 보면, 스타틴 치료를 받은 환자들은 받지 않은 환자들과 인구학적 특성, 질병 이력, 관찰된 증상, 장기 복용 중인 다른 약물, 병원에서 투여한 약물의 종류와 시행된 중재 등에서 차이를 보이고 있다. 아마도 이러한 차이들이 스타틴을 복용한 환자들을 덜 사망하게 했을 수도 있다.

연구자들은 이러한 기저 차이를 보정하기 위해 다변수 분석을 시행했다. 그 결과 인구학적 특성, 질병 이력, 관찰된 증상, 장기 복용 약물, 병원 내 투여약물과 시행된 중재 등의 차이들을 보정한 후에도 스타틴 복용은 낮은 원내 사망 위험과 유의한 연관성을 보였다(오즈비 0.38, 95% 신뢰구간 0.30-0.48). 보정된 오즈비가 단변수 분석에서의 오즈비 값보다 약간 크다는 사실은 교란작용이 있었음을 암시한다. 하지만, 다수의 교란요인들에 대해 보정한 후에도 스타틴 복용은 급성 관상동맥 증후군 환자의 사망률을 낮추는 데 독립적 효과가 있었다.

TIP

무작위 배정의 장점은 알지 못하거나 측정할 수 없는 요인에 대한 보정이 가능하다는 데 있다.

이 연구의 주 제한점은 모든 비무작위 중재 연구에서와 같이 다변수 분석으로는 알려지지 않거나 측정되지 않은 교란요인들을 통제할 수 없다는 것이다. 따라서 스타틴 치료를 받은 환자들과 받지 않은 환자들 간에 어떤 차이가 존재하고, 그 차이가 사망과 연관되어 있다면, 스타틴 사용은 사망률을 줄이는 진짜 요인이 아닐 수도 있다. 오직 무작위화만이 측정되거나 측정되지 않은 교란요인들에 대해서 두 군을 동등하게 만들어줄 수 있다.

무작위 배정을 통해 편향되지 않은 두 집단을 만들 수 있다.

[표 2-1] 스타틴 요법을 받은 환자와 받지 않은 환자들 간의 차이

특성		스타틴 사용자 (n=5,959)	스타틴 미사용자 (n=9,522)	p-value
인구학적 특성	연령 중앙값(세)	62.7	69.8	<0.001
	여성 비율, %	29.6	36.7	<0.001
질병 이력, %	흡연	63.7	52.6	<0.001
	심근경색	19.6	28.2	<0.001
	일과성 허혈발작 또는 뇌졸중	5.6	9.4	<0.001
	당뇨	20.1	23.7	<0.001
	혈관조영 양성	15.5	20.2	<0.001
	말초혈관 질환	7.5	9.9	<0.001
	고혈압	52.1	58.7	<0.001
	고지혈증	43	25	<0.001
	관상동맥 중재 시술	8	9.6	<0.001
	관상동맥 우회술	6.4	9.5	<0.001
관찰된 증상, %	Killip class(폐부종 상태)			
	I	86.2	76.7	<0.001
	II	10.8	16.3	
	III	2.5	5.3	
	IV	0.5	1.7	
	분당 심박수 100회 이상	13.8	19.5	<0.001
	수축기 혈압 90mm Hg 미만	1.6	3.2	<0.001
	ST분절 상승	49	36.7	<0.001
장기 복용 약물, %	아스피린	26.9	36.2	<0.001
	ACE 억제제	17	24.9	<0.001
	베타 차단제	17.5	24.1	<0.001
	기타 지질 강하제	2.4	2.6	>0.2
병원 내 투여약물, %	아스피린	96.6	90.9	<0.001
	티클로피딘 혹은 클로피도그렐	46.9	25.9	<0.001
	비분획 헤파린	53.5	49.9	<0.001
	에녹사파린	48.3	38.5	<0.001
	기타 저분자량 헤파린	12.9	9.6	<0.001
	ACE 억제제	64.8	56.7	<0.001
	베타 블로커	85.9	71.4	<0.001
	기타 지질 강하제	2.1	4.6	<0.001
	글리코프로테인 IIb/IIIa 저해제	27.1	13.2	<0.001
시행된 중재, %	심도자법	59.9	41.7	<0.001
	관상동맥 중재 시술	40.9	22.8	<0.001
	관상동맥 우회술	5.4	5.3	>0.2

출처: Spencer, F. A., Allegrone, J., Goldberg, R. J., et al. (2004). "Association of statin therapy with outcomes of acute coronary syndromes: The Grace study." *Ann. Intern. Med*, 140, 857–866.

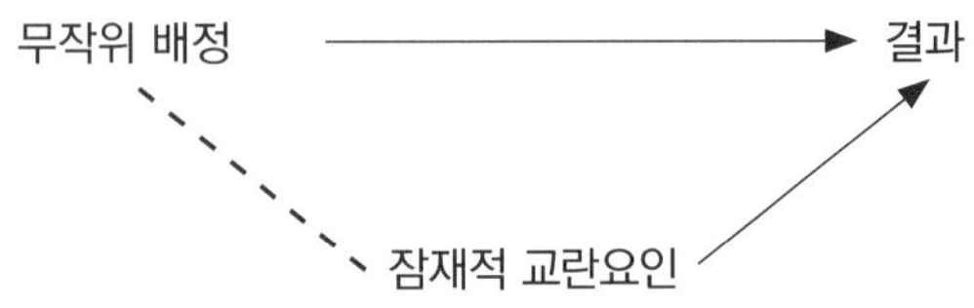

[그림 2-1] 무작위 배정, 잠재적 교란요인 및 결과 발생 사이의 관계

[그림 2-1]은 무작위 배정의 우아함을 보여준다. 편향되지 않은 무작위 배정을 통해 집단을 구성한다면, 잠재적 교란요인과 각 집단 사이에는 연관성이 존재하지 않을 것이다. 필자는 무작위 배정에 편향이 존재하는 경우 무작위화의 장점을 잃게 된다는 사실을 상기시키기 위해 '편향되지 않은'이란 표현을 일부러 사용했다. 예를 들어 연구 보조원이 다음번 연구 참가자가 어느 집단에 배정되는지를 알고 특정 환자를 그 집단에 배정하려 한다면 무작위화는 의미를 잃게 된다. 이는 왜 무작위화가 연구 대상과 접촉이 없고 연관된 정보를 모르는 사람을 통해 수행되어야만 하는가에 대한 근거가 된다.

불행히도 편향 없이 무작위 배정이 이루어졌음에도 불구하고 우연에 의해 한 군이 다른 군과 다른 특성을 보이는 경우도 있다. 예를 들어 미틀먼(Mittelman) 등은 알츠하이머 환자들의 요양원 입원을 지연시키는 중재 연구를 수행했다.[4] 이 연구에서 대상자 가족들은 간병인에게 교육과 지원이 실시된 실험군과 그렇지 못한 대조군에 무작위로 배정되었다. 하지만, 우연히도 무작위 배정된 실험군에 비해 대조군에서 주 간병인이 여성인 경우가 많았다. 그리고, 여성 간병인이 돌보는 환자들이 요양원에 갈 가능성이 현저하게 높았다. 따라서 간병인의 성별에 대해 보정하지 않고서는 연구 결과를 해석하기 어려웠을 것이다. 연구자들은 간병인의 성별을 보정하고서 중재가 요양원 입소를 줄이는 것과 연관이 있음을 증명했다.

때로는 무작위 배정된 군 간에도 중요한 차이가 우연히 발생할 수 있다.

4 Mittelman, M. S., Ferris, S. H., Shulman, E.,et al. (1996). "A family intervention to delay nursing home placement of patients with Alzheimer disease." *JAMA,* 276, 1725–1731.

이 사례에서 주요 기저변수 중 하나인 주 간병인의 성별은 두 집단에서 유의한 차이를 보였다. 그러나 비록 통계적 유의성을 보이지 않는다 하더라도 이미 기저변수에 차이를 보이는 두 집단을 서로 비교하는 것이 가능한지 의문을 가질 수 있을 것이다. 따라서 연구자들은 무작위 대조시험에서 그들의 중재에 대한 효과를 단변수와 다변수 분석으로 각각 검증한다. 단변수 분석과 다변수 분석 결과가 유사하다면 적어도 이 모형에 포함된 변수들에 대해서는 교란요인이 없다는 강한 증거가 된다. 그러나 단변수 분석과 다변수 분석 결과가 서로 다르다면, 이는 통계적 보정이 부분적으로 모형에 오류를 유발하므로 무작위 대조시험의 결과는 해석하기 어렵게 된다. 무작위배정 임상시험의 결과가 단변수 분석에서 효과가 없거나 경계선상의(borderline) 효과만 보이는데 다변수 분석에서 통계적으로 유의한 효과로 나타난다면, 독자들은 제시된 효과가 모형의 오류로 인한 게 아닌지 의심할 것이다.

무작위배정 임상시험에서 다변수 분석을 사용하는 다른 용도는 중재 외에 다른 요인들이 중재의 결과와 연관이 있는지 확인하는 데 있다. 이는 관찰 연구에서(2장 2절) 질병 발생의 위험요인을 결정하기 위해 다변수 분석을 실시하는 경우와 흡사하다. 비록 연구는 '무작위화'된 경우라도 연구 대상자들은 주요 중재 처리 외의 다른 요인들에 대해 무작위화되어 있지 않기 때문이다.

스웨인(Swain) 등은 수술이 가능한 림프절 양성 유방암 여성 환자에 대해 세 종류의 항암제를 동시(cuncurrent)에 또는 순차적(sequential)으로 사용하는 화학요법 중 어떤 방식이 더 나은지 결정하기 위해 무작위 대조시험을 진행했다.[5] 여성 환자들은 세 군으로 무작위 배정되었다. 그 결과 순차적 항암화학요법에 배정된 군에서 가장 좋은 결과가 나와 연구의 핵심 질문에 대한 답이 되었다. 그러나 연구의 이차적 목적은 무월경(적어도 6개월 이상 월경이 없는 경우)과 생존과의 연관성을 확인하는 것이었다. 연구자들은 비례위험 분석을 통해 무월경 상태의 환자들에서 그렇지 않은 환자들에 비해 유의하게 생존 기간이 길다는 사실을 발견했다(상대위험 0.76, p값 0.04). 이 결과는 배정된 중재군과 에스트로겐 수용체 발현, 연령, 림프절 상태, 종양 크기와 호르몬요법 사용 여부에 대해 보정되었다. 여기서 중요한 것은 무월경의 효과가 독립적이며 상호작용(1장 4절)이 아니라는 것이다.

5 Swain, S. M., Jeong, J., Geyer, C. E., et al. (2010). "Longer therapy, iatrogenic amenorrhea, and survival in early breast cancer." *N. Engl. J. Med*, 362, 2053–2065.

연구자들은 무월경과 중재의 종류, 에스트로겐 수용체 발현, 연령에 대해 상호작용이 있는지 면밀히 검토했으며 무월경의 효과가 모든 하위집단에서 일관성 있게 나타났음을 발견했다.

4 진단 연구에서 다변수 모형은 어떻게 사용될까?

특정 질병을 진단하기 위해 여러 진단적 정보들을 이용하여 최적의 조합을 찾는 데 다변수 모형이 사용될 수 있다. 흉통으로 응급실에 내원하는 환자들에게서 심근경색 가능성을 결정하는 진단 모형을 개발하기 위해 유례없이 방대한 규모의 연구가 수행되어왔다. 이 질문이 많은 관심을 끄는 이유는 진단에 따라 결과의 차이가 크기 때문이다. 흉통은 응급실에서 흔히 관찰할 수 있는 증상으로 속쓰림 같은 사소한 원인일 수도 있지만 심근경색과 같은 심각한 질환일 수도 있다. 응급실에서 의사들은 매일 같이 어떤 환자를 퇴원시키고 누구를 심혈관계 중환자실로 보낼지 결정해야 한다. 비록 심혈관계 중환자실에서 급성 심근경색 환자를 살릴 수 있지만, 이 비싼 치료를 받는 사람들 중 실제 심근경색 환자는 절반이 되지 않는다. 환자가 응급실에 내원한 시점에서 치료받아야 할 환자와 집으로 돌려보낼 환자를 완벽히 구분할 수 있는 검사법은 존재하지 않는다.

TIP

진단 정보의 최적 조합을 찾기 위해 다변수 모형을 사용할 수 있다.

포젠(Pozen)과 동료들은 응급실에서 흉통을 보이는 환자들이 급성 허혈성 심장질환이 있을 가능성을 결정하기 위한 진단 모형을 개발했다.[6] 그들은 59개의 임상적 특징에서 로지스틱 회귀모형을 통해 허혈성 심장질환에 대해 0에서 1 사이의 예측 확률을 구할 수

6 Pozen, M. W., D'Agostino, R. B., Selker, H. P., et al. (1984). "A predictive instrument to improve coronary care-unit admission practices in acute ischemic heart disease: A prospective multicenter clinical trial." *N. Engl. J. Med.* 310, 1273–1278.

있는 7개의 특성을 찾아냈다. 이 모형의 유용성을 확인하기 위해 연구자들은 실험기간 동안 응급실에서 환자를 분류하는 의사들에게 이 예측 결과를 제공했다. 대조기간 동안에 의사들은 급성 허혈성 심장질환의 확률에 대한 예측 결과를 받지 못했다. 그 결과 연구자들은 의사들이 정보를 제공받았을 때 그들의 결정 능력이 향상되었음을 발견했다. 특히 심혈관계 중환자실에 입원하는 환자수가 30% 감소했음에도 허혈성 심장질환 환자를 한 명도 놓치지 않았다.

그렇다면 응급실에서 의사들이 흉통을 호소하는 환자를 마주할 때 계산기를 두들겨서 허혈성 심장질환의 확률을 계산할까? 불행히도 그렇지 않다. 코리(Corey)와 메렌스틴(Merenstein)은 이 진단 모형을 워크시트 형태로 만들어 응급실에서 간편하게 확률을 도출할 수 있도록 의사들에게 제공하였다. 그러나 이를 사용할지는 자율에 맡기고 이 모형이 의사들에게 얼마나 받아들여지는지 검사했다. 그 결과 난시 2.8%의 사례에서만 워크시트가 사용되었다.[7] 이처럼 타당성이 입증된 진단 모형들이 임상 현장에서 잘 활용되지 않는 현상은 다른 문헌에서도 언급되고 있다.[8]

진단 모형이 잘 사용되지 않는 데에는 복잡한 사정이 있다. 의사들은 (특히 응급실에서) 시간에 쫓긴다. 포젠의 진단 모형은 확률을 계산하는 데 20초도 걸리지 않는다. 하지만 이를 계산할 수 있는 휴대용 계산기를 소지하고 다니는 의사는 없다. 워크시트 버전을 사용하여 허혈성 심장질환이 있을 확률을 계산하는 데는 30-60초가 걸린다. 이 시간이 그렇게 긴 시간은 아닐 테지만, 응급실에서 들것에 누운 많은 환자들을 앞에 두고 계산하는 걸 상상해보면 불가능에 가깝게 긴 작업으로 느껴질 수 있다.

심리적 요인 또한 진단 모형의 사용을 방해한다. 의사의 수련은 전통적으로 도제식 수업과 같이 이루어진다. 의사들은 스스로 의료행위를 행할 수 있을 때까지 경험이 많은 선배 의사들과 일하게 되며, 어떤 시점에 이르면 본인의 결정이 정확하다는 것을 감으로 느낀다. 여러 연구에서 특정 조건에서는 진단 모형이 의사들의 결정보다 더 정확하다는 결과를 보여주고 있는데도 말이다! 코리와 메렌스틴의 연구에서 의사들은 서로 다른

7 Corey, G. A. and Merenstein, J. H. (1987). "Applying the acute ischemic heart disease predictive instrument." *J. Fam. Pract*, 25, 127–133.

8 Pearson, S. D., Goldman, L., Garcia, T. B., et al. (1994). "Physician response to a prediction rule for the triage of emergency department patients with chest pain." *J. Gen. Intern. Med*, 9, 241–247; Wasson, J. H. and Sox, H. C. (1996). "Clinical prediction rules: Have they come of age?" *JAMA,* 275, 641–642; Gehlbach, S. H. (1987), "Commentary." *J. Fam. Pract*, 25, 132–133.

임상 양상을 보인 두 환자에서 예측 확률이 같다는 것을 발견했을 때 모형에 대한 신뢰가 사라졌다고 불만을 토로했다. 아마도 가장 중요한 이유는 의사들의 직업의식에 비추어볼 때 컴퓨터로 생성된 모형을 사용하는 데 불편함을 느끼기 때문일 것이다. 그러나 진단 모형의 중요성은 바로 여기에 있다. 우수한 진단 모형은 경험이 미천한 인턴을 과장만큼 정확하게 진단할 수 있도록 도울 수 있다!

TIP

우수한 진단 모형은 인턴을 과장만큼 정확하게 진단할 수 있도록 만들 수 있다!

의료 현장에서 진단 모형을 사용하려면 그것이 결과값을 예측하는 데 매우 정확하다는 점을 증명해야 한다(12장 1절). 그래서 진단 모형을 개발하는 건 매우 어려운 일일 수 있다. 그러나 또 다른 측면에서는 질병의 설명 모형보다 구축하기 쉬운 점이 있다. 진단 모형에서 인과성은 중요하지 않다. 예를 들어 대각선의 귀불 주름은 관상동맥 질환과 연관이 있다. 이는 나이, 좌심실 박출률(ejection fraction), 콜레스테롤 수치, 흡연, 당뇨, 가족력과 비만 등 잘 알려진 위험요인들을 보정하고서도 연관성이 있다.[9] 그러나 아무도 귓불의 주름이 관상동맥 질환의 요인이라고 믿지 않는다. 환자의 콜레스테롤 수치가 낮아지면 심근경색 위험을 낮출지도 모르지만, 귓불의 주름을 성형수술을 통해 제거한다고 해서 심근경색 위험을 낮추는 효과는 없을 것이다. 귓불 주름과 관상동맥 질환과의 연관성은 아직 밝혀지지 않은 심장질환 위험요인에 의해 교란되었을 것이다.

그래도 환자들의 귓불 주름은 여전히 유용한 임상적 정보를 제공한다. 이는 특히 현장에서 별다른 정보 없이 흉통이 있는 환자들을 확인해야 하는 구급대원들에게는 더욱 그러하다. 진단 모형을 만들 때는 특정 변수에 의한 효과가 교란요인에 의한 것인지 여부와 관계없이, 그들을 한데 모아 결과변수를 정확히 예측할 수만 있다면 그 변수들은 우리의 관심 대상이 된다.

9 Elliott, W. J. and Powell, L. H. (1996). "Diagonal earlobe creases and prognosis in patients with suspected coronary artery disease." *Am. J. Med*, 100, 205–211.

5 예후 연구에서 다변수 모형은 어떻게 사용될까?

"의사선생님, 제 상태가 얼마나 나쁜가요?", "암이 재발할까요?", "얼마나 오래 살 수 있을까요?" 이러한 질문은 의사들이 환자에게서 받는 답하기 곤란한 질문들 중 일부이다. 생명윤리학자들과 임상의사들은 환자들이 이런 질문에 정직한 답변을 얻을 권리가 있다는 데 동의한다. 개별 환자의 예후에 대해서는 정확하게 예측하기 어렵겠지만, 다변수 분석은 잘 알려진 특정한 예후요인(prognostic factors)을 갖고 있는 환자군의 예후에 대한 정보를 제시할 수 있다.

예를 들어 셔터(Schuchter)와 동료들은 흑색종 환자 488명을 대상으로 로지스틱 회귀분석을 통해 10년 생존율을 추정하는 예후 모형을 개발했다.[10] 흑색종으로 진단받은 환자들을 전향적으로 추적관찰한 결과 10년 생존율은 78%였다. 다중 로지스틱 회귀분석에서 10년 뒤 생존과 연관된 네 가지 인자는 연령, 성별, 발생 부위, 병변의 두께였다. 60세 이하, 여성에서 0.76mm보다 얇은 흑색종이 팔다리에 발생한 경우 10년 생존율은 99%였으며, 60세 이상, 남성에서 3.6mm보다 두꺼운 흑색종이 몸통에 발생한 경우 10년 생존율은 10%에 그쳤다.

이 예후 모형은 같은 질환이라도 환자 특성에 따라 생존율이 얼마나 달라지는지 보여준다. 셔터와 동료들이 개발한 모형은 전체 환자들 중 74%에 대한 결과를 정확히 예측했다. 다시 말해서 연령, 성별, 부위와 병변 두께에 대한 정보를 알면 표본 환자의 74%에 대해 10년 생존율을 정확히 예측할 수 있다.

일부 냉소적인 사람은 이렇게 말할지도 모른다. "난 예후에 대한 아무런 정보가 없어도 더 잘 예측할 수 있어. 만약 내가 10년 동안 모든 환자들이 살아 있을 거라고 예측하면 그들 중 78%는 맞추는 거 아닌가(전체 환자 10년 생존율 78%)." 맞는 말이지만 이럴 경우 각 환자의 사망 여부에 대해 정확히 예측하기 어려울 것이다. 이분형 결과변수를 예측하는 모형이 성공적인지 판정하는 방법은 8장 2-2절에서 논의할 것이다.

10 Schuchter, L., Schultz, D. J., Synnestvedt, M., et al. (1996). "A prognostic model for predicting a 10-year survival in patients with primary melanoma." *Ann. Intern. Med*, 125, 369–375.

예후 모형은 연구대상 모집단과 유사한 특성을 지닌 환자들에 대해서만 위험에 대한 유효한 추정값을 제시해준다. 예를 들어 예후 모형이 50세 이상 성인 남성의 표본을 기반으로 만들어진 경우라면, 이는 45세 여성의 생존을 예측하는 데 도움이 되지 않을 것이다.

TIP

예후 모형은 연구대상 모집단과 유사한 특성을 지닌 환자들에게만 유효한 위험 추정치를 제시해준다.

예후 모형은 몇 가지 알려진 위험요인들이 있을 때 쓸모가 있으며, 그것들이 임상에서 쉽게 얻을 수 있는 정보일 때 가장 유용하다. 만약 모형이 암의 유전적 마커(표지자)에 대한 정보를 필요로 하지만 그에 대한 검사가 보편화되지 않았다면 그 예후 모형은 별 도움이 되지 못할 것이다.[11]

이러한 모든 조건들이 충족되더라도 흑색종 연구의 사례에서 보다시피 새로운 사례에 대한 예측의 정확도는 모형 개발에 사용된 사례들만 못할 것이다. 왜 그럴까? 이 예후 모형은 모형에 사용된 자료의 독립변수와 종속변수의 값에 기반하여 해당 사례 내에서 예측 정확도가 최대가 되도록 설계되었기 때문이다(12장 1절).

11 예후를 결정하기 위한 다변수 모형의 사용에 관해서는 다음의 문헌을 참조하라. Braitman, L. E. and Davidoff, F. (1996). "Predicting clinical states in individual patients." *Ann. Intern. Med*, 125, 406–412.

chapter
3

결과변수에 따른 다변수 모형의 선택

1. 결과변수에 따라 어떤 다변수 모형을 선택할까?
2. 연속형 결과변수에는 어떤 다변수 모형을 사용할까?
3. 이분형 결과변수에는 어떤 다변수 모형을 사용할까?
4. 순서형 결과변수에는 어떤 다변수 모형을 사용할까?
5. 명목형 결과변수에는 어떤 다변수 모형을 사용할까?
6. 결과 발생까지의 시간 변수에는 어떤 다변수 모형을 사용할까?
7. 연구에서 중도절단 가정은 얼마나 타당할까?
8. 자료에서 중도절단 가정의 타당성을 어떻게 검증할 수 있을까?
9. 비례위험 모형에서 비례위험 가정이란 무엇일까?
10. 계수형 자료에는 어떤 다변수 분석 방법을 사용해야 할까?
11. 발생률에는 어떤 다변수 분석 방법을 사용해야 할까?
12. 결과변수의 코딩을 바꾸어 다른 형태의 다변수 분석 방법을 적용할 수 있을까?

1 결과변수에 따라 어떤 다변수 모형을 선택할까?

다변수 분석 기법의 선택은 전적으로 결과변수의 형태에 따른다[표 3-1]. 이 장은 결과변수에 따라 연속형 변수(2절), 이분형 변수(3절), 순서형 변수(4절), 명목형 변수(5절), 결과 발생까지의 시간 변수(6-9절), 계수형 변수(10절)와 발생률 변수(11절) 순으로 구성하였다. 연구자들의 이해를 돕기 위해 [표 3-1]에 결과변수의 형태에 따라 사용할 수 있는 단변수 분석과 다변수 분석 방법을 정리했다.

결과변수의 특성에 따라 각기 다른 다변수 분석 모형이 사용되지만 결과변수의 형태를 바꿀 수도 있다(또는 한 가지 이상의 결과변수 형식에 대해 검증할 수 있다). 12절에서는 변수를 변환하는 방법과 그에 따라 달라지는 다변수 분석 기법에 대해 다룰 것이다.

다변수 모형들은 각각 몇 가지 가정을 갖는다. 연구자들이 적절한 모형을 선택하고 결과를 올바르게 해석할 수 있도록 각 절에서 다변수 모형의 기본 가정들에 대해 설명하였다. 또한 각 모형에 대한 기본 가정을 검정하는 방법에 대해서는 9장에서 고찰하였다. 가정에 대한 설명과 가정을 검정하는 방법을 분리한 것이 조금 이상하게 느껴질 수도 있지만 이러한 구분은 일반적인 자료 분석 과정을 반영한 것이다. 연구자들은 자료 구조에 맞는 모형을 선택하여 분석을 먼저 수행하고 나서 모형이 기본 가정을 충족하는지 확인하는 경향이 있다.

이 장에서 다루는 모든 모형들은 각 개체의 결과변수 값이 하나씩이고 개체들은 서로 독립인 상태를 가정한다. 따라서 결과변수를 반복적으로 측정(예: 6개월, 12개월에서의 혈압)하는 경시적 연구, 또는 개체들의 결과변수들이 서로 연관되어 있는 연구(예: 한 가족에 속한 개체들의 결과변수는 서로 연관되어 있을 수 있다)에서는 또 다른 분석 방법이 필요하다. 이에 대해서는 11장에서 다룰 것이다.

[표 3-1] 결과변수의 형태에 따른 다변수 분석 방법의 선택

결과변수의 형태	결과변수 사례	단변수 분석 방법	다변수 분석 방법
연속형	혈압, 체중, 체온	상관분석, 선형 회귀분석, t검정, 분산분석	다중 선형 회귀분석, 분산분석(관련된 방법들)
이분형	사망, 암 유무, 중환자실 입원	카이제곱 검정, 피셔의 정확도 검정, t검정, 카이제곱 경향성 검정, 맨-위트니 검정	다중 로지스틱 회귀분석
순서형	질환의 진행도, 중증도	카이제곱 경향성 검정, 맨-위트니 검정, 스피어만의 순위 상관계수	비례 오즈 회귀분석 (순서형 로지스틱)
명목형	사망원인, 암 발생 부위	카이제곱 검정, 분산분석, 크루스칼-왈리스 검정	다항 로지스틱 회귀분석
결과 발생까지의 시간	사망까지 생존한 시간, 암 발병까지의 시간	로그 순위 검정	콕스(Cox)의 비례위험 모형
계수형(count)	감염자 수, 입원 횟수	포아송 회귀분석, 음이항 회귀분석	포아송 회귀분석, 음이항 회귀분석
발생률	신규 감염률, 자동차 사고율	z 점수	포아송 회귀분석, 음이항 회귀분석

2 연속형 결과변수에는 어떤 다변수 모형을 사용할까?

연속형 변수에서 척도의 한 단위(구간)는 수치적으로 같은 값을 가진다. 연속형 변수의 예로는 혈압, 체중과 체온이 있다. 이들 척도의 한 단위는 각각 1mmHg, 1kg, 1℃로 일정하다.

정의

연속형 변수는 구간의 간격이 일정하다.

연속형 결과변수에 대한 단변수 분석에는 t검정(이분형 독립변수), 상관분석 또는 선형 회귀분석(연속형 독립변수), 분산분석(명목형 독립변수) 또는 스피어만의 순위상관분석(순서형)이 포함된다[표 3-1]. 이러한 기법들 중 독립변수를 여러 개 포함시킬 수 있는 방법은 선형 회귀분석과 분산분석뿐이다.

2-1 다중 선형 회귀분석

다중 선형 회귀분석은 여러 독립변수들의 값에 따라 결과변수를 가장 잘 예측하는 직선을 구하는 방법이다. 예를 들어 [그림 3-1]은 노년층을 대상으로 한 폐렴구균 예방접종 후 비타민 B_{12} 수치와 항체역가 수치 변화 간의 연관성을 보여준다.[1] 그림의 각 네모들은 하나의 개체로 비타민 B_{12} 수치(독립변수)와 백신 접종 이후의 항체 역가의 변화(종속변수)를 나타낸다. 일반적으로 독립변수를 x축에 놓고 종속변수를 y축에 놓는다.

최소제곱법(least squares linear regression)은 자료 값들과 직선의 거리가 최소화되는 선형 회귀선을 결정하는 선형 회귀분석의 가장 일반적인 방법이다. [그림 3-1]의 선형 회귀직선이 자료를 가장 잘 표현하는 선이기는 하지만, 실제로는 어느 자료 포인트도 직선 상에 있지 않고 심지어 많은 점들은 직선과 그리 가깝지도 않다. 통계적 모형이란 기껏해야 자료의 근사에 불과하다. 이 그림은 비타민 B_{12} 수치가 증가함에 따라 항체 수치도 상승하고 있다는 사실을 근사적으로 표현한 것으로 회귀직선이 적절하게 적합된 것으로 보인다.

> 최소제곱법은 자료 값들과 직선의 거리가 최소화되는 선형 회귀선을 결정한다.

[그림 3-1]의 비타민 B_{12} 수치와 항체역가 수치 변화의 관계는 단변수 분석에 따른 것이다. 그렇기 때문에 논문의 저자들은 단순 상관계수($r=0.61$)로 연관성을 요약했다. 이 연관성에 잠재적 교란요인이 없다면 단변수 통계 분석으로도 충분할 것이다.

1 Fata, F. T., Herzlich, B. C., Schiffman, G., et al. (1996). "Impaired antibody responses to pneumococcal polysaccharide in elderly patients with low serum vitamin B12 levels." *Ann. Intern. Med*, 12, 4299–4304.

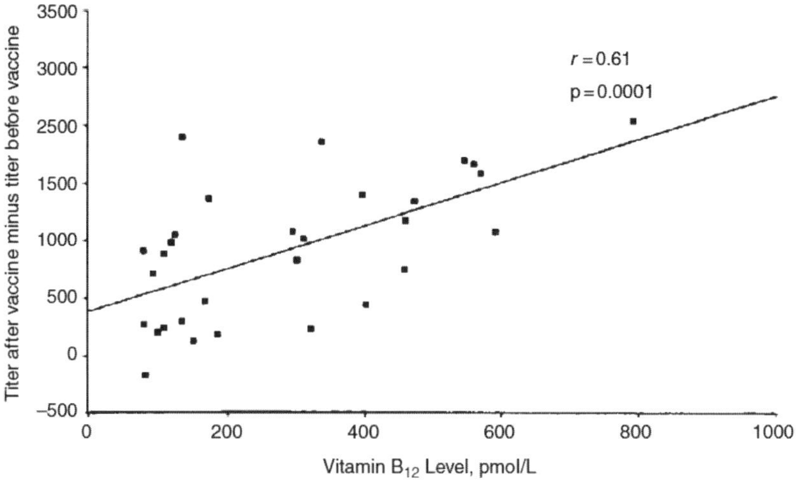

[그림 3-1] 폐렴구균 예방접종 전후 비타민 B_{12} 수치와 항체 역가 수치의 차이에 대한 선형 연관성.
출처: Fata, F. T., et al. (1996). "Impaired antibody responses to pneumococcal polysaccharide in elderly patients with low serum vitamin B_{12} levels." *Ann. Intern. Med.* 124, 299–304.

그러나 만약 비타민 B_{12} 수치와 항체역가 생성의 연관성이 개체들의 연령에 의해 교란되었다면 어떨까? 고령층은 비타민 B_{12} 수치가 낮고 백신 접종에 대한 반응도 적을 가능성이 있으므로 연령이 교란요인으로 작용했을 가능성은 충분하다.

연령에 의한 교란작용을 제거하기 위해 다중 선형 회귀분석을 실시하면서 저자들은 최종적으로 연령과 평균 적혈구 용적 수치(mean corpuscular volume)를 보정했다. 그 결과 비타민 B_{12} 수치가 높을수록 백신 접종에 따른 폐렴구균 역가 수치는 유의하게 높았다. 아울러 저자들은 평균 적혈구 용적도 백신의 반응과 유의한 연관성이 있음을 발견했다. 이렇듯 다중 회귀분석은 교란요인을 제거할 뿐 아니라 결과변수에 대한 독립적인 위험요인을 발견하는 데에도 유용하다(2장 2절).

2-2 분산분석

분산분석(analysis of variance, ANOVA)도 둘 이상의 독립변수와 결과변수 간의 관계를 분석할 때 사용할 수 있다. 이 기법의 이름에서 '분산'은 각 개체의 값과 평균의 차이를 의미한다. '집단 간' 분산은 전체 평균과 집단별 평균의 차이에 따르고, '집단 내' 분산은 각 집단의 평균과 그 집단에 속한 개체들의 값의 차이에 따른다.

집단 간의 평균 차이가 매우 크면 집단 간 분산이 집단 내 분산보다 커지게 된다. 표본크기가 충분하다면 그 차이는 통계적으로 유의할 것이다. 반대로 집단별 평균 차이가 크지 않다면 전체 표본의 평균을 기준으로 계산된 분산이 각 집단의 평균에서 계산된 분산과 비슷할 것이다.

분산분석에는 여러 가지 유형이 있다[표 3-2]. 가장 간단한 유형은 일원배치(또는 일요인) 설계로서, 하나의 연속형 결과변수 값에 대해 둘 이상의 집단별 평균을 비교하게 된다.[2] 예를 들어 무작위로 배정되어 다양한 치료(예: 이뇨제, 베타 차단제, ACE 억제제)를 받은 환자들의 혈압을 비교할 수 있다. 이 경우 분산분석은 다변수 분석이 아닌 단변수 분석 도구로 사용되었다.

분산분석은 다변수 분석이 필요한 문제에 대한 답을 제시하기도 한다. 예를 들어 이원배치 분산분석을 사용하여 연속형 결과변수에 대한 ① 배정된 집단의 효과, ② 다른 범주형 변수(예: 인종, 성별)의 효과, ③ 배정된 집단과 범주형 변수 간의 상호작용 효과를 규명할 수 있다. 한 예로 그란데(Grande)와 동료들은 분산분석을 사용하여 약물 홍보물의 영향에 대한 무작위배정 임상시험 자료를 분석하였다.[3] 두 의과대학의 3학년과 4학년 학생들이 Lipitor® (atorvastatin) 약물의 홍보물을 접하는 군과 접하지 않는 군으로 무작위로 배정되었다. 학생들이 속한 학교 중 한 곳(펜실베이니아)은 제약회사의 판촉활동을 제한하는 정책을 시행하고 있었고, 다른 한 곳(마이애미)은 그렇지 않았다. 결과는 Lipitor® 선호도로 연속형 변수로 측정되었다.

2 분산분석에 대한 리뷰가 필요하다면 다음을 참고하기 바란다. Katz, M. H. (2006). *Study Design and Statistical Analysis: A Practical Guide for Clinicians*. Cambridge: Cambridge University Press, pp. 88–89.
다음 사이트에서는 분산분석에 대해 자세히 설명해놓은 무료 통계 책을 볼 수 있다. http://www.statsoft.com/Textbook/ANOVA-MANOVA

3 Grande, D., Frosch, D. L., Perkins, A. W., Kahn, B. E. (2009). "Effect of exposure to small pharmaceutical promotional items on treatment practices." *Arch. Intern. Med*, 69, 887–893.

[표 3-2] 분산분석 기법들

종류	설명
분산분석(ANOVA)	둘 이상의 집단에서 연속형 결과변수 값을 비교한다. 범주형 독립변수와 주효과의 상호작용을 포함할 수 있다.
공분산분석(ANCOVA)	분산분석과 유사하나 모형에 범주형과 연속형 독립변수를 포함할 수 있다.
다변량 분산분석(MANOVA)	분산분석과 유사하나 종속변수가 하나 이상일 때 사용된다. MANOVA를 사용하면 1종 오류를 범할 가능성을 낮출 수 있다.
다변량 공분산분석(MANCOVA)	공분산분석과 유사하나 종속변수가 하나 이상일 때 사용된다. MANCOVA를 사용하면 1종 오류를 범할 가능성을 낮출 수 있다.
반복측정 분산/공분산분석	분산/공분산분석과 유사하나 같은 개체에서 반복측정된 관측값을 사용할 수 있다(11장 3-4절).
반복측정 다변량 분산/공분산분석	다변량 분산/공분산분석과 유사하나 같은 개체에서 반복측정된 관측값을 사용할 수 있다(11장 3-4절).

실험 결과는 [그림 3-2]와 같다. 상단의 그래프에서 Lipitor® 홍보물을 접한 마이애미의 의대 4학년 학생들은 경쟁 Zucar®(simvastatin) 약물에 비해 Lipitor에 더 호의적인 태도를 보였다. 하지만, 제약회사의 판촉활동에 매우 제한적인 정책을 갖고 있는 펜실베이니아의 의대 4학년 학생들에게서는 그 반대의 결과가 발견되었다.

[그림 3-2] 하단의 그래프에서 처방에 대한 선택기준이 아직 정립되지 않은 의대 3학년 학생들의 점수는 홍보물의 영향을 받지 않았음을 알 수 있다. 저자들은 이원배치 분산분석을 통해 군의 배정과 학교, 학년 간의 상호작용이 통계적으로 유의하다는 것을 보였다($p=0.003$).

이 연구에서는 독립변수가 모두 범주형(학교, 학년)이므로 분산분석을 쉽게 적용할 수 있었다. 만약 독립변수가 연속형 변수(예: 연령, 체중)라면 공분산분석(analysis of covariance, ANCOVA)을 사용해야 한다. 공분산분석에서는 연속형 변수와 범주형 변수를 모두 사용할 수 있다.

정의

공분산분석은 연속형 독립변수를 사용할 수 있는 확장된 형태의 분산분석이다.

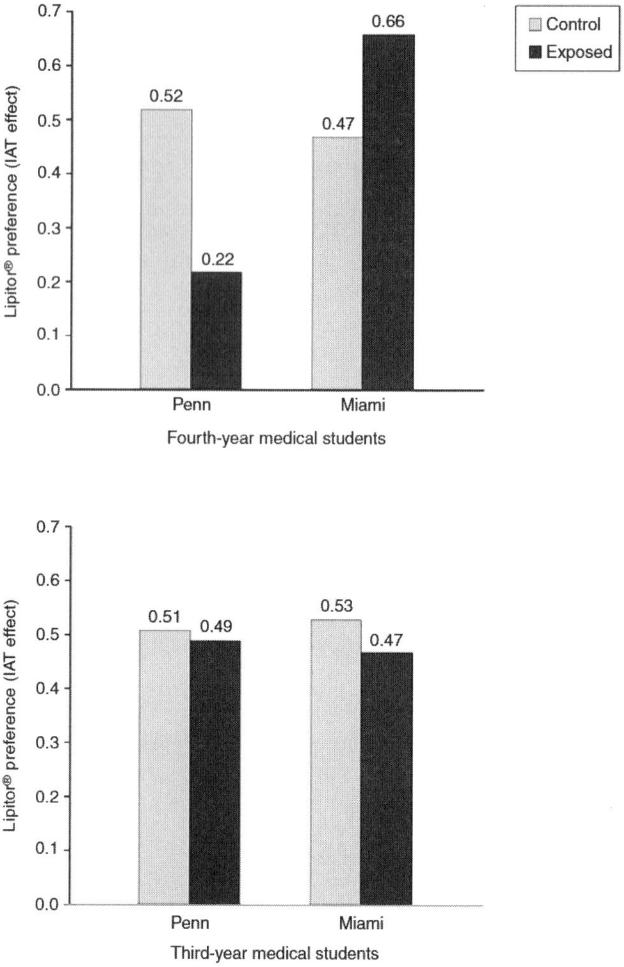

[그림 3-2] 홍보자료를 접하거나 접하지 않은 의대 3, 4학년 학생들의 Lipitor® 선호도. 선호도는 내재적 연관 검사(IAT)로 측정되었다.

출처: Grande, D., et al. (2009). "Effect of exposure to small pharmaceutical promotional items on treatment practices." *Arch. Intern. Med*. 69, 887–893.

다음 연구는 공분산분석을 사용한 한 예다. 한 대규모 다기관 연구에서 1형 당뇨병 환자들을 실시간 혈당모니터링군과 통상적인 혈당측정군 중 하나로 무작위 배정하였다.[4] 결과변수는 연구 26주 후의 당화혈색소 수치의 변화였다. 연구자들은 연속형 변수(시작 시점

4 The Juvenile Diabetes Research Foundation Continuous Glucose Monitoring Study Group. (2008). "Continuous glucose monitoring and intensive treatment of type 1 diabetes." *N. Engl. J. Med*, 359, 464–476.

의 당화혈색소 수치)와 범주형 변수(피험자들이 속한 임상시험 수행 기관)에 대해 모두 보정해야 했기 때문에 공분산분석을 사용하여 자료를 분석했다. 분석 결과 배정된 군과 연령대 사이에 유의한 상호작용이 발견되었다. 통상적인 혈당측정군에 비해 실시간 혈당모니터링군에서 당화혈색소 수치 결과가 더 나은 결과를 보였는데 이는 25세 이상의 환자에서만 해당되었다. 다른 두 연령대(8-14세 및 15-24세)에서는 두 군 간 당화혈색소 수치에 차이가 없었다. 센서는 피하지방에 삽입하고 며칠마다 교체해야 했는데, 연구자들은 25세 이상의 참여자들이 그보다 어린 연령대의 환자들보다 센서를 훨씬 더 잘 착용했다는 사실을 발견했다. 어린 환자들이 센서를 잘 착용하지 않았기 때문에 이들에서 실시간 혈당모니터링 센서가 혈당 수치를 조절하는 데 도움이 되지 않았던 것은 당연한 결과였다.

분산분석과 공분산분석은 서로 비슷한 기법이기 때문에 통계 프로그램에서 사용자가 연속형 독립변수를 포함시키면 공분산분석을 자동으로 신택해주기도 한다.

다변량 분산분석(MANOVA)과 다변량 공분산분석(MANCOVA)은 각각 분산분석과 공분산분석의 확장된 형태로 종속변수가 하나 이상일 때 사용된다. 결과변수들은 대체로 서로 연관되어 있다. 이 분석 방법들은 1종 오류(영가설을 잘못 기각하는 오류)를 범할 가능성을 줄이는 데 사용된다.

다변량 분산분석에서는 다변량 F(Wilks's lambda)를 제시한다. 다변량 F검정 결과가 유의하다면 이변량 F검정 결과를 확인해야 한다. 반대로 다변량 F검정 결과가 유의하지 않다면 개별 F검정 결과는 무시해도 된다. 다변량 연구 설계에서는 결과변수들의 급간상관(intercorrelation)이 각 집단 간에 동질적(homogeneous)이어야 한다.[5]

다변량 분산분석과 다변량 공분산분석은 분산분석과 공분산분석의 특화된 형태로 같은 개체에서 반복측정된 관측값들을 분석할 때에도 사용할 수 있다(11장 3-4절).

5 French, A. and Poulsen, J. "Multivariate analysis of variance (MANOVA)." http://userwww.sfsu.edu/efc/classes/biol710/manova/manovanewest.htm

2-3 다중 선형 회귀분석과 분산분석의 기본 가정들

다중 선형 회귀분석과 분산분석의 기본 가정은 동일하다[표 3-3]. 두 기법의 결과변수는 양수 또는 음수의 값을 가질 수 있다. 두 기법 모두 독립변수의 각 값에 대해 결과변수는 평균을 중심으로 정규분포를 따르고 분산이 같을 것(등분산)을 가정한다.[6] 이 조건을 만족하려면 독립변수의 모든 값에 대해 결과변수의 분포는 종 모양의 곡선을 띠어야 한다. [그림 3-3] (a)가 바로 그런 조건을 보여준다. 독립변수 X의 세 값(X_1, X_2, X_3)에 대해 종속변수의 값은 각각 종 모양의 곡선으로 분포하고 있다. 또한, 등분산성은 종속변수의 평균(점선으로 표시)으로부터 값들의 산포 정도(화살표 표시)가 X의 세 값에 대해서 동일함을 의미한다. [그림 3-3] (a)가 바로 그러한 경우이다.

다중 선형 회귀분석과 분산분석은 평균을 중심으로 한 정규분포와 등분산성을 가정한다.

독립변수가 연속형인 경우 이들을 몇 개의 집단으로 그룹화하면 이러한 가정들을 쉽게 평가할 수 있다. [그림 3-3] (a)의 예처럼 X_1, X_2, X_3는 독립변수의 범위로 나타낼 수 있다(예: 20-39세, 40-59세, 60-79세).

[그림 3-3] (b)는 정규분포 또는 등분산 가정을 만족하지 않는 단변수 관계를 보여준다. X_1 및 X_2의 종속변수 값은 모두 종 모양의 곡선 형태이지만 분산은 서로 다르다. X_1의 분포가 X_2보다 좁다. X_3의 경우 비대칭(긴 꼬리가 있는) 분포를 이루고 있다. 이 곡선은 종 모양의 분포를 따르지 않고 분산은 다른 두 곡선 중 어느 것과도 동일하지 않다. 따라서 이 독립변수와 종속변수 사이의 관계는 정규분포 또는 등분산 가정을 충족시키지 못한다.

연구자들은 종종 변수의 일변량적 특성만을 평가함으로써 정규분포 가정을 확인할 수 있다고 생각한다. 즉 X의 모든 값에 대해 히스토그램을 출력해서 분포가 종 모양이면 정규분포 가정을 충족한다고 결론을 내린다. 그러나 위에서 설명한 바와 같이, 정규분포

6 어떤 독립변수의 값에 대해서도 등분산성을 갖는다는 기술적 용어 homoscedasticity에서 'homo'는 같음을 의미하고 'scedastic'은 그리스어에서 흩어짐(to scatter)을 의미한다. 이에 대해 보다 자세한 설명과 선형 회귀분석의 다른 가정에 대해 알고자 하면 다음을 보라. Kleinbaum, D. G., Kupper, L. L., and Muller, K. E. (1998). *Applied Regression Analysis and Other Multivariable Methods.* 2nd edn. Boston: PWS-Kent, pp. 44-49.

[표 3-3] 다중 선형 회귀분석과 분산분석의 기본 가정들

결과변수의 형태	연속형
결과변수 값의 범위	양수 혹은 음수
모형화되는 값	평균
결과변수의 분포	정규분포
결과변수의 분산	평균 주위로 일정함

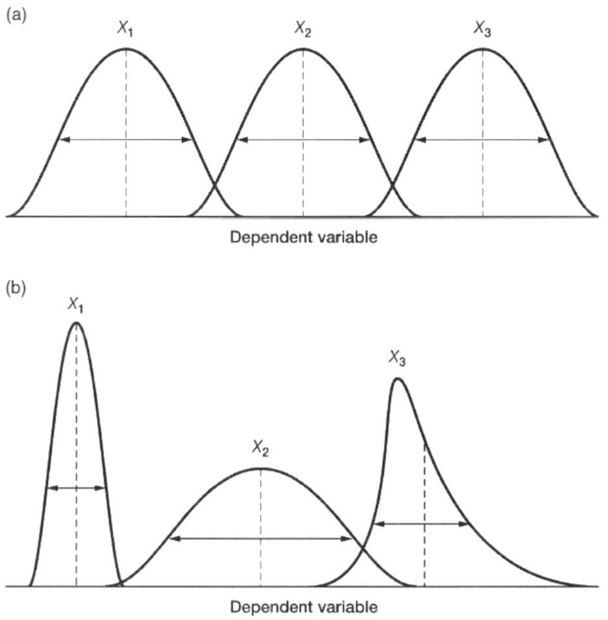

[그림 3-3] 독립변수 X의 서로 다른 세 값(X_1, X_2, X_3)에 대한 연속형 종속변수의 분포. (a)의 경우 X의 세 값 모두에서 분포곡선이 종 형태를 이루고 평균에서의 산포 정도(화살표)가 동일하다. (b)는 이러한 가정을 만족시키지 못하고 있다. X_3의 분포는 대칭형 종 모양을 이루지 못해 정규분포 가정을 위반하고 있고, X의 세 값에서 분포의 폭이 서로 다르기에 등분산성 가정 역시 타당하다고 볼 수 없다.

와 등분산성 가정은 전체 관측값의 분포에 대한 것이 아니라 독립변수의 각 값마다 적용되어야 하는 것이다. 그렇기는 하지만, 모든 독립변수에 대해 히스토그램을 그려보는 것은 다변수 분석을 시작하는 첫 단계라 할 수 있다.

만약 어떤 독립변수의 일변량 분포가 종 형태의 곡선에서 현저히 벗어난 상태라면 단변수 분석(이변량 분석)에서도 정규분포와 등분산성 가정을 만족시키지 못할 것이다. 일변량 분포를 검토하는 일이 두 변수의 연관성을 검토하는 것보다 더 쉽기 때문에 이 절차는 주어진 자료를 분석함에 있어서 어떤 변수를 특히 주의 깊게 관찰해야 하는지 단서를 제

공한다. 히스토그램 외에 정규 확률도(normal probability plot)로 정규분포 가정을 확인할 수도 있다. 자료가 정규분포를 이루고 있을 경우 정규 확률도는 직선에 가까워지게 된다. 또한, 왜도(skewness)와 첨도(kurtosis) 통계량이 크다면 자료가 정규분포를 따르지 않는다는 신호로 볼 수 있지만 히스토그램보다 유용하지는 않다.

TIP

모든 변수에 대한 히스토그램을 그려보라. 이를 통해 (a) 정규성과 등분산성에 대한 잠재적 위반의 가능성, (b) 잘못 입력된 값, (c) 값들 사이의 공백, (d) 극단값에 대해 알 수 있을 것이다.

종속변수와 독립변수의 히스토그램을 그려보는 일은, 정규분포와 등분산 가정에 대한 잠재적 위반을 파악하는 것 외에도 분석에 사용할 자료를 정리하는 데 필요한 과정이다. 히스토그램을 사용하면 잘못 입력된 값(예: 120세의 연령)을 감지하고 값들 사이의 공백 등을 확인할 수 있다. 예를 들어 자료에서 60세 이상의 사람들에 대한 관측값이 거의 없다면, 이 자료에서 얻은 결과를 고령 집단에게도 적용할 수 있다고 보기 어려울 것이다. 일변량 통계는 결과에 영향을 줄 수 있는 극단적인 (그러나 잘못 입력된 것은 아닌) 값(이상치)을 발견하는 데에도 도움이 된다. 자료에 80대 환자 두 명이 포함되어 있고 그들의 결과가 우연히도 이상치에 속한다면 분석 결과에 상당한 영향을 미칠 수 있다(9장 5절).

지금까지 살펴본 것처럼 선형 회귀분석을 수행하는 데 요구되는 가정들을 각각의 독립변수에 대해 모두 검토하는 것은 상당히 고된 과정이다. 하지만, 지나치게 치우쳐 있는 값이 없다는 조건 하에 자료의 표본이 충분히 크다면 (일반적으로 100보다 큰 표본이라면) 정규분포 가정을 만족하는 것으로 가정할 수 있다는 것은 연구자들에게 큰 축복이다! 이를 중심극한정리라고 한다.[7]

TIP

자료의 표본크기가 크다면(100 이상) 정규분포 가정을 충족시킨다고 봐도 된다(중심극한정리).

7 중심극한정리에 대한 보다 자세한 내용은 다음을 문헌을 참조하라. Rosner, B. (2000). *Fundamentals of Biostatistics*. 5th edn. Pacific Grove: Doxbury, pp. 174–176.

따라서 등분산에서 상당히 먼 경우만 분석 결과에 영향을 미칠 수 있다. 일반적으로 등분산 가정이 만족되지 않는 경우 독립변수와 종속변수의 연관성을 보이기 위한 분석의 검정력이 저하된다.

자료가 정규성과 등분산성 가정에서 심각하게 벗어나고 표본크기 역시 작다면 어떻게 해야 할까? 가정들이 충족되도록 문제가 되는 변수(독립변수 혹은 종속변수)를 변환할 수 있다. 이러한 변환에는 자연로그, 제곱근, 역수, 제곱 또는 아크사인(arcsine) 변환 등이 흔히 쓰인다.[8]

TIP

정규성과 등분산성 가정에서 심각하게 벗어난 경우 해당되는 변수를 변환해보라.

변수를 변환한 후에는 변환된 변수가 모형의 가정을 더 잘 만족시키는지 확인하기 위해 단변수 분석을 다시 시행해야 한다. 정규성과 등분산성을 검증하는 보다 정교한 방법에 대해서는 9장 3절에서 다룰 것이다.

2-4 다중 선형 회귀분석과 분산분석 중에 선택하기

모형 설정이 유사하다면, 두 기법은 같은 결과를 제시할 것이다. 집단이 둘 이상이라면, 다중 선형 회귀분석으로 자료를 분석하기 위해 집단을 나타내는 다중 이분형 변수를 생성해야 한다(4장 2절).

일반적으로 다중 선형 회귀분석은 관측 자료에서, 분산분석은 실험 설계에서 더 흔히 사용된다. 다중 선형 회귀분석은 의학 연구에서 더 일반적으로 사용되며 분산분석은 행동과학 연구에서 더 빈번하게 사용된다.

TIP

모형 설정이 유사하다면 다중 선형 회귀분석과 분산분석은 같은 결과를 제시할 것이다.

8 변환에 대해 더 자세한 설명은 다음을 보라. Kleinbaum, D. G., Kupper, L. L., and Muller, K. E. (1988). *Applied Regression Analysis and Other Multivariable Methods*. 2nd edn. Boston: PWS-Kent, pp. 220–221.

3 이분형 결과변수에는 어떤 다변수 모형을 사용할까?

이분형(dichotomous) 변수(가장 간단한 형태의 범주형 변수)는 생존 또는 사망, 암의 발병(예 또는 아니오)과 같이 두 값(두 범주) 중 하나를 가진다.

정의

이분형 변수는 두 값 중 하나를 가진다.

이분형 결과변수에 대한 단변수 분석 방법으로 이분형과 명목형 독립변수에 대해서는 카이제곱 검정과 피셔(Fisher)의 정확도 검정, 연속형 변수에 대해서는 t검정, 순서형 변수와 정규성을 띠지 않는 연속형 독립변수에 대해서는 경향에 대한 카이제곱 검정과 맨-위트니 검정(Mann-Whitney)이 있다[표 3-1]. 독립변수가 둘 이상인 경우에는 다중 로지스틱 회귀분석을 사용한다.[9]

[그림 3-4]를 통해 이분형 변수를 분석하기 위한 로지스틱 회귀분석의 의미를 이해해보자. 이 그림은 알코올 중독자 중 골격근 강도(삼각근에서 측정한)와 심근병증(cardiomyopathy)의 연관성을 보여준다.[10] 골격근 강도가 낮은 환자들(곡선의 왼쪽) 중에는 하얀색 원(정상적인 심장 기능을 가진 환자)이 없는 반면, 검은색 원(심근병증 환자)이 몇몇 보인다. 반대로 골격근 강도가 높은 환자들(곡선의 오른쪽) 중에는 하얀색 원이 많고 검은색 원이 거의 없어서 심근병증이 없는 환자는 골격근 강도가 정상적인 수준임을 반영한다. 삼각형 표식은 골격근 강도에 따른 심근병증 비율을 나타낸다. 삼각형을 연결하는 곡선은 중간 강도의 근력에서 근력이 증가함에 따라 심근병증 환자의 비율이 급격히 감소함을 보여준다.

9 일반적으로 이 기법을 다중 로지스틱 또는 로지스틱 회귀분석이라고 한다. 필자는 여기서 이항(binary)이라는 말을 순서형 로지스틱 회귀분석과 다항(다범주) 로지스틱 회귀분석과 구분하기 위해 사용했다.

10 Fernandez-Sola, J., Estruch, R., Grau, J. M., et al. (1994). "The relationship of alcoholic myopathy to cardiomyopathy." *Ann. Intern. Med*, 120, 529–536.

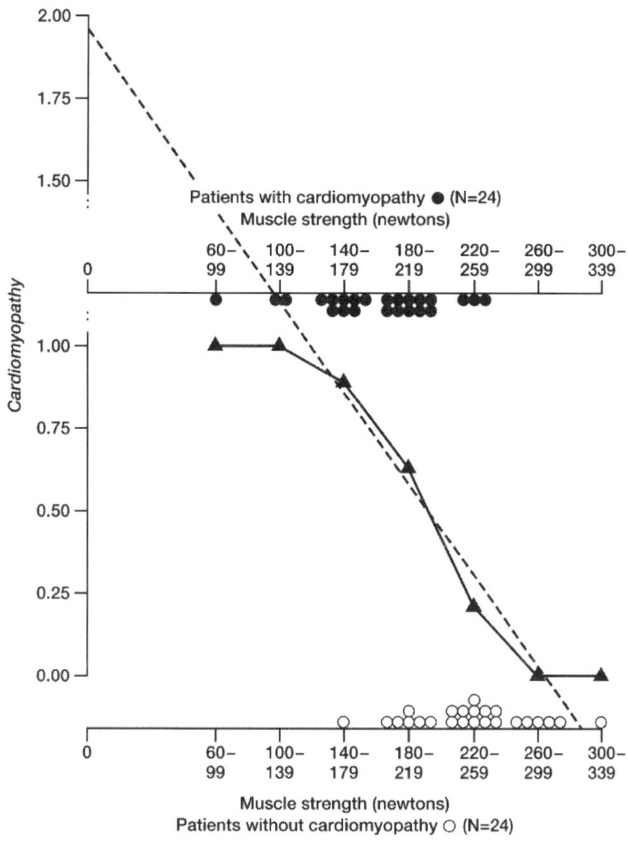

[그림 3-4] 알코올 중독 환자에서 골격근 강도와 심근병증 사이의 연관성이 Z-형태를 보이고 있다. 검은색 원은 심근병증이 있는 환자들이고 흰색 원은 심근병증이 없는 환자들이다. 삼각형 표식은 서로 다른 근육 강도에서 심근병증 환자들의 관측된 분율(fraction)을 나타낸다.

출처: Fernandez-Sola, J., Estruch, R., Grau, J. M., et al. (1994). "The relationship of alcoholic myopathy to cardiomyopathy." *Ann. Intern. Med*, 120, 529–536.

심근병증의 발생 확률은 다른 모든 사건들과 마찬가지로, 0과 1 사이의 값만 가능하다. 로지스틱 회귀분석은 이러한 가정을 반영한 것이다[표 3-4]. 로지스틱 회귀분석은 결과변수의 '로짓(logit)'을 모형화한다. 로짓은 결과변수의 오즈(odds)에 자연로그를 취한 값이며, 결과변수의 오즈는 결과가 발생할 확률을 발생하지 않을 확률로 나눈 값이다. 로짓은 −∞에서 +∞까지 모든 값을 가질 수 있지만 로짓이 역함수인 확률은 0에서 1 사이의 값만 가능하다. 그러므로 로지스틱 함수의 형태는 S 또는 Z 모양이 된다. [그림 3-4]에서 볼 수 있듯이 이 형태는 자료를 잘 설명해준다. 결과 확률이 0 또는 1에 가까워질수록 독립변수의 증가 또는 감소는 결과에 거의 영향을 미치지 않고 있다.

[표 3-4] 로지스틱 회귀분석의 기본 가정들

결과변수의 형태	이분형
결과변수 값의 범위	0에서 1
모형화되는 값	결과변수 오즈의 로그 (로짓이라고 한다)
결과변수의 분포	이항분포
결과변수의 분산	평균에만 좌우됨

정의

로짓은 결과변수의 오즈에 자연로그를 취한 값이며, 결과변수의 오즈(odds)는 사건의 발생 확률을 사건이 발생하지 않을 확률로 나눈 값이다.

선형 회귀직선(점선)을 그려보면 선형함수가 이 자료를 설명하는 데 좋은 모형이 아니라는 점을 이해할 수 있다. 심근병증은 단지 병이 있거나(1) 없는(0) 두 상태만 가능한데, 점선은 골격근 강도가 100N(뉴턴) 미만인 환자의 심근병증 변수값이 1보다 큰 값을 가질 것으로 예측하고 있다. 점선은 또한 근육 강도가 300N 이상인 환자의 심근병증 변수값이 음수가 됨을 나타내고 있는데, 이러한 값은 당연히 존재할 수 없다.

이 S 또는 Z 형태의 함수가 유용하기는 하지만 어쨌든 이는 단지 모형이라는 점을 기억할 필요가 있다. [그림 3-4]에 그려진 곡선은 실제 자료에 기반한 것이다. 모형으로 추정된 곡선은 이와 유사한 형태일 테지만 정확히 동일하지는 않을 것이다. 모형이 관측 자료를 얼마나 잘 적합시켰는지 평가하는 방법에 대해서는 8장 2절에서 살펴볼 것이다.

로지스틱 회귀분석에서 종속변수는 이항분포를 따르는 것으로 가정한다. 이항분포는 서로 독립인 시행들을 반복했을 때 성공 또는 실패 횟수(예: 예 또는 아니오, 생존 또는 사망)를 의미한다. 독립시행이란 특정 개체에 대한 결과가 다른 개체의 결과와 독립임을 의미한다. 다시 말해서 같은 개인, 가족 또는 의료진에 의해 군집성을 보이지 않는다는 뜻이다. 만약 군집된 효과가 있는 경우, 이를 다루는 방법들에 대해서는 11장에서 다룰 것이다. 로지스틱 회귀분석에서의 분산은 평균에만 의존한다고 가정한다.

[그림 3-4]의 모형은 골격근 강도와 심근병증의 단변수 연관성을 보여준다. 그러나 단변수 분석 기법에 비해 다중 로지스틱 회귀분석의 장점은 다른 요인들을 보정한 후 독립변수와 이분형 결과변수와의 연관성을 평가할 수 있다는 데 있다.

[표 3-5] 통상적 심폐소생술(CPR)과 흉부압박 심폐소생술의 비교

	압박만 시행했을 때 좋은 신경학적 결과 N(%)	통상적인 CPR에서 좋은 신경학적 결과 N(%)	단변수 오즈비 (95% 신뢰구간)	다변수 오즈비 (95% 신뢰구간)
Yes	27(6%)	30(4%)	1.5(0.9–2.5)	2.2(1.2–4.2)
No	412(94%) 카이제곱 *p*값=0.14	682(96%)		

예를 들어 인공호흡 없이 흉부압박만 시행하는 심폐소생술(CPR)이 효과적인지 검증하기 위해 로지스틱 회귀분석이 사용되었다. 이 연구가 중요한 이유는 목격자들 중 일부는 인공호흡을 통해 질병이 전염되는 것이 우려되어 심폐소생술을 실시하지 않기 때문이다. 또한, 흉부압박과 인공호흡 모두를 실시하는 심폐소생술의 방식이 일반인들이 배우기에 너무 복잡하다는 이유도 있다. 흉부압박만 실시하는 심폐소생술의 효과가 흉부압박과 인공호흡을 함께 실시하는 심폐소생술의 효과와 별 차이가 없다면, 심폐소생술에 대한 대중 교육은 흉부압박에 중점을 두어야 할 것이다.

이 문제에 대해 심정지 환자들이 목격자에게 심폐소생술을 어떤 식으로 받았는지 일본에서 응급구조사의 기록을 통해 분석한 연구가 있다.[11] 연구자들은 흉부압박만 받은 환자들과 흉부압박과 구조호흡을 동시에 받은 환자들을 비교했다. 통계적으로 유의하지는 않았지만, 흉부압박만 받은 사람들 집단에서 신경학적 후유증에 대한 결과가 더 좋았다. 그러나 이 결과는 두 집단의 특성에 유의한 차이가 있어 교란되었을 가능성이 높았다. 흉부압박만 받은 사람들은 남성이 많았으며, 심정지 발생 장소가 주로 집이었고, (구급대원이 아닌) 일반인에게 심폐소생술을 받았을 가능성이 높았다. 아마도 이러한 차이들 중 하나로 더 나은 결과를 얻게 된 것이 아니었을까?

그런데 [표 3-5]에서 보다시피 그렇지 않았다. 다중 로지스틱 회귀분석을 사용하여 성별, 심정지 발생 장소, 심폐소생술 실시자를 보정한 결과, 연구자들은 흉부압박만 실시했을 때 신경학적인 결과가 실제로 더 좋다는 사실을 발견했다.[12] 흉부압박만 받은 환자들에서 좋은 신경학적 결과를 보일 가능성이 통계적으로 유의하게 높게 나타났다. 이 결과가 납득하기 어렵다면 심폐소생술을 시행하는 사람이 한 명뿐인 상황을 떠올려보자.

11 Sos-Kanto Study Group. (2007). "Cardiopulmonary resuscitation by bystanders with chest compression only (SOS-Kanto): an observational study." *Lancet* 369, 920–926.

12 통계적 보정 후 효과가 더 강해지므로 억제 효과(suppressor effect)의 사례 중 하나가 된다(1장 3절).

인공호흡을 하는 데 시간을 보내다 흉부압박을 해야 할 시간을 허비할 수 있다는 점을 생각해보면 흉부압박만 실시하는 심폐소생술이 더 유용할 수도 있는 것이다. 이는 비록 관찰 연구일 뿐이었지만, 해당 저널의 논평에서는 심정지에 대해 흉부압박만 실시하는 식으로 심폐소생술 가이드라인을 변경할 것을 권고했다.[13]

4 순서형 결과변수에는 어떤 다변수 모형을 사용할까?

순서형 변수(ordinal variable)는 서열 또는 순위가 있는 몇 개의 범주를 갖는다. 예를 들어 심장 기능에 대한 뉴욕심장학회 분류(New York Heart Association classification)는 4단계 순위변수가 된다. 각 수준에 대해 순위는 갖고 있지만 level I(일상적 신체활동에 제약 없음)과 level II(일상적 신체활동에 약간의 제약 있음)의 차이를 수치로 정량화할 수는 없다. 즉, level I과 II의 차이가 level III(신체활동에 상당한 제약이 있음)와 level IV(거의 모든 신체활동에서 불편함을 동반할 수밖에 없음) 사이의 차이와 동일하다고 말할 수 없다.

정의

순서형 변수는 서열 또는 순위가 있는 몇 개의 범주를 갖는다.

순서형 결과변수의 단변수 분석 방법에는 이분형 독립변수의 경우 경향에 대한 카이제곱 검정과 맨-위트니 검정, 명목형 독립변수의 경우 크루스칼-왈리스(Kruskal-Wallis) 검정, 연속형 또는 순서형 독립변수의 경우 스피어만 순위상관계수를 사용한다. 그러나 이러한 단변수 분석 방법에는 2개 이상의 독립변수를 포함시킬 수 없다[표 3-1].

순서형 결과변수에 대한 다변수 분석에는 로지스틱 회귀분석의 변형된 형태인 비례

13 Ewy, G. A. (2009). "Cardiac arrest–guideline changes urgently needed." *Lancet* 369, 882–884.

[표 3-6] 비례오즈 로지스틱 회귀분석의 가정들

결과변수의 형태	순서형
결과변수 값의 범위	범주들의 개수
모형화되는 값	누적로짓
결과변수의 서로 다른 구분점(cut point)의 오즈비	동질적(homogenous)

오즈 회귀분석(proportional odds regression)을 이용한다.[14] 비례오즈 회귀분석(순서형 로지스틱, 순위 로지스틱 회귀분석, 순위로짓, 누적 오즈모형 또는 제약이 있는 누적로짓 모형이라고도 함)은 순서형 결과변수 범주들 간의 누적로짓을 모형화한다[표 3-6].

> 결과변수가 순서형 변수인 경우 비례오즈 회귀분석을 사용할 수 있다.

비례오즈 회귀분석은 순서형 결과변수의 모든 구분점(cut point)에서 독립변수와 순서형 결과변수 사이의 연관성을 평가한다. 예를 들어 5단계 순서형 결과변수는 (1)/(2, 3, 4, 5), (1, 2)/(3, 4, 5), (1, 2, 3)/(4, 5), (1, 2, 3, 4)/(5)와 같이 4개의 구분점으로 나눌 수 있다. 구분점의 개수는 범주의 수보다 하나가 작다. 만약 다중 로지스틱 회귀분석을 통해 각 구분점에 해당하는 로짓을 계산한다면, 4개의 구분점의 결과변수에 대해 총 4개의 로짓(로그 오즈)을 구하게 될 것이다. 하지만, 비례오즈 회귀분석에서는 각 구분점에 대한 로짓의 '누적' 또는 '평균'이 되는 하나의 로짓을 추정한다. 이 방법의 장점은 4개의 구분점에 해당하는 4개의 추정량을 각각 계산할 필요 없이 각 독립변수들이 결과변수에 미치는 영향에 대해 하나의 추정치를 얻을 수 있다는 점이다.

> 비례오즈 회귀분석에서는 결과변수의 모든 구분점들에 대해 로지스틱 회귀모형을 적합시켰을 때 계산되는 개별 로짓들의 '평균'을 계산하게 된다.

14 다음을 참고하기 바란다. Scott, S. C., Goldberg, M. S., and Mayo, N. E. (1997). "Statistical assessment of ordinal outcomes in comparative studies." *J. Clin. Epidemiol*, 50, 45–55; Menard, S. (1995). *Applied Logistic Regression Analysis*. Thousand Oaks, CA: Sage Publications, pp. 80–90.

하이렉(Hylek)과 동료들은 비례오즈 회귀분석을 사용하여 비판막성 심방세동(nonvalvular atrial fibrillation) 환자에게서 발생하는 뇌졸중의 중증도에 대하여 독립적인 예측요인을 규명하고자 하였다.[15] 뇌졸중의 중증도는 다음과 같이 세 가지 단계의 순서형 변수로 정의하였다.

① 경증 뇌졸중: 신경학적 후유증이 없거나 자립 활동에 지장을 주지 않을 정도의 장애
② 중증 뇌졸중: 자립적인 생활을 방해하는 신경학적 장애
③ 심각한 뇌졸중: 병원에서 사망했거나 퇴원 후 완전한 의존이 필요한 상태

3단계의 중증도는 다음과 같이 두 구분점에서 나눌 수 있다. (1)/(2, 3)(경증 뇌졸중 대 중증 및 심각한 뇌졸중); (1, 2)/(3)(경증 혹은 중증 뇌졸중 대 심각한 뇌졸중).

[표 3-7]은 여러 독립변수와 뇌졸중의 중증도 간 연관성에 대한 오즈비를 보여준다. 심부전 환자, 고령 환자, 항응고제를 쓰지 않거나 치료용량에 못 미치는 와파린(warfarin)을 투여받은 환자에서 중증도가 더 높은 뇌졸중을 일으킬 가능성이 유의하게 높았다. 이 오즈비들은 표에 제시된 다른 변수들에 대해 모두 보정된 값들이다. 이 연구는 항응고제(antithrombotic) 사용이 비록 뇌졸중을 예방하지 못하더라도 중증도를 완화시킬 수 있음을 보였기 때문에 임상적으로 중요한 의미를 지닌다.

2개의 구분점에 대해서 오즈비를 각각 계산할 수 있지만, 비례오즈 회귀분석에서는 각 독립변수에 대해 단 하나의 오즈비가 제시된다. 그러므로 이 오즈비가 타당하려면 서로 다른 구분점에서의 오즈비들이 거의 같아야 한다. 이것을 비례오즈 가정(proportional odds assumption)이라고 한다.

TIP

비례오즈 가정이란 순서형 변수의 모든 구분점에 대해서 오즈비가 거의 같아야 함을 의미한다.

15 Hylek, E. M., Go, A. S., Chang, Y. (2003). "Effect of intensity of oral anticoagulation on stroke severity and mortality in atrial fibrillation." *N. Engl. J. Med*, 349, 1019–1026.

[표 3-7] 비판막성 심방세동 환자에서 발생한 뇌경색 중증도 예측 인자

위험요인	오즈비 (95% 신뢰구간)	p값
심부전증	1.6 (1.1–2.2)	0.009
연령(10년 단위)	1.5 (1.2–1.8)	< 0.001
입원 당시 항응고제 복용		
없음	2.2 (1.3–3.8)	0.004
아스피린	1.3 (0.7–2.3)	0.40
와파린, 비치료적 용량 (INR < 2.0)	1.9 (1.1–3.4)	0.03
와파린, 치료적 용량 (INR ≥ 2.0)	1.0 (기준)	–
여성	1.1 (0.8–1.5)	0.54
관상동맥 심장질환	1.1 (0.8–1.5)	0.59
당뇨	1.3 (0.9–1.9)	0.18
고혈압	1.2 (0.9–1.7)	0.24
과거 뇌경색	1.1 (0.8–1.5)	0.71

출처: Hylek, E. M., et al. (2003). "Effect of intensity of oral anticoagulation on stroke severity and mortality in atrial fibrillation." *N. Engl. J. Med.* 349, 1019–1026.

예를 들어 항응고제를 사용하지 않을 때 뇌졸중 중증도의 위험성을 나타내는 오즈비는 2.2로, 치료를 받지 않으면 중증도가 더 높은 뇌졸중의 위험이 증가함을 의미한다[표 3-7]. 그런데, 만약 이 '평균' 오즈비가 두 가지 구분점에 대한 두 오즈비를 대표할 수 없다면 어떻게 될까? 항응고제 효과의 오즈비가 경증 대비 중증 혹은 심각한 뇌졸중에 대해 1.0이지만, 경증, 중증 대비 심각한 뇌졸중에 대해 4.0이라면? 이 경우 비례오즈 모형에서 추정된 '평균' 오즈비 2.2는 중증도의 여러 구분점에서 항응고제와 뇌졸중 중증도 사이의 실제 연관성을 설명하지 못하므로 비례오즈 회귀모형은 적절한 분석법이 아니다(이 경우 다음 절에서 살펴볼 다항 로지스틱 회귀분석이 대안이 될 수 있다).

비례오즈 가정의 유효성은 스코어 검정(score test)을 통해 평가할 수 있다. 이에 대해서는 9장 8절에서 다룰 것이다.

5 명목형 결과변수에는 어떤 다변수 모형을 사용할까?

명목형 변수(nominal variable)는 서열화할 수 없는 여러 범주로 구성된 변수를 말한다. 예를 들어 사망 원인이나 암의 종류를 나열하는 데에는 특별한 서열이 존재하지 않는다. 데이터베이스에서 범주를 구분하기 위해 번호(예: 1=유방암, 2=결장암, 3=폐암 등)를 부여할 수는 있지만 이때 숫자에 수치적인 의미는 없다. 설령 평균과 중간값을 계산하더라도 둘 다 아무런 의미가 없다.

> 명목형 결과변수는 다항 로지스틱 회귀분석을 이용한다.

명목형 결과변수에 대한 단변수 분석 방법으로, 이분형과 명목형 독립변수에 대해서는 카이제곱 검정, 연속형 독립변수에 대해서는 분산분석, 순서형 또는 정규분포를 따르지 않는 연속형 독립변수에 대해서는 크루스칼-왈리스 검정을 사용한다[표 3-1]. 그리고 여러 독립변수를 보정하여 명목형 결과변수를 분석하려면 다항 로지스틱 회귀분석[multinomial(polytomous) logistic regression]을 이용한다[표 3-8].[16]

[표 3-8] 다항 로지스틱 회귀분석의 가정들

결과변수의 형태	명목형
결과변수 값의 범위	범주의 개수: 범주들 중 하나는 반드시 기준 범주로 지정되어야 한다.
모형화되는 값	로짓(기준 범주 대비 해당 범주)

16 다항(multinomial)은 결과변수의 범주가 둘 이상인 경우를 의미한다. 따라서 비례오즈 회귀분석(3장 4절)도 사실 다항 로지스틱 회귀분석의 특별한 형태 중 하나다. 그러나 일반적으로 다항 로지스틱 회귀분석은 명목형 결과변수에 대한 로지스틱 회귀분석을 뜻한다.

다항 로지스틱 회귀분석에서는 범주 중 하나가 기준 범주(reference)로 지정되어야 한다. 어느 것을 기준 범주로 선택해도 수학적으로는 차이가 없지만 결과가 제시되는 형식은 바뀌게 된다. 통상적으로 표본크기가 가장 큰 범주, 또는 비교하기 원하는 범주들 중 하나를 기준 범주로 선택한다.

TIP

다항 로지스틱 회귀분석에서는 범주 중 하나가 기준 범주로 지정되어야 한다. 통상적으로 표본크기가 가장 크거나, 또는 비교하기를 원하는 범주들 중 하나를 기준 범주로 정한다.

다항 로지스틱 회귀모형은 각 독립변수에 대해 결과변수의 각 범주를 기준 범주와 비교하게 된다. 그러므로, 비교의 횟수는 결과변수의 총 범주 수에서 1을 뺀 것과 같다. A, B, C, D 네 가지 범주가 있고 기준 범주가 A인 경우, 다항 로지스틱 회귀분석은 범주 A 대 B, A 대 C, A 대 D의 로짓을 계산하게 된다. 범주 B 대 C 또는 C 대 D에 대한 로짓은 계산하지 않는다.

머피(Murphy)와 동료들은 암 임상시험에 대한 소수인종의 참여율이 시간이 지남에 따라 개선되고 있는지 확인하는 데 관심이 있었다.[17] 인종은 명목형 결과변수이므로 다항 로지스틱 회귀분석을 사용하여 역년(calendar year, 독립변수)이 인종 구성(결과변수)에 미치는 영향을 연령, 성별, 암의 종류를 보정하여 분석했다. [표 3-9]의 결과를 보면, 기준이 되는 백인 대비 흑인의 비율은 1996-1998년에 비해 2000-2002년에 감소하였다. 흑인 외 다른 인종들의 비율은 시간이 지남에 따라 유의한 변화가 없었다.

각 인종 범주에 대한 상대위험도를 구하기 위해 로지스틱 회귀분석을 범주별로 4번 수행하더라도 유사한 상대위험도를 얻을 수 있다. 즉, 각 분석에서는 기준 범주(즉, 백인)에 속한 개체들과 비교하려는 범주(예: 흑인)에 속한 개체들만 포함하게 된다. 실제로 이렇게 분석해보면 각 로지스틱 회귀모형에서 얻은 상대위험도는 다항 로지스틱 회귀모델에서 산출한 상대위험도와 거의 유사하다.[18] 차이점이 있다면, 개별 로지스틱 회귀모형의 경

17 Murphy, V. H., Krumholz, H. M., Gross, C. P. (2004). "Participation in cancer clinical trials: race-, sex-, and age-based disparities." *JAMA,* 291, 2720-2726.

18 이에 대한 내용은 다음 도서를 참고한다. Hosmer D. W., and Lemeshow, S. (2000). *Applied Logistic Regression*. 2nd edn. New York, NY: Wiley, pp. 279-280.

[표 3-9] 2000-2002년 대 1996-1998년 시간에 따른 소수인종의 참여에 대한 변화

인종	백인 대 소수인종 참여, 2000-2002년 대 1996-1998년	
	상대위험도* (95% 신뢰구간)	p값
백인	1.0 (기준)	
히스패닉	0.88 (0.72-1.08)	0.023
흑인	0.76 (0.65-0.89)	<0.001
아시안/폴리네시안	0.99 (0.83-1.18)	0.91
인디언/알래스카 에스키모	0.80 (0.57-1.10)	0.17

* 다항 로지스틱 회귀분석으로 연령, 성별, 암 종류를 보정한 결과

출처: Murphy, V. H., et al. (2004). "Participation in cancer clinical trials: race-, sex-, and age-based disparities." *JAMA,* 291, 2720-2726.

우 결과변수와 독립변수 간 연관성이 각각 분리된 표본에 기반한 결과이지만, 다항 로지스틱 회귀분석의 경우에는 결과변수와 독립변수 간 연관성이 전체 표본에서 얻은 것이라는 점이다. 다항 로지스틱 회귀분석에서는 각 범주별로 기준 집단과 비교하기 때문에 비례오즈 가정이 필요 없다.

6 결과 발생까지의 시간 변수에는 어떤 다변수 모형을 사용할까?

결과 발생까지의 시간(time to outcome)이란 일정한 기간(예: 5년)에 걸쳐 발생하는 사망이나 암의 발병과 같은 사건을 연구하는 것이다[표 3-1]. 결과 발생까지의 시간 변수(time to outcome variables)에 대한 단변수 분석에는 각 군에 대해 카플란-마이어(Kaplan-Meier) 생존곡선을 그리고 로그 순위 검정을 사용하여 곡선들을 비교하는 방법이 있다. 그러나 로그 순위 검정에는 여러 독립변수를 포함시킬 수 없다.

결과 발생까지의 시간 변수에 대한 다변수 분석은 비례위험 분석(proportional hazards analysis)을 이용한다[표 3-10]. 해넌(Hannan) 등은 관상동맥 우회술(CABG)을 받

[표 3-10] 비례위험 회귀분석의 가정들

결과변수 유형	결과 발생까지의 시간
결과변수 값의 범위	0 또는 1: 결과 발생까지의 시간
모형화되는 값	비례위험의 자연로그
중도절단된 관측값	중도절단된 개체들은 중도절단되지 않은 개체들과 결과 발생률이 같다고 가정함
시간에 따른 상대위험	비례함

은 환자와 약물분비 스텐트 시술을 시행받은 환자의 사망까지의 시간을 비교했다.[19] 세혈관 질환(three-vessel disease) 환자에게서 관상동맥 우회술을 받은 환자와 약물분비 스텐트 시술을 받은 환자의 생존율은 거의 동일했다(18개월 93.4% 대 93.7%, [그림 3-5] 참조). 그러나 환자들은 관상동맥 우회술군과 약물분비 스텐트 시술군으로 무작위화되어 있지 않았다. 일반적으로 관상동맥 우회술을 받은 환자는 나이가 더 많고 심장질환이 더 많으며 동반질환도 더 많았다. 연구자들은 연령, 심박출량(ejection fraction), 과거 심근경색 병력 및 동반질환과 같은 잠재적 교란요인을 통제하기 위해 비례위험 분석을 사용하여 관상동맥 우회술을 받은 환자군의 사망률이 유의하게 낮다는 사실을 발견했다(비례위험도 0.80, 95% 신뢰구간 0.65–0.97).

지금까지 논의한 다변수 기법들과는 달리 비례위험 분석은 추적관찰 기간이 다른 개체들을 분석에 모두 포함시킬 수 있다. 경시적 연구에서 추적관찰 기간은 갖가지 사유로 인해 서로 다른 경우가 흔하다. 연구 참여자가 연구에 더 이상 참여하지 않기로 결정할 수도 있고, 다른 곳으로 이사할 수도 있으며, 연구 기간 중에 사망하는 경우도 있고, 부작용으로 연구 참여가 중단될 수도 있다. 때로는 연구 참여자가 연구에서 왜 중도 하차했는지 모를 수도 있다.

연구를 마치지 않은 개체들을 다루는 것은 임상연구가 다른 유형의 연구와 다른 중요한 차이점 중 하나다. 실험실 연구에서는 관측값이 손실되지 않도록 조건(예: 실험실 동물, 세포 배양)을 제어하는 것이 대체로 가능하다. 사회과학 연구 대부분(과 일부 임상연구)은 횡단면 실계(독립변수와 결과를 동시에 측정)를 사용하기 때문에 연구 참여를 거절한 사

19 Hannan, E. L., Wu, C., Walford, G. et al. (2008). "Drug-eluting stents vs. coronary-artery bypass grafting in multivessel coronary disease." *N. Engl. J. Med*, 358, 331–341.

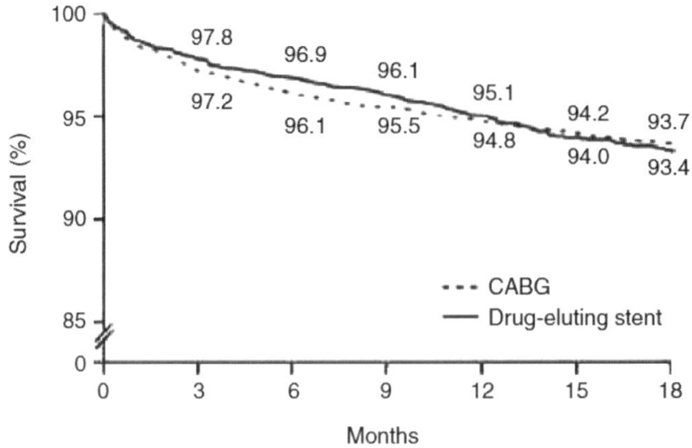

No. at risk							
CABG	5202	5058	5001	4967	4931	4083	3139
Drug-eluting stent	2481	2427	2404	2384	2359	1819	1355

[그림 3-5] 관상동맥 우회술을 받은 환자 대 약물분비 스텐트 시술을 받은 환자의 생존율에 대한 카플란-마이어 곡선. 두 곡선은 서로 유사한 형태를 보인다.

출처: Hannan, E. L., et al. (2008). "Drug-eluting stents vs. coronary atery bypass grafting in multivessel coronary disease." *N. Engl. J. Med.* 358, 331–341.

람들은 있어도 연구 중에 참여자 수가 줄어들지 않는다. 그러나, 경시적 연구(시간의 흐름에 따른 연구)에서는 연구 참여자들이 계속해서 줄어든다. 예를 들어 관상동맥 우회술과 약물분비 스텐트 시술을 비교한 연구에서 [그림 3-5] 아래의 숫자를 보면, 관찰 시작 시점에서 5,202명의 환자가 있었는데 18개월 뒤에 관상동맥 우회술군은 3,139명뿐이다. 6.3%만 사망했음에도 불구하고 표본의 39%가 감소했다.

중도탈락을 다루는 한 가지 방법은 중도탈락된 환자들을 결과에서 제외하는 것이다. 실제로 특정 시점(예: 3년)에서 단순 누적 결과를 보고자 한다면, 종료 시점 이전에 중도탈락한 사례들을 제외할 수밖에 없다. 관상동맥 우회술과 약물분비 스텐트 시술의 사례에서 연구자가 이 방법을 선택하고자 했다면 18개월 시점에 사망 여부를 확인할 수 없는 모든 참여자들을 제외해야 했을 것이다. 그러나, 환자들을 분석에서 제외하면 연구의 검정력이 저하되고 잠재적인 편향의 위험성이 있다.

가장 이상적인 방법은 모든 연구 참여자의 관찰 시점까지의 정보를 활용하는 것이다. 이를 위해 중도절단(censoring)이라는 개념이 사용되는데, 이는 비례위험 분석을 포함한 모든 유형의 생존분석에서 주요 요소이다. 관상동맥 우회술 대 약물분비 스텐트 시술 분

[표 3-11] 중도절단의 사유

중도절단 사유	사례
추적관찰에서 탈락	연구 참가자가 떠나거나, 더 이상 연구에 참여할 의사가 없거나, 병원에 방문하는 걸 중단함
제3의 결과로 인해 관심 사건을 관찰할 수 없음	암에 대한 연구에서 관상동맥 질환으로 인해 사망함
연구에서 탈퇴	부작용 발생, 혹은 위약치료를 계속하기 어려운 비윤리적인 상황
서로 다른 연구 등록 시점	오랜 기간(예: 2년) 동안 대상자를 모집하는 연구
연구 종료	연구종료 시점까지 기대한 사건이 발생하지 않은 개체들은 모두 그 시점에서 중도절단으로 처리됨

석에서 교란요인을 통제하는 데 사용된 방법이기도 하다.

중도절단은 추적관찰에 실패한 개체들을 분석에 포함할 수 있는 것 외에도 더 넓은 의미를 갖는다. 이는 여러 이유로 추적관찰 기간이 서로 다른 개체들을 분석할 수 있게 한다[표 3-11]. 실제로 비례위험 분석에서 연구 기간 중에 연구의 관심이 되는 사건이 발생하지 않은 개체들은 연구 종료 시점에서 중도절단 상태로 간주한다.

TIP

중도절단은 연구 참여자가 해당 연구에서 떠나기 전까지의 정보를 분석에서 활용할 수 있도록 해준다.

중도절단의 기본 가정은 중도절단된 시점을 넘어서 피험자를 추적할 수 있다면 중도절단되지 않은 개체들과 각 시점에서 결과가 발생할 확률이 같을 것이라는 가정이다. 즉, 중도절단은 결과에 독립적으로 무작위로 발생한다는 것이다.

정의

중도절단은 여러 이유로 추적관찰 기간이 다른 개체들을 분석에 모두 포함시키는 데 사용된다.

중도절단 가정을 이해하기 위해 [그림 3-6]에 나와 있는 100명의 카플란-마이어 생존 그래프를 살펴보자. 생존함수의 눈금은 사람이 중도절단된 시점, 즉 분석에서 제외되는 시점을 보여준다. [그림 3-6]의 x축 아래에는 결과발생 위험에 노출된, 즉 결과를 아직 경험하지 않았고 중도절단되지 않은 사람의 수와 생존율을 볼 수 있다.

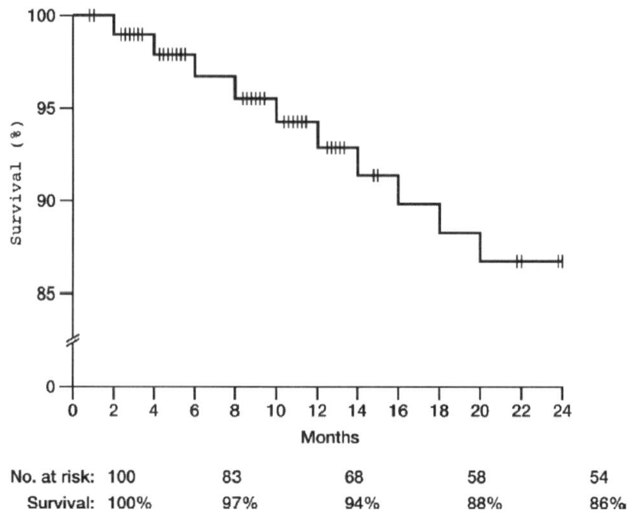

[그림 3-6] 100명의 참여자에 대한 가상적인 생존 분포.

> 중도절단은 특정 개체가 중도절단 시점 이후에도 계속 관측될 수 있다면 해당 시점에서 중도절단이 없었던 개체들의 결과 발생률과 같을 것으로 가정한다.

시점 0에서는 모든 참여자가 살아 있는 상태로 생존율은 100%이며, 시간이 지남에 따라 사람들이 사망하면서 생존율이 감소한다. 2년 생존율은 86%이다. 이는 14명이 사망하고 86명이 생존했다는 사실을 뜻할까? 아니다. 실제 사망자는 단지 10명에 지나지 않는다.

중도절단이 있을 때, 연구 종료 시점의 생존율은 단순히 전체 환자수 중 연구가 끝날 때 살아 있는 환자의 비율이 아니다. 중도절단된 개체는 분석에서 제외될 때까지(즉, 관찰기간 동안)의 정보를 제공한다. 즉 각 시점의 사건 발생률은 사건이 발생한 각 시점에서 중도절단 없이 남아 있는 개체 수 대비 그 시점의 사건 발생의 비율로 계산한다. 각 시점의 사건 발생률은 연구 종료 시점(이 사례에서는 2년)에서 누적 생존율을 계산하는 데 사용된다. 계산 방법은 다음과 같다. 연구 종료 시점까지 생존했다는 것은 전체 기간 동안 각 순간에 생존했다는 것과 같다. 그러므로, 각 순간의 생존율은 이들을 곱해서 구할 수 있다. 첫 시점에서 생존율에 첫 시점에 생존한 개체들 중 두 번째 시점의 구간 생존율을 곱하고, 여기에 두 번째 시점까지 생존한 개체들 중 세 번째 시점의 구간 생존율을 곱하고, 이

[표 3-12] 누적 생존율의 계산

연구 기간 (월)	연구 참여자 수	사건 발생 건수	중도절단 건수	시점별 발생률 (발생건수/사람수)	구간 생존율 (1-시점별 발생률)	누적 생존율
1	100	0	2	0/100=0	1−0=1	1
2	98	1	0	1/98=0.01	1−0.01=0.99	(1)(0.99)=0.99
3	97	0	6	0/97=0	1−0=1	(0.99)(1)=0.99
4	91	1	0	1/91=0.01	1−0.01=0.99	(0.99)(0.99)=0.98
5	90	0	7	0/90=0	1−0=1	(0.98)(1)=0.98
6	83	1	0	1/83=0.01	1−0.01=0.99	(0.98)(0.99)=0.97
8	82	1	0	1/82=0.01	1−0.01=0.99	(0.97)(0.99)=0.96
9	81	0	6	0/81=0	1−0=1	(0.96)(1)=0.96
10	75	1	0	1/75=0.01	1−0.01=0.99	(0.96)(0.99)=0.95
11	74	0	6	0/74=0	1−0=1	(0.95)(1)=0.95
12	68	1	0	1/68=0.01	1−0.01=0.99	(0.95)(0.99)=0.94
13	67	0	5	0/67=0	1−0=1	(0.94)(1)=0.94
14	62	1	0	1/62=0.02	1−0.02=0.98	(0.94)(0.98)=0.92
15	61	0	2	0/61=0	1−0=1	(0.92)(1)=0.92
16	59	1	0	1/59=0.02	1−0.02=0.98	(0.92)(0.98)=0.90
18	58	1	0	1/58=0.02	1−0.02=0.98	(0.90)(0.98)=0.88
20	57	1	0	1/57=0.02	1−0.02=0.98	(0.88)(0.98)=0.86
22	56	0	2	0/56=0	1−0=1	(0.86)(1)=0.86
24	54	0	2	0/54=0	1−0=1	(0.86)(1)=0.86

러한 과정을 마지막 시점까지 계속하는 것이다. 각 시점의 구간 생존율은 1에서 각 시점의 사건 발생률을 뺀 값으로 추정할 수 있다.

특정 시점에서의 누적 생존율은 사건 발생 이전 시점의 누적 생존율에 해당 시점에서의 구간 생존율을 곱한 것이다. 구간 생존율이 곱해지기 때문에 이 방법을 누적한계 추정법(product limit)이라고 부르기도 한다. 사건이 발생하지 않은 시점(예를 들어 [그림 3-6]과 [표 3-12]의 3개월 시점에서 중도절단 케이스가 6건 있지만 결과 사건은 발생하지 않은)에서 구간 생존율은 변하지 않으므로 곱셈의 결과도 바뀌지 않는다. 각 시점의 곱에 대한 계산은 [표 3-12]에 나와 있다.

중도절단된 관측값이 생존확률에 반영되기 위해서는 적어도 첫 번째 사건이 발생한 시점 뒤에 중도절단이 발생해야 한다. 상기 사례에서 1개월에 발생한 2건의 중도절단처럼 최초의 사건이 발생하기 전에 관측값이 중도절단되면, 최초 사건에 대한 발생률을 계산할 때 이 2건의 중도절단은 분모에서 제외되므로 발생률 계산에는 아무런 영향을 미치지 못할 것이다.

생존분석에서 중도절단된 연구 참여자들에 대해 가정하는 것은 무엇일까? 중도절단된 개체들의 사건 발생률이 그 시점에 남아 있는 개체들의 사건 발생률과 같다고 가정한다. 위의 가상 사례에서 연구에 포함된 모든 개체들이 2년간 추적관찰이 가능했다면, 얼마나 많은 사람들이 사망했을까? 답은 14명이다. 아무도 중도절단되지 않았다면 2년 후에는 전체 표본크기가 100이 될 것이기 때문이다. 산출된 생존율이 86%라면 사망자는 14명이 될 것이다.

물론 이는 사소한 가정은 아니다. 중도절단된 참여자들의 사건 발생률이 중도절단되지 않은 참여자들의 사건 발생률과 같을 것이라는 것을 증명할 수는 없다. 중도절단된 관측값에 대해 실제로 발생까지의 시간을 알 수 있다면 구태여 중도절단으로 처리할 필요도 없을 것이다! 연구자가 해야 할 일은 사람들이 중도절단된 이유를 따져보고 중도절단 가정이 얼마나 유효한지 판단하는 것이다(3장 7절).

[그림 3-6]의 생존곡선에는 중도절단을 눈금으로 표시하고 그래프 아래에 시점별 개체(subjects at risk)의 수를 같이 제시했지만, 대부분의 논문에서는 둘 중 하나 정도만 보여줄 것이다. 연구 대상자들이 중도절단되거나 사건이 발생됨에 따라 시점별 개체의 수는 감소하게 된다. [그림 3-5]의 관상동맥 우회술 대 약물분비 스텐트 시술에 대한 연구에서도 이를 확인할 수 있다.

때로는 생존곡선에서 중도절단된 관측값에 대한 표식이나 연구가 진행됨에 따른 시점별 연구대상자의 수를 제시하지 않는 경우가 있는데, 이 정보가 없으면 연구가 진행됨에 따라 표본크기가 얼마나 줄어들고 있는지를 알 수 없기 때문에 이는 심각한 제한점이다. 표본크기가 줄어들어 더 이상 전체 표본의 생존 경험을 표현할 수 없는 경우도 있다. 표본크기가 줄어드는 것을 엿볼 수 있는 한 가지 단서는 곡선의 끝에서 큰 폭의 하락이 있는 경우이다. 표본크기가 작아지면 사건 발생 하나가 차지하는 비율이 커지기 때문에 곡선의 낙폭이 크게 표현된다. 이러한 현상은 [그림 3-6]과 [표 3-12]에서 확인할 수 있다. [표 3-12]에서 연구의 마지막 시점에 발생한 한 건의 사건이 연구 초기보다 큰 시점별 발생률을 보이는 것을 볼 수 있다.

7 연구에서 중도절단 가정은 얼마나 타당할까?

중도절단 가정의 타당성은 중도절단이 발생한 사유에 따라 크게 달라진다.

7-1 추적관찰의 탈락(loss to follow-up)

연구 참여자들은, 특히 방문횟수가 많고 채혈이 빈번하다면, 연구에 계속해서 참여하는 데 지쳐서 추적관찰에 실패할 수 있다. 그렇기 때문에 많은 연구에서 참여자들을 유지하기 위해 매 방문마다 보상금을 지급하거나 연구 종료 시점에 보너스를 지급하기도 하고, 연구 진행상황을 담은 뉴스레터를 발송하기도 하며, 참여자들을 결속시키기 위해 공동체 프로그램을 진행하기도 하는 등 많은 노력을 기울이고 있다.

의무기록을 검토하는 후향적 연구의 경우에는 많은 환자들이 중도에 탈락할 것이고, 그 사유를 알 수 없을 것이다. 단지 특정 시점 이후 차트에 더 이상 기록이 없는 걸 알 뿐이다.

중도절단에 대한 여러 사유들 중 추적관찰의 탈락은 중도절단 가정을 충족시키는 데 가장 문제가 된다. 참가자가 탈락된 상태이므로 연구에서 제외된 이후 어떻게 되었는지 알 수가 없다. 그러므로, 중도절단된 참여자들의 사건 발생률이 중도절단이 발생하지 않은 참여자들의 사건 발생률과 같다고 가정하는 것이 문제가 될 수 있다. 더욱이 여러 연구 사례에서 볼 때 연구 참여를 중단한 사람들은 연구에 계속 참여하는 사람들과 여러 면에서 다른 것으로 밝혀졌다. 예를 들어 HIV 감염자의 지도부딘(zidovudine)에 대한 무작위배정 임상연구에서 추적관찰에 실패한 환자들은 연구에 남아 있던 환자들보다 면역기능이 저하된 경우가 많았다.[20] 즉, 그들은 상태가 좋지 않고 다른 치료법을 찾길 원했기 때문에 임상시험에 계속 참여하기를 포기했을 것이다.

20 Volberding, P. A., Lagakos, S. W., Koch, M. A., et al. (1990). "Zidovudine in asymptomatic human immunodeficiency virus infection: A controlled trial in persons with fewer than 500 CD4-positive cells per cubic millimeter." *N. Engl. J. Med*, 322, 941–949.

중도절단의 여러 사유들 중 추적관찰의 실패는 중도절단 가정을 충족시키는 데 가장 문제가 된다.

7-2 제3의 결과(alternative outcome)

연구 참여자들 중 일부는 연구의 관심 사건의 발생을 방해하는 제3의 결과들로 인해 중도절단될 수 있다. 이를 경쟁사건 위험(competing risks)이라고 한다. 심방세동(atrial fibrillation)이 있는 사람을 와파린(warfarin) 또는 표준 치료(아스피린 투약 또는 전혀 치료하지 않음)로 무작위 배정한 임상연구의 예를 살펴보자.[21] 연구에서 관심이 있는 결과는 뇌졸중이다. 연구자들은 뇌졸중 이외의 원인으로 사망한 사람을 중도절단으로 처리했다(예: 심장질환, 암).

관심 대상이 되는 결과를 제외하고 제3의 결과가 발생한 경우는 중도절단으로 처리하는 것이 일반적이지만, 관심 결과가 사망이 아닌 많은 연구에서는 사망을 또 다른 결과 중 하나로 보고한다. 이렇게 하는 데에는 몇 가지 이유가 있다. 이 연구에서와 같이 와파린이 심방세동 환자에서 뇌졸중을 예방한다고 해도 와파린 치료를 받는 환자가 더 오래 살지 않는다면 치료법을 강력하게 권장하지 못할 것이다. 만약 뇌졸중 발생은 감소하지만 사망률을 높인다는 사실을 안다면 와파린 사용의 득과 실에 대해 다시 한 번 생각해보아야 할 것이다. 치료가 뇌졸중에 효과적이지만 생명을 위협하는 부작용(예: 와파린의 경우 출혈)을 동반하는 경우가 이에 해당할 수 있다.

사망을 결과에 포함시키는 또 다른 이유는 제3의 결과들이 관심 대상이 되는 결과들을 완전히 배제할 수 있는지 의문이 있을 수 있기 때문이다. 관심 결과와 관련이 없어 보이는 사건조차도 관련이 있을 수 있다. 심방세동 연구 사례에서 자동차 사고로 사망한 사람을 생각해보자. 사고 직전 뇌졸중이 없었다고 확신할 수 있을까?

의외의 결과가 연구의 관심 결과와 실제로 무관한지 여부를 결정할 때 편향(bias)의 발생을 최소화하기 위해서는 제3의 결과에 대한 객관적 기준이 사전에 정의되어야 한다.

21 The Boston Area Anticoagulation Trial for Atrial Fibrillation Investigators. (1990). "The effect of low-dose warfarin on the risk of stroke in patients with nonrheumatic atrial fibrillation." *N. Engl. J. Med*, 323, 1505–1511.

또한, 검토위원회가 배정된 군에 눈가림된 상태에서 사례별로 판단해야 한다. 심방세동 환자의 와파린에 대한 연구는 정확히 이러한 방법으로 수행되었다.

TIP

발생한 결과가 주요 관심이 되는 사건과 실제로 연관성이 없는지 결정하는 과정에서 편향의 발생을 최소화하기 위해서는 제3의 결과에 대한 객관적 기준을 연구 시작 전에 마련해야 한다.

그러나 사전에 객관적인 기준이 제대로 정의되어 있고, 눈가림된 독립적인 평가자가 있더라도 일부 결과는 관련성이 있음에도 관련이 없다고 잘못 판단할 수도 있다. 심방세동 연구 사례에서 37명의 환자가 사망했으며 그중 한 사람만 뇌졸중으로 사망했다. 와파린 집단은 전반적으로 사망률이 낮았고 심장질환으로 인한 사망률이 낮았으며 심장질환이 아닌 다른 원인으로 인한 사망률도 낮았다. 와파린이 뇌졸중으로 인한 사망률 감소 이외에 다른 사망률에는 영향을 미치지 않을 것으로 예상되었기 때문에 이 결과는 두 가지 가능성을 시사한다. 와파린이 다른 원인으로 인한 사망을 예방했을 수도 있고, 혹은 다른 원인으로 인한 사망 사례의 일부는 확인되지 않은 뇌졸중에 의한 것일 수도 있다. 하지만, 확인되지 않은 뇌졸중으로 인한 사망의 가능성이 이 연구의 결과를 약화시키지는 않는다. 오히려 와파린을 처방하지 않은 집단에서 뇌졸중 발생 건수가 누락되었다고 생각하면 와파린의 치료 효과는 강화될 것이다. 무엇이 옳은지를 떠나 이 사례는 결과와 관련되지 않은 사건을 정확하게 분류하는 것이 얼마나 어려운지에 대한 좋은 예라고 생각한다.

노인 또는 매우 아픈 사람들을 대상으로 하는 장기간의 연구에서와 같이 사망이 흔히 발생할 수 있는 제3의 결과인 경우, 경쟁사건 위험에 의한 사망(competing mortality)은 결과 발생까지의 시간을 추정하는 데 편향을 일으킬 수 있다. 이러한 편향은 관심 결과의 발생 가능성이 생존한 사람들보다 사망한 사람들에게서 더 높은 경우에 발생한다. 경쟁사건 위험에 의한 편향은 사망을 결과변수로 선택함으로써 피할 수 있다. 어떠한 다른 관심 사건도 사망을 방해하지는 않기 때문이다. 그러나 우리는 사망 외의 다른 결과들에도 관심이 많다. 그러므로 이 둘 사이의 합리적인 타협점은 관심 사건과 사망, 두 가지 결과를 모두 보고하는 것이다. 경쟁 위험을 처리하기 위한 보다 정교한 방법은 이 책의 범위를

벗어나므로 다루지 않겠다.[22]

> 사망이 흔히 발생하는 제3의 결과일 때 경쟁 위험에 의한 사망률은 결과 발생까지의 시간을 추정하는 데 편향을 일으킬 수 있다.

7-3 연구 참여 철회(withdrawal)

연구 참여자들이 연구 참여를 철회하는 데에는 여러 이유가 있다. 치료가 도움이 된다고 생각하지 않거나, 위약군으로 배정되었다고 믿거나, 부작용이 있거나 또는 연구 프로토콜을 준수하는 데 너무 많은 시간이 필요하기 때문일 수도 있다. 혹은 부작용으로 인해 치료를 지속하는 것이 환자에게 위험하다는 판단이 들어 연구자들이 연구 참여를 중단시킬 수도 있다.

드물지만, 연구에 더 이상 참여할 수 없는 상태가 되어 대상자의 연구 참여를 중단시킬 수도 있다. 예를 들어 심방세동에 와파린이 미치는 영향에 대한 연구에서 연구자는 연구 중에 판막치환술(valvular replacement)이 필요한 참여자를 연구에서 제외해야 했다. 판막치환술은 뇌졸중 발병을 예방하지도 않고 치료의 부작용도 아니지만 판막치환술을 받는 환자는 와파린에 의한 항응고 작용을 필요로 한다. 와파린 치료가 필수적이기 때문에 와파린과 표준 치료법을 비교하는 연구에 계속 참여할 수 없기 때문이다.

자발적으로 연구 참여를 철회한 경우나 연구자가 참여를 중단시킨 경우 모두 추적관찰에 탈락된 것으로 보일 수 있지만, 둘 사이에는 중요한 차이가 있다. 연구자에 의해 참여가 중단된 대상자의 경우 연구 프로토콜을 더 이상 준수하고 있지는 않지만 연구자가 그들의 결과를 계속해서 추적관찰할 수는 있다는 점이다. 대상자가 연구 참여 중단 이후에도 추적관찰을 계속 허락한다면 중도절단으로 처리할 필요는 없다. 이들은 치료의도군 분석(intention-to-treat)에 포함할 수 있다.

22 Pepe, M. S., Longton, G., Pettinger, M., et al. (1993). "Summarizing data on survival, relapse, and chronic graft-versus-host disease after bone marrow transplantation: Motivation for and description of new methods." *Br. J. Haematol*, 83, 602–607.

치료의도군 분석이란 연구가 진행되는 동안 어떤 일이 있더라도 연구 참여자는 원래 배정된 군의 구성원으로 간주된다는 것을 의미한다. 예를 들어 치료군과 위약군에 대한 연구에서 치료의도군 분석을 수행하면 치료군에 속한 사람들은 연구 중에 치료를 중단하더라도 치료군에 속하게 된다. 치료의도군 분석은 치료 효과가 실제보다 더 유리한 것처럼 보이는 현상을 방지한다. 부작용이 발생한 피험자들이 부작용이 발생하지 않은 피험자들보다 치료 효과를 볼 가능성이 낮을 경우, 그들을 분석에서 제외하면 실제보다 치료 효과가 더 있는 것처럼 보이게 하는 편향이 발생할 수 있다. 예를 들어 100명이 어떤 치료를 받았는데 부작용으로 메스꺼움을 유발하여 50%의 환자만이 치료를 견딜 수 있는 경우, 부작용이 발생하고 효과를 덜 보이는 50명의 연구 참여자를 제외하면 임상시험에 남아 있는 참여자들 중에 치료 효과를 보인 환자의 비율이 높아지기 때문에 치료 효과가 실제보다 더 높게 보인다.

정의

치료의도군 분석은 연구 참여자들이 연구 기간 동안 발생한 상황에 관계없이 원래 배정된 군에 속한 상태로 간주되는 것을 뜻한다.

반대로 치료의도군 분석의 단점은 치료 효과를 희석시킨다는 것이다. 위의 사례로 계속 설명하면, 치료군에서 부작용으로 인해 치료를 중단한 50명의 피험자를 치료군으로 간주할 경우 (이들은 치료를 받지 않았기 때문에) 치료군의 치료 효과는 대조군과 비슷해질 것이다. 이러한 접근이 항상 정당할까? 환자가 부작용을 견디기 어렵다면 그러한 치료를 어떻게 좋다고 말할 수 있을까? 하지만, 표본 집단과 개별 환자 간에는 중요한 차이가 있다. 치명적인 병을 앓고 있는 환자라면 50%의 환자에서 참기 어려운 구토를 일으키더라도 효과가 있는 약을 시도하는 데 관심이 있을 것이다. 만약 특정 환자가 구토를 일으키지 않는 절반에 해당된다면 왜 효과적인 치료를 포기해야 하는가? 연구자들이 치료의도군 분석 결과만 발표할 경우, 치료를 견뎌낼 수 있는 집단에서 치료가 얼마나 효과적인지 알 수 없다. 그러므로 치료를 견딜 수 있고 이에 순응한 환자들을 대상으로 하는 분석(per protocol)을 효능 분석(efficacy analysis: 치료받은 사람들에게서 얼마나 효과적인가?)이라고 하고, 치료의도군 분석은 효과 분석(effectiveness analysis: 치료가 실제 현실에서 얼마나 효과적인가?)이라고 부르기도 한다.

치료를 중단하거나 연구 참여를 스스로 철회하는 참여자의 수가 적으면, 치료의도군 분석을 수행하든 또는 중도절단으로 처리하든 상관없다. 치료의도군 분석은 치료군에서 제외된 참여자를 중도절단으로 처리하는 것보다 보수적인 접근법이기 때문에 대부분의 연구자들은 이를 선호한다. 탈락된 대상자가 많은 경우에는 이 두 가지 방법을 모두 적용하여 결과 분석을 실시할 수 있다.

TIP

피험자가 치료군에서 탈락되었을 때, 치료의도군 분석은 중도절단으로 처리하는 것보다 보수적인 접근방법이다.

7-4 서로 다른 연구 등록 시점(varying time of enrollment)

연구 등록 시점의 차이는 대규모 전향적 임상연구와 희귀질환 연구에서 중요한 논점 중 하나다. 참여자가 수천 명이라면, 모든 환자를 같은 날 등록시키는 것은 시간과 비용 제약으로 인해 불가능할 것이다. 대규모 다기관 연구에서 모든 지역에서 등록을 동시에 시작하는 경우는 거의 없다. 또한 희귀질환에 대한 연구에서도 충분한 인원을 발견하고 등록하는 데 수년이 걸릴 수 있다.

관찰 연구에서도 등록 시점은 다양할 수밖에 없다. 예를 들어 1장 1절에서 살펴본 에어로빅 센터의 경시적 연구에서 연구자는 19년 동안 참여자를 등록했다. 참여자가 계속 증가하는 개방형 코호트로 연구 참여자들은 기본 건강검진을 마치면서 코호트에 등록되었고 전향적으로 관찰되었다. 2장 5절의 흑색종 예후 연구에서도 흑색종 환자를 9년 동안 등록하였다.

이론적으로 등록 시점의 다양성은 연구 등록 시점에 관계없이 모든 대상자를 동일한 기간(예: 3년) 동안 추적관찰하는 식으로 다룰 수 있다. 이 경우에 중도에 탈락하거나 연구 참여를 철회하지 않고, 결과 사건이 발생한 모든 대상자는 동일한 추적관찰 기간을 갖는다. 하지만 이 방법은 연구 초기에 등록된 환자들이 제공하는 추가적인 긴 추적관찰 기간을 손해 보게 되기 때문에 분석의 검정력이 감소된다. 대부분의 연구에서 초기 등록과 평가에 시간과 자금의 가장 많은 비용이 소요된다. 지속적인 추적관찰은 얻을 수 있는 이득이 매우 크지만, 여기에 드는 비용은 대개 거의 미미한 수준이다. 또한 마지막으로 등록한 참여자가 계획된 추적관찰 기간을 마칠 때까지 기다리는 만큼 총 연구 기간은 연장될 수밖에 없다. 연구자들은 연구 결과가 최종적으로 나올 때까지 기다릴 만한 참을성이 없다. 그렇기 때문에 많은 연구자들이 적당한 시점에 관찰 중인 환자들을 중도절단으로 처리한다. 이때 추적관찰 기간은 참여자마다 다를 것이다. 가장 긴 추적관찰 기간이 3년이라면, 추적관찰 기간이 3년 미만이고 결과 사건이 발생하지 않은 모든 참여자는 3년 미만의 시점에서 중도절단으로 처리될 것이다. 3년 동안 추적관찰을 했지만 결과 사건이 발생하지 않은 사람들은 3년 시점에서 중도절단될 것이다.

7-5 연구 종료(end of study)

관심 결과를 경험하지 않고 연구가 종료된 피험자, 또는 관찰 연구에서 가장 긴 추적 기간을 갖는 피험자가 중도절단으로 분류된다는 사실이 이상해 보일 수도 있다. 이는 중도절단이라는 단어가 마치 연구를 미처 완료하지 못한 것을 연상시키기 때문이다. 관심 결과를 경험하지 않은 참여자들은 모두 중도절단으로 처리되지만, 임상시험이 끝나서 중도절단된 피험자들과 그 외 다른 이유로 중도절단 처리된 사람들 사이에는 큰 차이가 있다. 연구가 종료되어서 중도절단된 피험자의 경우 미래 시점에 대한 가정이 필요하지 않다는 사실이다. 연구가 끝났기 때문이다. 논문을 보면 결과 사건이 발생하지 않은 상태로 연구를 완료한 참여자들의 중도절단된 날짜를 제시할 것이다. 이는 연구 종료일 또는 마지막 관찰일이다.

TIP

연구 종료 시점 이전에 중도절단된 관측값이 많은 연구는 중도절단이 많지 않은 연구에 비해 문제가 많다.

8 자료에서 중도절단 가정의 타당성을 어떻게 검증할 수 있을까?

중도절단 가정의 타당성을 평가하는 절대적인 검정 방법은 존재하지 않는다. 이는 연구자, 심사위원, 독자가 판단할 몫이다. 그래서 3장 7절에서 중도절단의 여러 경우와 언제 중도절단된 관측값이 중도절단 가정을 만족시킬 수 있는지 길게 살펴보았다. 하지만, 관측값의 중도절단에 대하여 일반적인 평가를 할 수는 있다. 우선, 연구가 끝나기 전에 중도절단 사례가 많은 연구는 중도절단이 거의 없는 연구보다 결과의 신뢰성에 문제가 많다.

임상시험 중 중도절단이 언제 발생했는지를 시각화하는 것은 중도절단 가정의 타당성을 평가하는 데 도움이 된다. [그림 3-7] (a)와 (b)는 두 가지 매우 다른 중도절단 패턴을 보여준다. (a)에서는 연구 과정에서 참여자(별표로 표시)의 누락이 일정하게 발생하는 것으로 보인다. 그러나 (b)에서는 참여자들이 6개월경에 집단적으로 탈락된 것으로 보인다. 전자는 다른 지역으로의 이주와 같이 사람들이 무작위로 탈락한 것을 추측하게 하지만, 후자는 6개월 전후에 어떤 사건이 있었음을 암시한다.

한 연구에서 2개 이상의 서로 다른 군의 중도절단 패턴을 비교하는 데도 시각화가 유용할 수 있다. [그림 3-8] (a)-(c)는 치료군과 위약군을 보여준다. (a)에서는 치료군과 위약군 사이에 중도절단된 사람들의 수가 동일하며 두 그룹 간의 중도절단 패턴도 비슷하다. (b)에서는 중도절단된 사람의 숫자는 같지만 두 집단의 패턴이 다르다. (c)에서는 치료군의 중도절단 사례가 더 많다. (a)는 무작위 중도절단 가정과 일치하는 반면, (b)와 (c)의 경우는 관측값의 중도절단 원인이 치료군과 위약군에서 다르다는 것을 암시한다.

TIP

연구 기간 동안 중도절단이 일정하게 발생했다면 중도절단 가정에 부합한다고 볼 수 있는 반면, 특정 시점에서 중도절단이 집중되었다면 중도절단이 무작위적으로 발생한 것이 아니라는 사실을 암시한다.

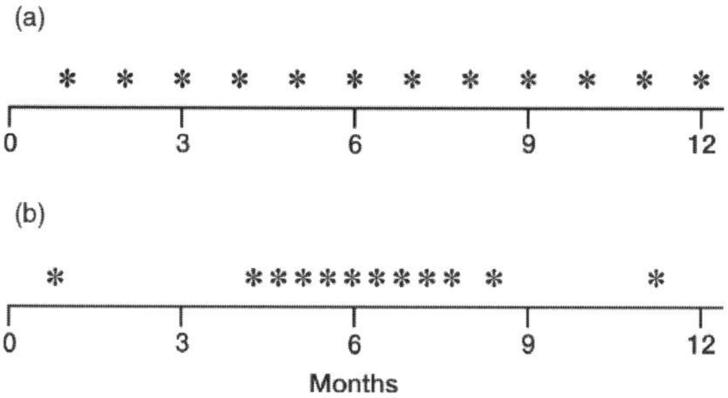

[그림 3-7] 서로 다른 중도절단 패턴. (a)에서는 관측값들의 중도절단이 연구 기간 동안 일정하게 발생한 한편, (b)에 나타난 관측값들의 중도절단은 6개월 즈음에 모여 있다.

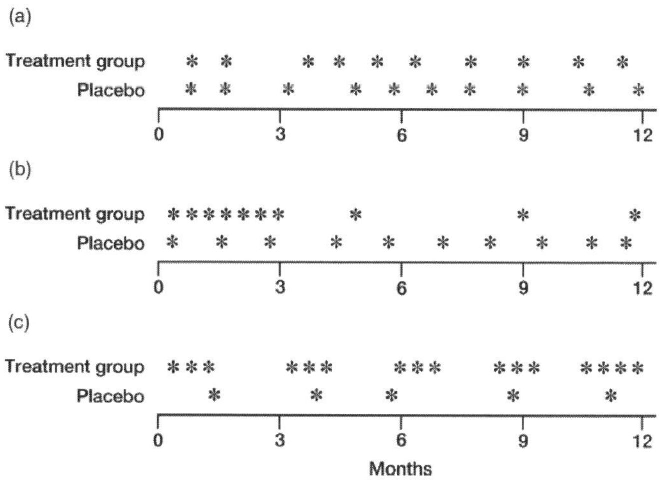

[그림 3-8] 치료군과 위약군 간의 서로 다른 중도절단 패턴. (a)에서 두 집단의 중도절단 패턴은 유사한 형태를 보인다. (b)의 경우 두 집단의 중도절단된 관측값 수는 같지만 패턴은 서로 다르다. (c)에서 위약군에 비해 치료군의 중도절단 사례가 더 많다.

중도절단 가정의 타당성을 평가하는 유용한 방법은 추적관찰에서 탈락된 참여자들과 탈락되지 않은 참여자들의 특성을 비교하는 것이다. 기준 시점의 특성을 기반으로 할 수도 있다. 예를 들면, 추적관찰에서 탈락된 참여자들과 그렇지 않은 참여자들 사이에 나이, 인종 등의 차이가 있는지 확인할 수 있다. 특히, 결과 사건의 발생 위험이 높은 참여자에게서 탈락이 다르게 발생했는지 여부를 조사할 수 있다. 중도절단 가정은 시간 의존 공변량(time-dependent covariates)을 사용하여 검증할 수도 있다(9장 9-4절).

TIP

치료군 간의 중도절단 패턴이 유사하다면 중도절단 가정에 부합된다고 볼 수 있다. 그러나 서로 다른 패턴을 보인다면 중도절단이 비무작위적으로 발생하였음을 암시한다.

제3의 결과로 인한 중도절단이 결과에 영향을 미치지 않는다는 점을 확실히 하려면, 가능하면 관심 결과 외에 사망률까지 함께 제시하는 것이 좋다. 사망을 대신할 수 있는 결과는 없으므로 사망에 대한 곡선은 결과에 대한 확신을 준다.

대상자가 연구 참여를 철회한 경우에는 치료의도군 분석을 수행하여 중도절단 가정을 시험하는 것이 가장 좋다. 연구 참여를 철회한 환자들의 최종 결과를 알 수 있다면, 이들을 포함하여 분석하는 것과 제외하고 분석하는 결과에 차이가 있는지 검증하는 것이 좋다.

연구 참여 시점이 다양함에 따라 발생하는 중도절단에 대해서는 일반적으로 중도절단 가정을 만족한다고 가정한다. 연구가 시작되는 시점이나 연구가 거의 끝나가는 때나 등록된 참여자들의 특성은 서로 같아야 하기 때문이다. 하지만, 특히 참여자의 등록이 늦어지는 경우 연구자들은 피험자의 선정 기준을 점점 느슨하게 적용하는 경우도 있다. 연구가 시작된 후 연구의 선정 기준은 절대 변경되어서는 안 된다.

그러나 연구자들이 긴 연구 기간 동안 동일한 선정 기준을 엄격하게 적용한다고 해도 연구 초기에 등록된 참여자들과 후반부에 등록된 참여자들을 비교할 필요는 있다. 그 이유는 후기에 등록된 참여자들은 연구 초기에 이용할 수 없었던 기술적 진보의 영향을 받을 가능성이 있기 때문이다. 그래서 만약 이러한 의학의 진보가 관심이 가는 결과의 향상에 영향을 미칠 수 있다면, 이러한 상황에서 중도절단 가정은 유효하지 않다.

또한 중도절단된 관측값에서 발생할 수 있는 다른 종류의 사건 가능성이 결과에 미치는 영향이 얼마나 민감한지 확인할 수 있다. 예를 들어 비팅호프(Vittinghoff)와 동료들은 여성에게서 관상동맥 심장질환 발생에 영향을 미치는 여러 가지 위험요인에 대해 평가했다.[23] 2,763명의 여성 중 60명이 추적관찰에 실패했다. 연구자들은 그 여성들에게 일어날 수 있는 사건에 대해 두 가지 극단적인 가능성을 고려했다. ① 중도절단 시점 당일에

23 Vittinghoff, E., Shlipak, M. G., Varosy, P. D, et al. (2003). "Risk factors and secondary prevention in women with heart disease: The heart and estrogen/progestin replacement study." *Ann. Intern. Med*, 138, 81–89.

그들에게 심장질환 발생이 있었다. ② 그들의 중도절단 일자는 추적관찰이 가장 긴 시간과 동일했다. 이 두 가지 경우에 대해 비례위험 분석을 다시 시행한 결과, HDL 콜레스테롤 수치와 흡연 외에 나머지 요인들에 대해서는 연구 결과에 미치는 영향에 큰 변화가 없음을 발견했다.

결론적으로, 중도절단은 중요한 표본들을 잃지 않아도 되므로 임상연구에서 매우 유용하다. 골다공증이 있는 여성의 골절을 예방하기 위해 불소 치료와 위약을 비교한 무작위배정 임상연구는 중도절단 가정을 통해 큰 이득을 보았다.[24] 등록된 202명의 여성 중 135명(67%)만이 4년간의 치료를 완료할 수 있었다. 완료되지 못한 사례들을 제거해야 했다면 표본크기의 1/3을 잃어버렸을 것이다. 그러나 중도절단은 강력한 통계 방법과 마찬가지로 신중하게 적용해야 한다. 중도절단된 관측값들의 상황에 대해 스스로에게 질문해보자(그리고 당신의 논문을 읽을 독자들에게 이에 대해 설명하자). 중도절단된 사례들의 결과를 알 수 있다면 치료의도군 분석을 함께 수행하는 것이 좋다.

9 비례위험 모형에서 비례위험 가정이란 무엇일까?

중도절단 가정을 검토한 후에는 비례위험 분석의 또 다른 중요한 가정인 비례위험 가정(proportionality assumption)에 대해 살펴보아야 한다. 비례위험 가정이란 공변량에 따른 사람들의 위험은 관찰 시점과 관계없이 일정하다는 것이다. 즉 당뇨병 환자가 심장마비를 일으킬 비례위험이 연구 첫해에 비당뇨병 환자보다 3배 더 높다면, 연구 둘째 해에도 3배 높아야 한다. 심장발작의 위험이 첫해와 다음 해에 매우 다를 수는 있지만(예: 2년째보다 1년째에 훨씬 더 높음), 당뇨병 환자와 비당뇨병 환자 간의 위험의 비는 연구 기간 내내 일정해야 한다.

24 Riggs, B. L., Hodgson, S. F., O'Fallon, W. M., et al. (1990). "Effect of fluoride treatment on the fracture rate in postmenopausal women with osteoporosis." *N. Engl. J. Med*, 322, 802–809.

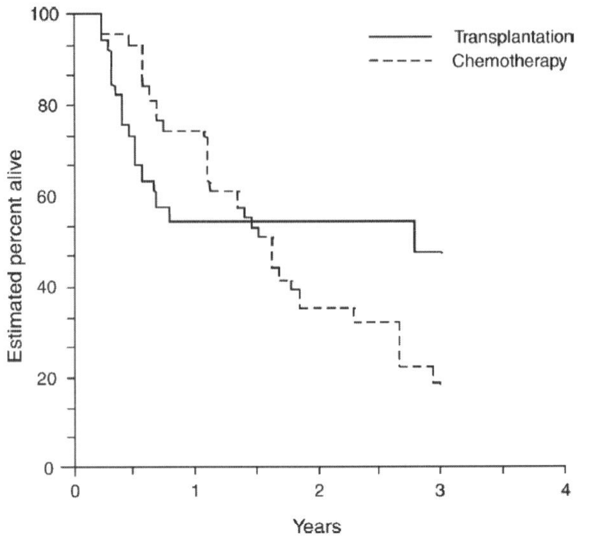

[그림 3-9] 화학요법으로 치료받은 집단(점선)과 골수이식을 받은 집단(실선)에 대한 카플란-마이어 생존곡선은 각 집단의 추정된 생존확률을 나타낸다.

출처: Appelbaum, F. R., et al. (1984). "Bone marrow transplantation or chemotherapy after remission induction for adults with acute nonlymphoblastic leukemia." *Ann. Intern. Med.* 101, 581–588.

비례위험 가정은 처음에는 복잡하게 들릴 수도 있지만 실제로는 매우 간단하다. 비례위험 분석은 선형 회귀분석이나 로지스틱 회귀분석과 마찬가지로 각 변수에 대해 하나의 계수를 추정하므로 해당 계수와 관련된 비례위험은 연구 기간 전체에 걸쳐서 같은 값을 가져야 한다. 특정 변수와 관련된 비례위험이 한 시점에서 높고 다른 시점에서는 낮다면 단일 계수로 그 관계를 설명할 수 없다.

정의

비례위험 가정이란, 공변량에 따른 비례위험이 관찰 시점에 관계없이 일정함을 의미한다.

예를 들어 [그림 3-9]에서 급성 비림프구성 백혈병(acute nonlymphoblastic leukemia) 환자의 사망 위험이 두 군에서 시간 경과에 따라 일정하지 않음을 알 수 있다.[25] 골수이식

25 Appelbaum, F. R., Dahlberg, S., Thomas, E. D., et al. (1984). "Bone marrow transplantation or chemotherapy after remission induction for adults with acute nonlymphoblastic leukemia." *Ann. Intern. Med*, 101, 581–588.

을 받은 환자는 기존 화학요법을 받은 환자보다 첫해에는 사망률이 더 높았지만, 그 이후에는 낮아졌다.

비례위험 분석으로 백혈병 사망률에 대한 골수이식의 효과를 분석한다면, 비례위험도는 1이 될 것이다. 첫 1년 반 동안 이식에 의한 사망 위험이 높지만 1년 반에서 3년 사이에 이식에 의한 사망 위험이 낮아져 평균으로 상쇄될 것이기 때문이다. 이 비례위험도 1이 화학요법에 비해 골수이식의 사망 위험의 차이를 가장 잘 추정한 것이라고 말할 수도 있겠지만, 환자에게 두 치료법의 사망 위험이 동일하다고 말하고 싶지는 않을 것이다. 골수이식은 위험성이 높은 치료로 이로 인해 사망하는 경우가 상당하지만, 이 어려운 치료를 견뎌낸다면 3년 생존율은 기존의 화학요법보다 현저히 높을 것이기 때문이다.

비례위험 가정을 평가하는 보다 정교한 방법과 비례위험 가정이 유효하지 않은 경우의 통계 분석 방법에 대해서는 9장 9절과 10절에서 논의한다.

10 계수형 자료에는 어떤 다변수 분석 방법을 사용해야 할까?

종종 특정 기간 동안의 입원 횟수나 사고 건수와 같은 계수형(count) 자료를 다룰 때가 있다. 이때 분석 단위는 사람(예: 환자당 연간 낙상 건수) 또는 기관(예: 병원당 월별 입원 수), 인구(특정 도시에서 하루에 발생한 자동차 사고 건수)가 될 수 있다. 일반적으로 계수형 자료의 기간은 분석 단위별로 동일하지만 분석 단위당 기간이 다른 계수형 자료도 가능하다. 예를 들어 1개월에서 5년까지 다양한 기간 동안 추적한 환자들에 대해 환자당 낙상 건수에 대한 계수형 변수를 계산할 수 있다. 이때 환자를 단위로 하는 계수형 자료는 단순히 낙상 건수(분자)를 해당 환자의 관찰 개월 수(분모)로 나눈 것이다. 반면에 발생률은 인-시간(분모)을 전체 인구집단의 관찰 기간을 모두 합쳐서 계산한다(3장 11절). 또한 지역 사회를 단위로 한다면 특정 지역의 사건 발생 건수(분자)를 그 지역의 인구수(분모)로 나누어서 계수형 변수를 만들 수도 있다.

우선 계수형 자료를 연속형 변수로 다루는 것에 대해 생각해보자. 계수형 자료도 각 단위 사이에 동일한 간격을 가지므로 이 방법을 고려해보는 것이 이상할 것은 없다. 그러나 연속형 변수와 달리 계수는 음수가 될 수 없다. 또한 계수들의 분포는 보통 등분산성을 가정하는 정규분포에 적합하지 않다. 그러므로 계수형 자료에 선형 회귀분석을 적용하는 것은 옳지 않으며 통계적 추론의 기반이 되는 표준오차를 정확히 추정할 수 없다.

계수형 자료를 순서형 변수로 취급하는 것은 어떨까? 최대 개수가 4–5개보다 적거나 (비례오즈 회귀분석에서 결과변수의 범주가 5개를 넘어가는 것은 바람직하지 않다), 모든 범주에 충분한 관측값이 있는 경우 가능할 수 있다. 그러나 계수가 매우 다양하고 해당되는 계수가 없는 빈 범주가 존재한다면 이러한 접근은 적절치 않다. 예를 들어 개체수가 75이고 0에서 100까지의 다양한 빈도를 갖는다면 개체가 없는 범주가 많을 것이다. 관측값이 추적관찰된 인년이 개체별로 다르다면 같은 범주에 한 개체만 존재할 수도 있다. 이 경우, 0–10건은 1, 11–20건은 2와 같이 계수를 범주화할 수도 있지만 이에 따른 정보의 손실이 발생한다.

대신에, 계수형 자료는 포아송 회귀분석 또는 포아송 회귀분석의 확장인 음이항 회귀분석으로 분석할 수 있다[표 3–1].[26]

계수형 자료는 포아송 회귀분석이나 음이항 회귀분석으로 분석하라.

26 포아송 회귀분석과 음이항 회귀분석에 대해 보다 자세한 내용은 다음을 참고하라.
Hubbard, A. "Modelling counts – The Poisson and negative binomial regression." http://ehs.sph.berkeley.edu/hubbard/longdata/webfiles/poissonmarch2005.pdf; Kleinbaum, D. G., Kupper, L. L., and Muller, K. E. (1988). *Applied Regression Analysis and Other Multivariable Methods*. 2nd edn. Boston, MA: PWS-Kent, pp. 497–512; Gardner, W., Mulvey, E. P., and Shaw, E. (1995). "Regression analyses of counts and rates: Poisson, overdispersed Poisson, and negative binomial models." *Psych. Bull*, 118, 392–404; Simon, S. "Poisson regression model." http://www.cmh.edu/stats/model/poisson.asp; Grace-Martin, K. "Regression models for count data." StatNews #43, New York, NY: Cornell University, http://www.human.cornell.edu/admin/statcons/statnews/stnews43.htm.

10-1 포아송 회귀분석

이름에서 알 수 있듯이, 포아송 회귀분석(Poisson regression)은 포아송 분포를 기반으로 한다. 포아송 분포는 음수가 존재하지 않고 왼쪽으로 치우쳐진 분포를 띠며 평균과 분산이 동일하다[표 3-13]. 포아송 분포는 임상연구에서 계수형 자료를 다루는 데 적절한데 그 이유는 ① 계수는 음수를 가질 수 없고, ② 계수형 자료는 최대값에는 상한이 없으므로 분포가 왼쪽으로 치우치는 경향이 있으며, ③ 계수형 자료는 일반적으로 독립변수(3장 2-3절)의 모든 값에서 분산이 같다는 가정을 만족시키지 않기 때문이다. 계수에는 음수가 있을 수 없으므로 하위 집단의 평균이 매우 작으면 대부분의 값들이 0이라고 기대할 수 있다. 이때 분산은 매우 작아진다. 큰 평균값을 가지는 소집단에서는 계수값이 넓은 범위에 걸쳐 분포할 가능성이 높으므로 그 분산 또한 큰 값을 가질 것이다.[27] 포아송 분포는 모든 하위 집단에서 분산이 동일하다고 가정하지 않고 분산이 평균과 같기 때문에 계수형 자료에 적합하다.

포아송 회귀분석은 결과변수에 자연로그를 취하여 모형화하기 때문에 로그 선형모형(log-linear model)이라고도 한다.[28]

[표 3-13] 포아송 회귀분석과 음이항 회귀분석의 기본 가정

	포아송 회귀분석	음이항 회귀분석
결과변수의 형태	발생 건수 또는 발생률	발생 건수 또는 발생률
값의 범위	0 또는 양수	0 또는 양수
모형화되는 값	결과변수의 자연로그	결과변수의 자연로그
결과변수의 분포	평균에 따라 달라짐	과산포 상태
분산	평균과 같음	평균보다 큼
시간에 따른 사건 발생률	일정함	일정함

27 Gardner, W., Mulvey, E. P., and Shaw, E. (1995). "Regression analyses of counts and rates: Poisson, overdispersed Poisson, and negative binomial models." *Psych. Bull*, 118, 392–404.

28 포아송 회귀는 비율을 분석하는 경우 로그 선형모형이 아니다(3장 11절).

[표 3-14] 소득과 식료품 상점 존재의 연관성

상점 유형	저소득 지역 (<$25,000), 비 (95% 신뢰구간)	중위 소득 지역 ($25,000-$45,000), 비 (95% 신뢰구간)	고소득 지역 ($45,001-$175,000), 비 (95% 신뢰구간)
슈퍼마켓	0.5 (0.3, 0.8)	0.8 (0.6, 1.0)	1.0 (기준)
제과점	0.6 (0.5, 0.8)	0.9 (0.7, 1.1)	1.0 (기준)
전문 식품점	0.2 (0.1, 0.4)	0.5 (0.3, 0.8)	1.0 (기준)
자연 식품점	0.3 (0.2, 0.5)	0.5 (0.3, 0.8)	1.0 (기준)
편의점	2.4 (1.8, 3.2)	1.6 (1.2, 2.1)	1.0 (기준)
식료품점	4.3 (3.6, 5.2)	2.8 (2.3, 3.3)	1.0 (기준)
주류 판매점	1.3 (1.0, 1.6)	0.9 (0.7, 1.2)	1.0 (기준)
육류 및 어시장	2.1 (1.5, 2.8)	1.5 (1.1, 2.1)	1.0 (기준)
과일 및 채소 시장	0.9 (0.6, 1.4)	0.8 (0.5, 1.2)	1.0 (기준)

Moore, L. V. and Roux, A. V. D. (2006). "Associations of neighborhood characteristics with the location and type of food stores." *Am. J. Public Health* 96, 325–331.

소득과 식품매장의 연관성에 대한 연구는 포아송 회귀분석의 의미를 잘 설명해준다.[29] 한 지역의 인구당 식품매장의 수는 계수형 변수이다(분자는 지역의 매장 수이고, 분모는 그 지역의 인구수이다). 이 계수는 0보다 작은 값을 가질 수 없으며 특정 지역에서 인구 대비 상점 수가 많은 경우에 오른쪽으로 긴 꼬리를 가질 수 있다.

식품매장의 수와 소득 간 연관성을 조사하기 위해서는 인구밀도를 보정해야 한다. 인구밀도가 교란요인으로 작용할 수 있기 때문이다. 예를 들어 부유한 사람들이 인구밀도가 낮은 교외에 살 수도 있고, 인구밀도가 낮은 곳에 더 많은 상점이 존재할 수도 있다(사람들은 음식을 사러 멀리 다니기를 원하지 않기 때문에).

[표 3-14]는 포아송 회귀모형으로 인구밀도를 보정한 매장 수와 소득 간의 관계를 보여준다. 고소득 지역에 비해 저소득 지역에는 슈퍼마켓, 제과점, 자연 식품점이 있을 가능성이 적지만 편의점, 식료품점, 주류 판매점, 육류 및 어시장이 있을 가능성이 높았다. 슈퍼마켓과 같이 신선한 과일과 채소를 저렴하게 살 수 있는 곳이 적으면 사람들이 이를 잘 섭취할 수 없기 때문에 이러한 연구 결과는 중요하다.

29 Moore, L. V. and Roux, A. V. D. (2006). "Associations of neighborhood characteristics with the location and type of food stores." *Am. J. Public Health,* 96, 325–331.

10-2 음이항 회귀모형

계수형 자료에서 분산이 평균보다 매우 클 때, 이를 과산포(overdispersion)라고 한다. 보통 0값이 많은 경우 이런 상황이 발생한다. 많은 0값으로 인해 평균이 매우 작아지기 때문이다. 이러한 경우 포아송 회귀분석은 계수의 표준오차를 과소추정하게 된다.

정의

계수 자료의 분산이 평균보다 매우 큰 상태를 과산포라고 한다.

계수의 분산이 평균보다 큰 경우에는 음이항 회귀분석을 사용할 수 있다. 이 기법은 임의의 구성 요소를 포함하는 포아송 회귀분석의 한 형태로, 계수가 과산포될 때 표준적인 포아송 회귀분석에 비해 종속변수와 결과 사이의 관계를 더 잘 나타낼 수 있다.

예를 들어 레베일리(Leveille)와 동료 연구자들은 만성 근골격계 통증과 노년층 낙상 간의 관련성을 조사했다.[30] 일반적으로 낙상환자 자료의 경우 분산이 평균보다 크기 때문에 연구자들은 잠재적 교란요인을 보정하기 위해 음이항 회귀분석을 사용하여 분석했다. 결과변수는 낙상률로, 이는 각 환자별 낙상 횟수를 추적관찰한 시간으로 나눈 값이다. [표 3-15]에서 볼 수 있듯이 통증이 있는 노년층, 특히 다관절 통증이 있는 노년층은 통증이 없는 경우보다 낙상률이 높았다.

TIP

분산이 평균보다 매우 큰 경우 음이항 회귀분석으로 분석하라.

[표 3-15] 골격근 통증과 낙상과의 연관성

만성 골격근 통증	
없음	1 (기준)
한 부위	1.15 (0.86-1.53)
다관절 통증	1.71 (1.33-2.20)

출처. Data from Leveille, S. G., et al. (2009). "Chronic musculoskeletal pain and the occurrence of falls in an older population." *JAMA,* 302, 2214–2221.

30 Leveille, S. G., Jones, R. N., Kiely, D. K. et al. (2009). "Chronic musculoskeletal pain and the occurrence of falls in an older population." *JAMA,* 302, 2214–2221.

11 발생률에는 어떤 다변수 분석 방법을 사용해야 할까?

발생률은 특정 인구집단에서 질병 또는 특정 상태가 발생한 율을 의미한다[표 3-1]. 인구 집단에서 결과가 발생한 사례의 수가 분자가 되며, 인구 집단의 모든 관찰 시간이 분모가 된다. 이것이 특정 개인에게 발생하는 사건의 수를 그 개인의 관찰 시간으로 나눈 계수형 변수와 차이점이다(3장 10절 참조).[31] 때로는 발생률을 비교하는 것이 중요할 때가 있다. 예를 들어 당뇨병의 발생률이 한 도시에서 다른 도시보다 높은지, 혹은 여성보다 남성에서 더 높은지 알고 싶을 수 있다. 율을 간단히 단변수로 비교할 때는 z통계량을 사용할 수 있다. 그러나 z통계량은 잠재적 교란요인에 대해 보정할 수 없으므로 대신에 우리는 포아송 회귀분석과 음이항 회귀분석을 사용할 수 있다. 계수형 변수의 경우와 마찬가지로 발생률도 음수가 될 수 없다. 포아송 회귀분석과 음이항 회귀분석은 특히 희귀질환의 발생률에 잘 적합되는 것으로 알려져 있다.

TIP

발생률 자료는 포아송 또는 음이항 회귀분석으로 분석하라.

두 집단 간 당뇨병 발병률을 비교하는 데 있어 왜 비례위험 분석을 사용하지 않는지 궁금할 수도 있다. 모든 관찰 대상의 관찰 시작 시점과 질병 발병 시점을 알고 있다면 비례위험 모형이 잘 작동할 것이다. 그러나 인구집단 수준의 등록 자료로 작업할 때 각 개인의 관찰 기간을 알 수는 없지만 전체 관측 기간을 추정할 수는 있다.

임신 중에 뇌졸중의 발생이 증가하는지를 조사한 한 연구에서 이 부분을 살펴볼 수 있다.[32] 연구자들은 한 지역의 병원 기반 등록 자료를 사용하여 15–44세 여성의 뇌졸중

31 발생률의 계산과 비교에 대해 보다 자세히 알고자 한다면 다음을 참고하라. Katz, M. H. (2006). *Study Design and Statistical Analysis: A Practical Guide for Clinicians*. Cambridge: Cambridge University Press, pp. 64–65, 106–107.

32 Kittner, S. J., Stern, B. J., Feeser, B. R., et al. (1996). "Pregnancy and the risk of stroke." *N. Engl. J. Med*, 335, 768–774.

을 확인하였다. 3년의 관찰 기간 동안 임신이나 산후(출산 후 6주)의 여성 중 31건의 뇌졸중이 발생한 한편, 임신하지 않은 여성 중에서는 223건의 뇌졸중이 발생하였다. 임신 기간의 총 인-시간(persone-time)은 인구 집단의 자연 유산, 낙태, 사산 및 출생의 평균 건수와 각각의 평균 임신 기간을 바탕으로 추정하였다. 임신이 아닌 총 인-시간은 그 지역 15세에서 44세 사이 여성의 총인구의 전체 인-시간에서 임신으로 추정된 인-시간을 차감하여 계산하였다.

연구자들은 포아송 회귀분석을 사용하여 연령과 인종을 보정해 분석하였다. 그들은 연령과 인종을 보정한 후 임신과 관련된 뇌졸중의 위험이 유의하게 높음을 발견하였다(임산부의 발생률비 2.4, 95% 신뢰구간 1.6 - 3.6).

계수형 자료(3-10절)에서 평균과 표준편차가 같다고 가정하는 포아송 분포에 비해 실제 발생률의 분포가 더 넓을 수 있다. 예를 들어 마이어스(Myers)와 동료들은 캘리포니아에서 0-14세 사이의 소아에서 결핵의 전염과 관련된 요인에 대해 연구했다.[33] 모든 지역에서 소아 결핵 발생률은은 10만인년당 4.1건이었다. 그러나 이 비율은 지역에 따라 10만인년당 0에서 230 사이로 다양하게 나타났다. 발생률 분포가 넓게 퍼져 있었기 때문에 연구자들은 음이항 회귀분석을 분석에 사용했다. 그 결과 아시아인(상대위험도 1.22, 95% 신뢰구간 1.14 - 1.30), 흑인(상대위험도 1.19, 95% 신뢰구간 1.14 - 1.23), 히스패닉(상대위험도 1.25, 95% 신뢰구간 1.12 - 1.40), 외국 출생자(상대위험도 1.26, 95% 신뢰구간 1.14 - 1.40), 저소득층(상대위험도 1.62, 95% 신뢰구간 1.48 - 1.78)에서 소아 결핵 발생률이 높음을 발견했다. 이 다변수 모형에서 밀집된 주택에서 소아 결핵의 발생률이 낮았다(상대위험도 0.87, 95% 신뢰구간 0.77 - 0.98). 이는 단변수 분석의 결과(상대위험도 1.59, 95% 신뢰구간 1.54 - 1.64)와 상반되는 것으로 다변수 분석의 중요성을 보여준다.

발생률을 비교하는 데 있어 포아송 회귀분석과 음이항 회귀분석의 제한점은 질병 발생의 확률이 모든 시간에서 동일하다고 가정한다는 것이다. 따라서 이러한 접근은 수두와 같이 전염성이 높은 질병의 발생을 연구하는 데는 적합하지 않다[비례위험 분석(3장 6절)은 이런 가정을 하지 않는다]. 또한, 발생률은 사건의 첫 발생만을 고려하게 된다.

33 Myers, W. P., Westenhouse, J. L., Flood, J., Riley, L. W. (2006). "An ecological study of tuberculosis transmission in California." *Am. J. Public Health,* 96, 685–690.

12 결과변수의 코딩을 바꾸어 다른 형태의 다변수 분석 방법을 적용할 수 있을까?

지금까지 결과변수의 형태에 따라 적합한 다변수 분석을 선택하는 방법에 대해 살펴보았다. 그러므로 다른 형태의 다변수 분석을 사용하기 위해 결과변수 코딩을 바꾸는 것은 이상하게 들릴 수도 있다. 그러나 다른 방법으로 같은 결과가 나오는지 확인하는 것만으로도 이러한 접근은 충분한 장점이 있다. 결과변수를 변환하는 데 자주 사용되는 몇 가지 방법의 장단점은 [표 3-16]에 정리하였다.

12-1 연속형 변수의 이분화

8장에서 더 논의하겠지만 로지스틱 회귀분석의 결과인 오즈비는 선형 회귀분석의 베타 추정값보다 임상적으로 더 직관적이다. 임상의들은 본질적으로 연속형 변수에 대해서도 이분화하여 생각하는 경향이 있다. 예를 들어 혈압은 연속형 변수지만 환자를 대할 때는 고혈압 여부로 생각하곤 한다. 임상의에게 있어 수축기 혈압 126mmHg와 136mmHg 사이의 차이는 중요하지 않지만 136mmHg와 146mmHg의 차이는 매우 중요할 수 있다. 이런 경우에 수축기 혈압을 140mmHg를 기준으로 이분화하여 다중 로지스틱 회귀분석을 통해 고혈압과 연관된 요인을 찾는 것이 좋을 수 있다.

임상의사들은 이분형으로 생각하는 경향이 있다(이분형으로 나누는 것을 좋아한다).

부모의 교육수준이 아동의 발육 부진(child stunting)에 미치는 영향을 조사한 다음 연구는 연속형 결과변수를 이분형으로 변환하여 로지스틱 회귀분석을 시행한 예를 보

[표 3-16] 서로 다른 유형의 다변수 분석을 실행하기 위해 결과변수를 변환했을 경우의 장단점

결과변수의 원래 형태	결과변수 형태에 따른 다변수 분석 방법	결과변수의 변환된 형태	변환된 변수에 대한 다변수 분석 방법	변수 변환의 장점	변수 변환의 단점
연속형 변수	다중 선형 회귀분석 또는 분산분석	이분형	다중 로지스틱 회귀분석	임상의들에게는 분석 결과가 보다 직관적이고 이해하기 쉽다. 정규성, 등분산성 가정을 만족시킬 필요가 없다.	정보의 손실. 검정력 감소. 자의적인 구분점(cut point) 설정
결과 발생까지의 시간 변수 (생존 자료)	비례위험 분석	이분형	다중 로지스틱 회귀분석	임상의들에게는 분석 결과가 보다 직관적이고 이해하기 쉽다. 비례성 가정을 만족시킬 필요가 없다.	점진적 개선의 모호성. 다중 로지스틱 회귀 분석에서는 중도절단된 관측값을 허용하지 않으므로 검정력이 감소한다.
순서형 변수	비례오즈 회귀분석	이분형	다중 로지스틱 회귀분석	임상의들에게는 분석 결과가 보다 직관적이고 이해하기 쉽다. 비례성 가정을 만족시킬 필요가 없다.	정보의 손실. 선형효과가 있을 경우 검정력이 감소한다.
순서형 변수	비례오즈 회귀분석	명목형	다항 로지스틱 회귀분석	비례오즈 가정을 만족시킬 필요가 없다.	선형효과가 있을 경우 검정력이 감소한다.
계수형 변수	포아송 회귀분석 또는 음이항 회귀분석	결과 발생까지의 시간 변수 (생존 자료)	비례위험 분석	임상의들에게는 분석 결과가 보다 직관적이고 이해하기 쉽다.	정보의 손실. 사건 발생이 한 번 이상 있는 사람들의 수가 많은 경우 검정력이 감소한다.

여준다.[34] [그림 3-10]에서 보듯이 방글라데시에서는 부모의 교육수준과 연령별 신장의 z점수(연속형 변수) 간에 강한 선형 연관성이 나타난다. 그러나 연구자들은 선형 회귀분석을 사용하기보다 연령별 z점수를 -2 미만 혹은 이상의 이분형으로 변환하여 다중 로지스틱 회귀분석을 사용했다. 여러 요인을 보정했을 때 시골에서 어머니의 교육수준(오즈비 0.950, 95% 신뢰구간 0.946-954), 도시에서 어머니의 교육 수준(오즈비 0.956, 95% 신뢰구간

34 Semba, R. D., de Pee, S., Sun, K., Sari, M., Akhter, N., Bloem, M. W. (2008). "Effect of parental formal education on risk of child stunting in Indonesia and Bangladesh: a cross-sectional study." *Lancet,* 371, 322–328.

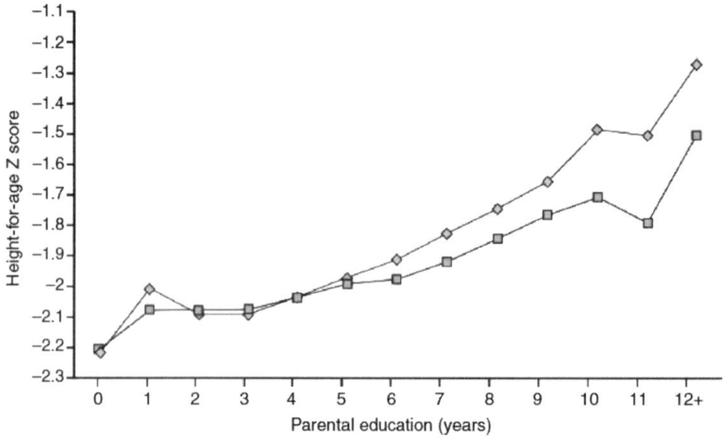

[그림 3-10] 방글라데시 가족들에게서 나타난 낮은 부모의 교육연수와 연령에 따른 신장의 낮은 z점수와의 선형 연관성 그래프. 다이아몬드 모양 표식은 어머니의 교육수준이고 사각형 표식은 아버지의 교육수준을 의미한다.

출처: Semba, R.D., et al. (2008). "Effect of parental formal education on risk of child stunting in Indonesia and Bangladesh: a cross-sectional study." *Lancet* 371, 322–328.

0.950-961), 아버지의 교육수준(오즈비 0.970, 95% 신뢰구간 0.967-974)은 모두 발육부진 가능성과 역의 연관성을 보였다.

때로는 변수를 이분화하는 것이 정규성 가정이나 등분산성 가정을 만족시키지 않는 연속형 결과변수를 처리하기 위한 합리적인 해결책이 될 수 있다.

연속형 결과변수를 이분형 변수로 변환할 때의 세 가지 단점은 ① 정보의 손실, ② 검정력 저하, ③ 연속형 변수를 이분화하는 기준의 임의성 등이다. 발육부진의 연구에서 연령별 신장에 대한 z점수의 구분점은 타당성이 있지만, 다른 변수(예: 체중, 크레아티닌)들은 객관적으로 받아들일 수 있는 구분점이 존재하지 않는 경우가 많다.

12-2 결과 발생까지의 시간 변수의 이분화(예/아니오)

비례위험 회귀분석에 대한 절을 읽으면서 특정 시점에서 결과 발생 여부에 대해 분석하는 것이 보다 간단하지 않을까 의문이 들 수도 있었을 것이다. 다시 말해 '심근경색이 발생할 때까지의 시간' 대신 '5년 동안의 심근경색 발생 여부: 예/아니오'로 코딩하는 방식이다. 이렇게 하면 자료를 로지스틱 회귀분석으로 분석하게 되어 비례위험 분석에 비해 실행과 해석이 용이한 장점이 있다. 게다가 로지스틱 회귀분석에서는 비례성 가정을 충족시킬 필요가 없다.

그러나 단순히 이분형 결과변수로 전환하는 경우 두 가지 중요한 문제점이 있다. 우선 임상의학은 완치보다 치유하는 과정에 더 가깝다. 이러한 관점에서 보면 의학적으로 중요한 관심은 질환의 발생 또는 완치 여부가 아니라 질환의 발생이나 치유까지 얼마나 걸렸는가가 된다.

예를 들어 전이성 대장암(metastatic colorectal cancer)은 예후가 매우 안 좋은 질환이다. 항암치료에도 불구하고 암은 대다수의 환자에서 빠르게 진행된다. 후르비츠(Hurwitz)와 동료들은 전이성 대장암 환자를 대상으로 새로운 약물인 베바시주맙(bevacizumab)의 효능에 대해 연구했다.[35] 베바시주맙은 혈관내피 성장인자에 대한 단클론 항체다. 연구팀은 환자들을 무작위로 나누어 IFL[이리노테칸(irinotecan), 플루오로우라실(fluorouracil), 류코보린(leucovorin)] 표준화학요법에 위약(placebo) 또는 베바시주맙을 추가한 화학요법을 시행했다.

TIP

임상의학은 치유(cure)보다 치료(treatment) 과정에 가깝다.

[그림 3-11]을 보면, 20개월까지 암은 거의 모든 환자에서 진행되었으므로 20개월에서의 생존율을 예/아니오로 분석할 경우 치료가 효과적이지 않은 것으로 보인다. 그러나 진행률에는 두 군 사이에 유의한 차이가 존재했다. 무진행 생존기간(progression-free survival)의 중앙값은 IFL + 위약을 투여받은 경우 6.2개월, IFL + 베바시주맙을 투여한 경우 10.6개월이었다.

누군가는 의문을 제기할 수도 있다. 치료에 관계없이 환자들의 암 재발률이나 생존율이 거의 같다면 병의 진행을 늦추는 것이 얼마나 중요할까? 이 질문에 대한 답은 통계보다는 임상적인 측면에 있다. 일반적으로 결과 발생까지의 시간은 사망과 같이 심각한 결과에서 더 문제가 된다. 생명을 위협하는 질병을 앓고 있는 환자에게는 며칠이나 몇 개월

35 Hurwitz, H., Fehrenbacher, L., Novotny, W., et al. (2004). "Bevacizumab plus irinotecan, fluorouracil, and leucovorin for metastatic colorectal cancer." *N. Engl. J. Med*, 350, 2235–2242.

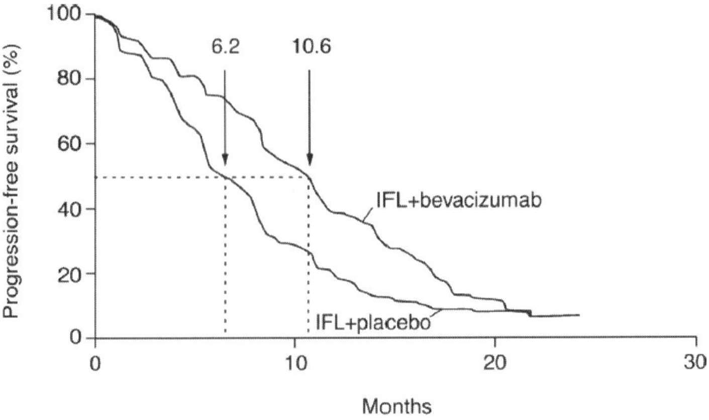

No. at risk

IFL+bevacizumab	402	269	143	36	6	0
IFL+placebo	411	225	73	17	8	0

[그림 3-11] 무진행 생존에 대한 카플란-마이어 생존곡선. 20개월 동안 두 집단의 거의 모든 환자들에게서 암이 진행되었어도 베바시주맙을 투여받은 환자들에게서는 보다 느리게 진행되었다.

출처: Hurwitz, H., Fehrenbacher, L., Novotny, W., et al. (2004). "Bevacizumab plus irinotecan, fluorouracil, and leucovorin for metastatic colorectal cancer." *N. Engl. J. Med.* 350, 2235–2242.

을 더 사는 것이 매우 소중할 수 있다. 특히 자녀들이 대학을 졸업하거나 손자 손녀가 첫 걸음마를 떼는 모습을 지켜볼 수 있다면 더욱 그럴 것이다.

비교적 심각하지 않은 결과의 경우 결과 발생까지 시간의 증가는 임상적으로 의미가 없을 수도 있다. 예를 들어 한 연구에 따르면 아시클로비르(acyclovir) 치료를 받은 수두 어린이 환자는 위약을 받은 환자에 비해 하루 일찍 열이 소실되고 수두 병변이 줄어든 것으로 나타났다.[36] 연구자가 일주일 뒤의 증상을 결과변수로 정의했다면, 면역력이 있는 소아 수두 환자들의 경우 치료받았는지에 관계없이 7일째에는 거의 대다수 증상이 소실되기 때문에 아시클로비르가 아무런 효과가 없다는 결과가 나왔을 것이다. 증상을 하루 일찍 개선시키기 위해 아시클로비르를 처방하는 비용은 그만한 가치가 있을까? 꼭 그렇게까지 할 필요가 있을까? 분명히 이것은 통계적인 문제가 아니다. 실제로 대다수의 소아과 의사들은 면역력이 정상인 소아들에게 아시클로비르를 처방하지 않는다.

36 Balfour, H. H., Kelly, J. M., Suarez, C. S., et al. (1990). "Acyclovir treatment of varicella in otherwise healthy children." *J. Pediatr*, 116, 633–699.

TIP

사건 발생까지의 시간은 경한 결과보다 심각한 결과의 발생에서 중요하다.

때로는 사건 발생까지의 시간을 약간 연장시키는 효과가 개별 환자들에게는 아주 미미한 수준의 혜택에 불과하더라도 이러한 결과가 과학적 발전을 촉진시킬 수도 있다. 대부분의 의학적 진보는 점진적으로 이루어진다. 한 치료법이 생존시간을 아주 조금만 연장시킨다는 것이 증명되고 이것이 더 나은 치료의 초석이 될 수도 있는 것이다.

로지스틱 회귀분석이 비례위험 분석을 대신할 수 없는 두 번째 이유는 중도절단된 관측값을 분석에 포함시킬 수 없기 때문이다. 임상시험 참여를 포기한 참여자나 추적관찰에서 탈락된 참여자는 로지스틱 회귀분석에서 제외해야 한다. 많은 대상자들이 분석에서 제외된다면 상당한 검정력의 손실이 발생할 수 있다. 또한, 분석에서 제외된 대상자들의 특성이 연구에 남아 있는 대상자들과 다르다면, 이는 연구에 편향을 유발할 수도 있다.

로지스틱 회귀분석과 비례위험 분석을 동시에 사용한 연구들을 살펴보면, 결과 발생이 적고, 추적관찰 기간이 짧으며, 추적관찰에서 탈락된 참여자들이 거의 없는 경우, 두 연구 결과는 전반적으로 유사했다.[37] 예를 들어 크라비츠(Kravitz)와 동료 연구자들은 관상동맥 재개통술(coronary revascularization)이 사망률에 미치는 영향에 대해 연구했다.[38] 671명의 환자 중 70명(10.4%)이 사망한 것으로 밝혀졌고, 추적관찰 기간의 중앙값은 797일이었으며 모든 환자에게서 사망 자료를 이용할 수 있었다. 여러 잠재적 교란요인을 보정한 다중 로지스틱 회귀분석 결과, 관상동맥 재개통술을 받은 환자들의 1년 사망률(오즈비 0.49, 95% 신뢰구간 0.30–0.84)은 시술받지 않은 환자들의 사망률에 비해 유의하게 낮았다. 교란요인들을 보정한 비례위험 분석 결과에서도 재개통술이 사망 위험을 현저히 감소시켰다(비례위험 0.59, 95% 신뢰구간 0.36–0.97).

결과 발생이 적고 추적관찰 기간이 짧으며 연구에 제외된 개체가 거의 없을 경우 로지스틱 회귀분석과 비례위험 분석 결과는 유사할 것이다.

37 Green, M. S. and Symons, M. J. (1983). "A comparison of the logistic risk function and the proportional hazards model in prospective epidemiologic studies." *J. Chron. Dis*, 36, 715–724.

38 Kravitz, R. L., Laouri, M., Kahan, J. P., et al. (1995). "Validity of criteria used for detecting underuse of coronary revascularization." *JAMA*, 274, 632–638.

12-3 순서형 변수의 이분화 또는 명목형 변수로 다루기

다변수 분석에서 순서형 결과변수(ordinal outcomes)는 자주 사용되지 않으므로 이를 이분화하고 로지스틱 회귀분석으로 분석하는 경우가 많다. 예를 들어 심부전의 중증도에 대한 뉴욕심장학회 분류(New York ㅊHeart Association classification)는 종종 level I과 II(약간 숨이 참)와 level III와 IV(심각한 호흡곤란)로 분류된다. 독자들이 보통 비례오즈 회귀분석보다 로지스틱 회귀분석 결과에 더 친숙하므로 이렇게 분석하면 결과를 이해시키기 쉽다는 장점이 있다. 또한 로지스틱 회귀분석에서는 비례오즈 가정을 충족시킬 필요가 없다. 단점으로는 연속형 변수를 이분화했을 때와 마찬가지로 정보와 검정력의 손실을 초래하고 어떤 분류 기준이라도 임의적이라는 점이다.

순서형 변수를 다루는 다른 대안으로는 이들을 명목형 변수(범주들에 내재된 순서를 무시함)로 취급하여 다항 로지스틱 회귀모형으로 분석하는 방법이 있다. 이 방법은 비례오즈 가정을 만족시킬 필요가 없다는 장점이 있다. 그러한 사례로, 갈라니스(Galanis)와 동료들은 알코올 섭취가 인지기능에 미치는 영향에 대해 조사하였다.[39] 인지기능은 0에서 100 사이의 범위로 설정된 점수로 측정되었으며, 그 분포는 정규분포를 따르지 않았다. 대부분의 측정값들이 100점 근방에 있었기 때문에 크게 기울어져 있었다. 연구자들은 이 문제에 두 가지 다른 방법을 적용했다. 먼저, 세제곱 함수로 수학적으로 변환시켜(4장 3-1절) 근사적으로 정규분포를 따르게 하고 연속형 변수의 속성을 유지시켰다. 다른 방법으로는 결과를 인지기능 우수(점수 ≥ 82), 중간(74 - 81), 나쁨(점수 < 74)과 같이 3개 집단으로 나누어 순서형 변수로 변환하였다.

3개의 집단을 나눈 인지기능 척도는 순서형이지만 연구자들은 이를 명목형 변수로 간주하여 다항 로지스틱 회귀분석을 사용하여 분석했다. 결과는 [표 3-17]과 같다. 인지기능이 우수한 집단을 기준 집단(reference group)으로 두었으며, 알코올 섭취량의 변화에서 각 범주별로 두 가지 위험비가 있다. 두 번째 행에 있는 위험비는 알코올 섭취량이 증가함에 따라 인지기능 우수와 중간 사이의 위험도가 어떻게 변화하는지를 보여준다. 다섯 번째 행의 위험비는 알코올 섭취량에 따라 인지기능 우수와 나쁨 사이의 위험도가 어떻

39 Galanis, D.J., Joseph, C., Masaki, K.II., Petrovitch, H., Ross, G.W., White, L. (2000). "A longitudinal study of drinking and cognitive performance in elderly Japanese American men:The Honolulu-Asia Aging Study." *Am. J. Public Health,* 90, 1254–1259.

[표 3-17] 알코올 섭취와 인지 기능(나쁨, 중간, 우수 3군으로 구분)의 연관성

	알코올 섭취량(oz/월)					
	None	1-2	3-15	16-30	31-60	>60
중간 vs. 우수						
환자수	180/634	107/546	155/676	65/241	46/208	39/123
상대위험도	1.00	0.78	0.89	0.89	0.68	1.02
95% 신뢰구간		0.59, 1.03	0.69, 1.15	0.64, 1.25	0.46, 1.00	0.67, 1.55
나쁨 vs. 우수						
환자수	182/634	98/546	95/676	56/241	57/208	48/123
상대위험도	1.00	0.74	0.60	0.72	0.78	1.29
95% 신뢰구간		0.54, 1.01	0.44, 0.82	0.49, 1.06	0.52, 1.17	0.83, 2.01

출처: Galanis, D. J., et al. (2000). "A longitudinal study of drinking and cognitive performance in elderly Japanese American men: The Honolulu-Asia Aging Study." *Am. J. Pub. Health*, 90, 1254-1259.

게 변화하는지를 보여준다.

만약 저자들이 비례오즈 모형을 사용하여 분석했다면 알코올 섭취량의 증가에 따른 인지기능의 평균 변화를 나타내는 하나의 위험비만 나왔을 것이다. 하지만, 다항 로지스틱 모형을 사용하였기 때문에 자료가 비례오즈 가정을 충족시킬 필요가 없었다. 물론 순서형 변수를 명목형 변수로 취급하여 분석할 경우 선형 연관성에 대한 통계적 유의성을 포착하는 검정력은 저하될 것이다.

12-4 계수형 변수를 결과 발생까지의 시간 변수로, 또는 이분형 변수로 변환하기

몇 가지 계수형 변수들은 사실상 한 번 이상 발생할 수 있는 이분형 변수이다. 예를 들어 근골격계 통증이 낙상에 미치는 영향에 대한 연구 사례를 다시 살펴보면(3장 10절), 계수형 변수인 '낙상'이 이분형 변수(낙상: 예/아니오)를 각 환자별 관측 시간으로 나눈 것을 볼 수 있다. 만약 첫 번째 낙상 결과만 취급할 것이라면, 비례위험 회귀분석으로 낙상 발생까지의 시간에 대해 분석하고, 근골격계 통증 여부에 따른 낙상의 비례위험을 구할 수 있을 것이다. 이러한 접근의 장점은 포아송 회귀분석이나 음이항 회귀분석보다 독자들에게 친숙한 방법이라는 점이다. 단점은 대부분의 사람에게서 낙상이 거의 없거나 한 번 있는 경

우 정보의 손실이 매우 클 것이라는 점이다. 우리는 이 결과변수를 보다 단순화하여 특정 기간 동안 각 사람의 낙상 발생(예/아니오)으로 놓고 로지스틱 회귀분석을 사용할 수도 있다. 이 경우 반복되는 낙상에 대한 정보를 손실할 뿐만 아니라 여러 이유로 추적관찰에 실패하거나 중도절단된 사람들의 사례를 분석에 포함시키지 못하게 된다.

12-5 결과변수의 코딩을 바꾸는 데 대한 일반적인 조언

보다 단순하고 쉬운 분석 기법을 사용하기 위해 결과변수의 코딩을 바꾸지 말고, 주어진 자료 그대로 분석하는 것이 일반적으로 가장 좋다. 그러나 해당되는 다변수 분석를 사용하기 위한 가정들이 충족되지 않는다면 결과변수의 형태를 변경하는 것도 대안이 될 수 있다. 게다가 여러 분석 방법으로 유사한 결과를 보인다면 결과의 신뢰도를 높일 수 있다.

> 복수의 분석 방법으로 유사한 결과를 보여준다면 결과의 신뢰도를 높일 수 있다.

chapter

4

독립변수

1. 다변수 분석에서 독립변수를 어떻게 사용해야 할까?
2. 명목형 독립변수를 어떻게 사용해야 할까?
3. 연속형 독립변수를 어떻게 사용해야 할까?
4. 연속형 독립변수가 선형성 가정을 충족한다 하더라도 이들을 구간별로 범주화하거나 다중 이분형 변수로 바꿔도 될까?
5. 다변수 분석에서 순서형 독립변수를 어떻게 사용해야 할까?

1 다변수 분석에서 독립변수를 어떻게 사용해야 할까?

지금까지 결과변수의 종류에 따라 어떤 분석 방법을 선택해야 하는지 알아보았다. 이제 다변수 분석에서 독립변수를 사용하는 방법에 대해 살펴볼 차례다. 이분형 변수는 특별한 코딩이나 변환 과정 없이도 사용할 수 있지만, 명목형, 연속형, 순서형 독립변수에서는 몇 가지 고려사항이 있다(4장 2절-4절).

2 명목형 독립변수를 어떻게 사용해야 할까?

인종이나 암종과 같은 명목형 독립변수를 다변수 분석에 포함하기 위해서는 먼저 적절한 형태로 변환해야 한다. 단순히 숫자를 붙이는 방식은 별 소용이 없다. 예를 들어 1=백인, 2=흑인, 3=아시아인, 4=기타와 같이 코딩했을 때, 이 숫자가 인종에 대한 순서 개념을 반영하지 않으며 간격의 차이도 의미가 없다. 따라서 다변수 모형에서 범주 사이의 변화에 대한 추정값은 의미를 갖는다고 보기 어렵다.

다변수 모형에 셋 이상의 범주를 갖는 명목형 독립변수를 추가하려면 여러 개의 이분형 변수로 변환해야 한다. 이 과정을 보통 더미(dummy)화라고 부르기도 한다. 그러나 더미화 또는 더미변수(dummy variables)는 올바른 용어가 아니다. 이 과정을 논문에 기술할 때는 반드시 다중 이분형 변수의 생성(creating multiple categorical variables)이라고 해야 한다.

TIP

명목형 변수를 다변수 모형에 포함시키려면 먼저 여러 개의 이분형 변수로 변환해야 한다.

[표 4-1] 명목형 독립변수를 나타내는 다중 이분형 변수의 생성

	흑인	라틴/ 히스패닉	아시안/ 폴리네시아인	아메리카 원주민	기타 비백인 인종
흑인	1	0	0	0	0
라틴/히스패닉	0	1	0	0	0
아시안/폴리네시아인	0	0	1	0	0
아메리카 원주민	0	0	0	1	0
기타 비백인 인종	0	0	0	0	1
백인	0	0	0	0	0

인종은 가장 자주 볼 수 있는 명목형 변수 중 하나다. 다변수 모형에 인종 변수를 포함하려면 이를 여러 개의 이분형 변수로 변환해야 한다. 예를 들어 6개 범주의 인종은 다음과 같이 5개의 이분형 변수로 표현될 수 있다.

- 흑인 (예/아니오)
- 라틴/히스패닉 (예/아니오)
- 아시아인/폴리네시아인 (예/아니오)
- 아메리카 원주민 (예/아니오)
- 기타 비백인종 (예/아니오)

백인은 어디로 갔을까? 명목형 변수를 이분형 변수로 변환할 때는 범주의 개수보다 하나 작은 수의 이분형 변수를 만든다. 컴퓨터의 입장에서 생각해보면 그 이유를 쉽게 알 수 있다. 이분형 변수가 5개 존재한다면, 각각의 변수는 1(예) 혹은 0(아니오)의 값을 가지게 되며, 컴퓨터는 [표 4-1]과 같은 방법으로 6개의 형태를 구별할 수 있다.

따라서 5개의 이분형 변수만으로도 백인을 표현할 수 있으므로 (5개 변수 모두 0인 경우) 백인을 의미하는 변수를 따로 만들 필요가 없다. 이때 기준이 되는 집단(여기서는 백인)을 기준 집단(reference group)이라고 한다.

인종은 명목형 변수 중에서도 흥미로운 사례에 속하는데, 연구 대상 집단의 특성에 따라 코딩 방법이 달라진다. 예를 들어 미국의 남동부 지역에서 수행된 소규모 임상연구에서는 아메리카 원주민이나 아시아인/폴리네시아인은 거의 없을 것이다. 어떤 소집단이

전체 표본의 5% 미만을 차지한다면 그 집단을 정의하기 위한 변수를 따로 만들더라도 통계적으로 유의한 정보를 얻기 어렵다. 이때 더 큰 민족 집단을 포함하기 위해 기타(other) 집단을 만드는 것도 방법이다. 예를 들어 흑인(예/아니오), 라틴/히스패닉(예/아니오), 백인을 제외한 기타 인종(예/아니오)의 이분형 변수 3개를 만들면, 백인을 기준 집단으로 하는 인종 변수를 코딩할 수 있다.

집단의 개수를 줄이면 이분형 변수의 개수를 줄이는 데 도움이 되지만, 서로 다른 인종을 하나의 집단으로 묶었기 때문에 연구 대상 집단을 제대로 표현하지 못하는 문제가 발생할 수 있다. '아시아인/폴리네시아인' 범주를 기타 범주에 묶지 않고 하나의 독립된 범주로 유지한다고 하더라도 그 범주 안에는 고유한 언어와 전통 그리고 유전적 특징을 지닌 서로 다른 수많은 집단이 존재할 것이며 이러한 특성이 질병의 발병에 영향을 줄 수도 있다. 인종을 어떻게 코딩할 것인지는 사실 통계적 측면에서 결정할 문제가 아니다. 인종과 같은 명목형 독립변수를 범주화하는 최적의 방법은 연구의 질문이 무엇인지, 명목형 변수의 분포는 어떠한지(각 소집단에 포함되는 개체 수), 그리고 각 범주가 결과변수와 어떤 관계를 가지는지 등 다양한 요인에 따라 달라진다.

TIP

명목형 변수를 범주화하는 최적의 방법은 연구의 질문, 명목형 변수의 분포, 그리고 명목형 변수와 결과변수가 가지는 관계에 따라 달라진다.

3 연속형 독립변수를 어떻게 사용해야 할까?

다변수 모형에서는 연속형 독립변수의 값 중 어느 지점을 구분점(cut-off)으로 삼을지와 무관하게, 일정 단위만큼의 차이는 결과변수에도 일정한 크기의 효과를 미치는 것으로 본다. 예를 들어 체중이 50kg에서 60kg으로 증가했을 때나 90kg에서 100kg으로 증가했을 때 결과변수에 미치는 영향은 동일한 것으로 본다. 그러나 일정한 크기의 독립변수 차이라 하더라도 모형화 방법에 따라 결과변수에 미치는 영향이 달라진다. 예를 들어 선형 모형에서는 연속형 독립변수의 값이 일정량 변하면 결과변수의 평균값 또한 일정하게 변한다. 로지스틱 모형에서는 연속형 독립변수의 값이 일정량 변하면 결과변수의 로짓값 역시 일정하게 변한다. 비례위험 분석에서 연속형 독립변수의 일정량 변화는 비례위험 로그값의 일정량 변화를 유발한다.

연속형 독립변수의 일정량 변화가 결과변수에 일정한 영향을 준다는 가정을 선형성 가정(linearity assumption)이라고 하는데 이는 선형 회귀분석에서 가장 이해하기 쉽다. 선형성 가정을 만족한다면 두 변수에 대한 산점도는 직선 형태에 가깝다. [그림 3-1]은 두 연속형 변수의 산점도이다. 자료는 직선에 대해 잘 적합되었는데, B_{12} 수치가 일정하게 증가함에 따라 백신 접종 후 역가(titer) 수치 역시 일정하게 증가한다.

선형성 가정을 만족하는 경우 연속형 독립변수의 일정한 변화는 결과변수에도 일정한 영향을 미친다.

TIP

선형 회귀모형에서 선형성 가정은 독립변수와 결과변수의 산점도를 그려 검정한다.

그러나 산점도에서 볼 수 있는 관계가 선형이 아닌 경우도 있다. 예를 들어 [그림 4-1] (a)는 독립변수와 결과변수 사이의 로그 관계를 보여준다. 독립변수의 값이 작은 구간에서는 그 값이 조금만 변화해도 결과변수에 큰 영향을 주지만, 반대로 독립변수의 값이 큰 구간에서는 결과변수에 미치는 영향이 매우 작다. 비선형 연관성에는 여러 형태가 있다. 로그 관계 외에도 역로그(antilogarithmic), 곡선형(U자형, 뒤집어진 U자형, J자형), 역치(threshold)형 같은 것이 있다.

이변량 산점도를 이용하여 선형성을 확인하는 방법에는 한계가 있는데, 연속형 독립변수와 결과변수의 단변수 분석에서 확인한 선형성이 교란요인이 개입하는 다중 선형 회귀분석에서는 소실되거나 잘 나타나지 않을 수 있다. 다중 선형 회귀모형에서 선형성을 검정하는 방법은 9장 4절에 설명되어 있다.

반면 로지스틱 회귀모형, 비례위험 모형, 그리고 포아송 회귀모형에서는 단순 산점도로 선형성 가정을 검정할 수 없다. 이들 모형에서는 단순한 산술적 척도로 선형 연관성을 나타낼 수 없다. 대신 연속형 변수를 특정 단위에 따라 여러 이분형 변수로 범주화해 보자(4장 2절). 예를 들어 독립변수가 연령이고 그 분포 범위가 20세에서 79세까지라면 20–29세를 기준 집단으로 하고 30–30세(예/아니오), 40–49세(예/아니오), 50–59세(예/아니

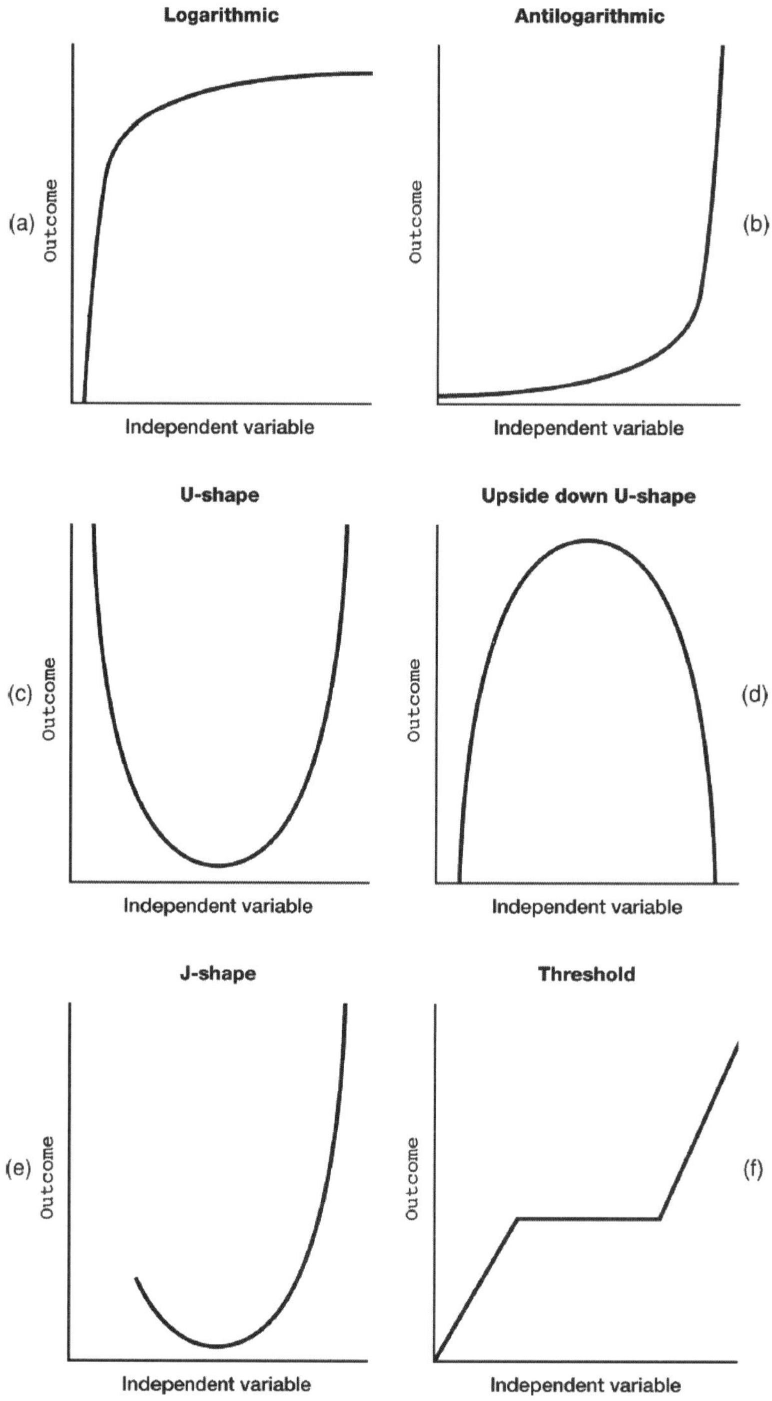

[그림 4-1] 독립변수와 결과변수 사이에 나타나는 여러 형태의 비선형 관계

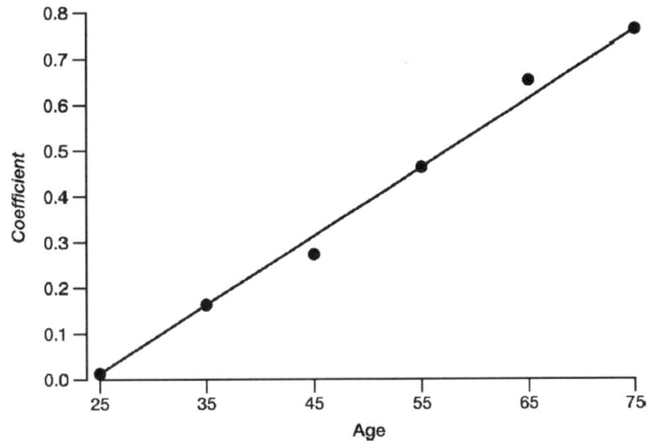

[그림 4-2] 각 연령군에 해당하는 계수가 일직선을 이룬 모습

오), 60-69세(예/아니오), 70-79세(예/아니오)의 범주를 가지는 변수를 만드는 것이다. 10년 단위로 하였을 때 각 범주에 속하는 개체 수가 너무 작다면 20년 단위로 만들어도 된다.

이렇게 만들어진 이분형 변수로 로지스틱, 비례위험 또는 포아송 회귀분석을 수행하면 각 범주에 대한 계수를 얻을 수 있다. 기준 집단(reference)에 대한 계수는 정의에 따라 0이 된다. 각 이분형 변수가 나타내는 범주의 중간 값(예를 들어 30-39세 집단을 대표하는 값은 35세)에 해당하는 계수를 그래프로 표현하면, 독립변수와 결과변수 사이의 관계를 볼 수 있다. 만약 선형효과가 존재한다면 계수는 이분형 변수의 한 범주에서 인접한 범주로 옮겨갈 때 그 크기가 일정하게 변할 것이고, [그림 4-2]처럼 일직선 형태를 보일 것이다. 그렇지 않다면 [그림 4-1]에 나오는 비선형 관계 중 하나와 같은 그래프를 보이게 될 것이다.

TIP

로지스틱, 비례위험, 또는 포아송 회귀분석에서 연속형 독립변수가 선형성 가정을 만족하는지 확인하려면 ① 연속형 변수를 일정한 단위의 이분형 변수로 변환한 후 ② 이분형 변수를 이용해 분석을 시행한다. ③ 그리고 각 이분형 변수가 대표하는 범주의 중간값을 이용하여 그 계수를 그래프로 표현한다.

그래프를 꼭 그리지 않더라도 선형 효과를 눈으로 확인할 수 있다. 선형성 가정을 만족한다면, 각 집단 사이에 나타나는 계수의 크기 차이가 거의 동등하다. 예를 들어 30-39세 집단에 해당하는 계수와 20-29세 집단에 대한 계수의 차이는 40-49세 집단의

[표 4-2] 결과변수와 비선형 관계에 있는 독립변수를 다변수 모형에 포함하는 방법

방법	장점	단점
수학적 변환	실행하기 쉽다.	임상적으로 결과를 해석하기 어렵다. 적절히 사용할 수 있는 수학적 변환 방법이 존재하지 않을 수 있다.
스플라인	연속형 독립변수와 결과변수 사이의 복잡한 관계를 모형화할 수 있다.	독립변수와 결과변수의 관계를 하나의 지표로 나타낼 수 없다. 통계 비전공자가 이해하기 어렵다.
다중 이분형 변수	해석하기 쉽다.	구분점(cut-off) 선택이 자의적이다. 연속형 변수가 지닌 본래의 특성이 소실될 수 있다.

계수값과 30–39세 집단의 계수 차이와 같을 것이다. 물론 값 차이가 완전히 똑같지 않을 수도 있지만, 중요한 것은 자료가 선형 관계로 적절하게 표현될 수 있는가이다.

이 기법은 교란요인을 보정한 상태에서 독립변수와 결과변수 사이에 선형 연관성이 존재하는지 확인할 때 유용하다. 뿐만 아니라 독립변수와 결과변수 사이의 선형 용량–반응(dose–response) 관계를 확인하는 데 사용할 수도 있다.[1] 잔차를 구해 그림으로 그려보는 것 역시 선형성 가정을 확인하는 유용한 방법인데 이는 9장 4절에서 설명한다.

선형성 가정을 확인하기 위한 다른 방법도 있다. 이 방법을 사용하기 위해서는 연속형 독립변수를 일정한 간격이 있는 구간으로 나눌 수 있고(예: 1=20–29세, 2=30–39세, 3=40–49세 등), 이때 각 범주 내 충분한 수의 개체가 존재해야 한다. 이들에 대한 교차표를 그려보면 연속형 독립변수의 수준이 증가(또는 감소)함에 따라 결과변수의 비율 역시 일정하게 증가(또는 감소)하는 경향이 있는지 확인할 수 있다. 선형성이 있다면 경향성 검정을 위한 카이제곱 통계량(chi–squared for trend)의 결과가 유의하다. 막대그래프를 그려서 시각적으로 경향성을 확인할 수도 있다.

만약 연속형 독립변수와 결과변수 사이에 선형 관계를 확인하지 못하였다고 하더라도 너무 실망할 필요는 없다. 두 변수가 어떤 관계에 있는지 알아낸 것 자체가 중요한 발견이기 때문이다. [표 4–2]에는 비선형 관계에 있는 변수를 다루기 위한 방법이 제시되어 있으며 이에 대해 하나씩 자세히 살펴보자.

1 다중 로지스틱 회귀분석이나 비례위험 분석에 익숙하지 않다면 8장 3절에서 계수에 대한 해석을 먼저 읽어본 후 살펴보는 게 더 나을 것이다. 이 기법에 대해 더 자세한 설명을 원한다면 다음 문헌을 참조하길 바란다. Hosmer, D. W. and Lemeshow, S. (2000). *Applied Logistic Regression*. 2nd edn. New York, NY: Wiley, pp. 110–111.

3-1 수학적 변환

결과변수와 선형 관계에 있지 않은 연속형 독립변수를 모형에 포함시키는 가장 간단한 방법은 선형성 가정을 만족하도록 변환하는 것이다. 예를 들어 독립변수의 값이 매우 큰 구간에서 결과변수에 미치는 영향이 독립변수의 값이 매우 작은 구간에서의 영향보다 작다면 [그림 4-1] (a)처럼 결과변수의 값이 수평선에 점차 가까워지는 경향을 보일 것이다. 이때 독립변수를 로그 변환하면 곡선을 선형으로 바꿀 수 있다. 자연 로그(natural logarithm)는 밑(base)을 10으로 하는 상용로그보다 자주 사용되지만 두 가지 모두 사용 가능하다. 그러나 로그 변환을 하려면 원래 척도에서 독립변수의 값이 항상 0보다 커야 한다. 만약 원래 척도에서 변수의 최소값이 0이라면 모든 값에 1을 더한 후 로그 변환을 수행할 수 있다.

그러나 [그림 4-1] (b)와 같이 반대의 경향을 보이는 경우도 있을 것이다. 이때는 역로그 변환(예를 들어 e^x 또는 10^x)으로 곡선을 선형으로 바꿀 수 있다. 수학적 변환은 독립변수뿐만 아니라 결과변수에도 적용할 수 있다.[2]

TIP

독립변수의 값이 큰 구간에서의 변화가 작은 구간에서의 변화에 비해 결과변수에 더 큰 영향을 준다면 역로그 변환을 통해 선형성을 만들 수 있다.

연속형 독립변수와 결과변수의 관계가 U자형인 경우도 있다. [그림 4-3]에서 1,102명의 여성 환자의 콜레스테롤 수치와 사망률 사이에는 U자형 관계가 나타난다.[3] 콜레스테롤 수치가 너무 높거나 낮은 여성 환자에서 사망률이 높았기 때문이다. 만약 콜레스테롤 수치를 단순히 연속형 변수로 두고 모형에 포함하였다면 콜레스테롤 수치와 사망률 사이에 유의한 연관성도 찾을 수 없을 것이다. 콜레스테롤 수치가 낮은 구간과 높은 구간에서

2 그 외에도 다른 형태의 수학적 변환이 가능한데, 이에 대해서는 다음을 참조하라. Armitage,P. and Berry,G. (1987). *Statistical Methods in Medical Research*. 2nd edn. Oxford: Blackwell Scientific Publications, pp. 358–368.

3 Isles, C. G., Hole, D. J., Gillis, C. R., Hawthorne, V. M., Lever, A. F. (1989). "Plasma cholesterol, coronary heart disease, and cancer in the Renfrew and Paisley survey." *Br. Med. J*, 298, 920–924.

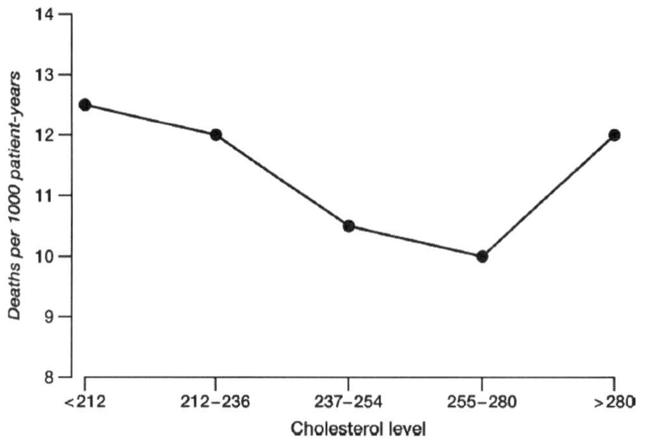

[그림 4-3] 1,102명 여성 환자의 콜레스테롤 수치와 사망률 사이의 관계
출처: Isles, C. G., et al. (1989). "Plasma cholesterol, coronary heart disease, and cancer in the Renfrew and Paisley survey." *Br. Med. J.* 298, 920–924.

나타나는 두 경향성이 서로 상쇄되므로 곡선형 관계 정보는 사라진다. 콜레스테롤 수치가 높으면 관상 동맥 질환으로 인한 사망률이 증가하지만, 오히려 콜레스테롤 수치가 너무 낮은 경우에도 암이나 다른 원인으로 인해 사망률이 증가할 수 있다.

U자형 관계에서는 변수에 대한 제곱항을 추가해볼 수 있다. 제곱항을 구성할 때는 먼저 독립변수의 원래 값에서 평균을 뺀 값을 제곱한다[$(X-\bar{X})^2$]. 그리고 원래 변수와 제곱항 모두를 모형에 추가한다. 이때 원래 변수가 반드시 모형에 포함되어야 하는데, 제곱항은 원래 변수의 극단값과 평균에서 영향력의 크기를 고려하는 역할을 하기 때문이다. 평균 주변에서 변화의 폭이 크면 제곱항은 통계적으로 유의하며, U자형 관계에서는 원래 변수와 제곱항 모두 통계적으로 유의하다.

TIP

U자형 관계를 가지는 경우 변수의 제곱항을 만들어보자.

제곱항은 J자형 관계에서도 사용할 수 있다. [그림 4-1] (e)의 J자형 곡선은 앞부분이 결측된 U자형 곡선이라고도 볼 수 있다.

수학적 변환 기법은 해석이 어렵다는 단점이 있다. 예를 들어 로그 변환된 콜레스테롤 수치가 사망률 증가와 관련이 있다는 사실을 직관적으로 이해할 수 있을까? 특히 제곱항을 사용한 경우 더 문제가 되는데, 연속형 독립변수의 한 단위 변화는 결과변수에 두 가지 변수의 형태(원래 값과 그 제곱의 결과변수에 대한 관계)로 영향을 미치기 때문이다. 그러나 더 큰 문제는 수학적 변환으로 모든 비선형 관계가 선형 관계로 변환될 수 있는 것은 아니라는 점이다. 이때는 스플라인 기법을 고려한다.

3-2 스플라인

연속형 독립변수와 결과변수가 복잡한 관계를 가진다면 스플라인 곡선(spline curve)으로 모형화할 수 있다.[4] '스플라인'이라는 용어는 곡선을 그릴 때 사용하는 제도용 금속 운형지에서 유래되었다. 통계적 관점에서 스플라인은 서로 연결된 다항식(2개 이상 항이 더해진 형태의 대수 함수)이다. 각각의 선이 연결되어 있는 지점을 매듭(knots)이라고 한다. 곡선의 각 부분은 다른 다항식으로 표현되므로 여러 복잡한 형태의 관계를 모형화할 수 있다.

정의

> 스플라인(spline)은 서로 연결되는 여러 다항식으로 연속형 독립변수와 결과변수 사이의 복잡한 비선형 관계를 모형화하는 데 사용된다.

가장 간단한 형태의 스플라인은 선형 스플라인이다. 함수의 각 부분은 선형이지만, 여러 선이 서로 연결된 형태이므로 비선형 관계를 모형화할 수 있다. 예를 들어 [그림 4-3]은 4개의 선분으로 연결된 선형 스플라인 함수로 모형화할 수 있다. [그림 4-3]을 스플라인 함수로 보면 콜레스테롤 수치가 212-236, 237-254, 255-280인 지점에서 세 매듭이 존재하는데 매듭의 수는 항상 선분의 수보다 1개 작다.

위험요인과 결과변수의 관계를 모형화했을 때 일부 구간에서만 선형성이 나타나지 않는 경우도 있을 것이다. 그때는 해당 구간을 곡선으로 연결시키면 된다. 이 경우 3차 스플라인 함수를 이용한다. 고차 다항식은 곡선 관계를 더 잘 근사시킬 수 있다.

4 스플라인 기법에 대한 명쾌한 설명을 원한다면 다음을 참조하라. Harrell, F. E. (2001). *Regression Modeling Strategies: With Applications to Linear Models, Logistic Regression, and Survival Analysis*. New York: Springer Verlag, pp. 18–24.

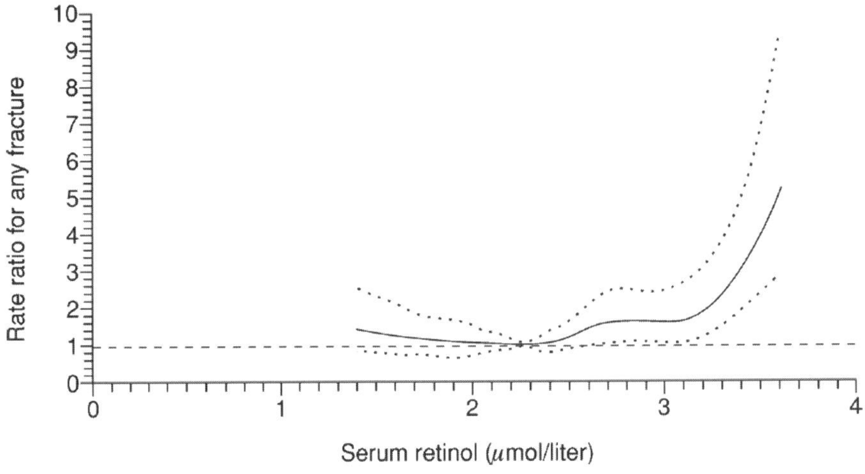

[그림 4-4] 레티놀 수치에 따른 골절률의 비율비(rate ratio)와 95% 신뢰구간을 평활화한 그림으로 제한적 3차 스플라인과 콕스 회귀분석 결과를 기반으로 하였다.

출처: Michaelsson, K., Lithell, H., Vessby, B., et al. (2003). "Serum retinol levels and the risk of fracture." *N. Engl. J. Med*. 348, 287–294.

3차 스플라인 함수는 꼬리 부분(첫 매듭 이전과 마지막 매듭 이후)에서 정확도가 매우 떨어지는 문제가 있다. 이 문제를 극복하기 위해 사용되는 제한적 3차 스플라인 함수는 곡선의 주변부에서 직선 모형을 가진다. 또한 일반적인 3차 스플라인 함수에 비해 추정에 더 적은 모수를 필요로 한다.

미카엘슨(Michaelsson)과 동료들은 제한적 3차 스플라인 함수와 비례위험 분석을 사용하여 혈청 레티놀 농도와 골절 위험 사이의 관계를 분석했다.[5] [그림 4-4]에서 볼 수 있듯이 혈청 레티놀 농도와 골절률의 관계는 선형이 아니다. 특히 레티놀 농도가 높을수록 골절률이 급격히 증가하는 것을 알 수 있다. 따라서 이 그림과 같이 스플라인 곡선을 이용한 평활화가 가능하다.

TIP

제한적 3차 스플라인 함수로 평활화된 곡선을 얻을 수 있다.

5 Michaelsson, K., Lithell, H., Vessby, B., et al. (2003). "Serum retinol levels and the risk of fracture." *N. Engl. J. Med*, 348, 287–294.

통계적으로 스플라인은 상당히 좋은 방법이지만 의학 연구에서는 제한적으로 사용된다. 가장 큰 문제는 스플라인 기법을 사용할 경우 위험요소와 결과의 연관성을 오즈비나 상대위험도 등의 단일 척도로 표현할 수 없다는 것이다. 게다가 통계 비전공자가 쉽게 이해하기 어렵다는 문제도 있다.

3-3 다중 이분형 변수

비선형 관계를 모형화하는 세 번째 방법은 연속형 변수를 다중 이분형 변수로 바꾸는 것이다. 이는 앞서 설명한 명목형 변수를 모형에 포함하거나(4장 2절) 연속형 독립변수와 결과변수 사이에 선형 관계가 존재하는지 검정하는(9장 4절) 데 사용하는 방법과 동일한 절차를 따른다. 다중 이분형 변수를 만들면 각각의 범주가 하나의 독립변수를 가지게 되며 이들 역시 결과변수와 각각의 연관성을 지니게 된다.

예를 들어 위에서 설명한 혈중 레티놀 농도와 골절 위험의 사례에서는 제한된 3차 스플라인 함수를 이용한 분석뿐 아니라 다중 이분형 변수를 이용한 분석 결과를 함께 제시했다[표 4-3].

대상자를 혈청 레티놀 농도에 따라 5분위로 나누었을 때, 3분위에 속한 대상자에 비해 5분위에 속한 대상자의 골절 위험은 1.64배다. 이처럼 각 분위수에 대해 골절의 상대위험을 표현하는 것은 3차 스플라인 함수를 이용하여 설명했을 때와 동일한 결과를 보여주지만 조금은 덜 세련되어 보인다.

[표 4-3] 혈중 레티놀 농도에 따른 골절률의 비율비

레티놀 농도	다변수 상대위험도*(95% 신뢰구간)
1 (<1.95 μmol/liter)	0.93 (0.62–1.41)
2 (1.95–2.16 μmol/liter)	0.78 (0.50–1.23)
3 (2.17–2.36 μmol/liter)	1.00 (기준)
4 (2.37–2.64 μmol/liter)	0.91 (0.60–1.38)
5 (>2.64 μmol/liter)	1.64 (1.12–2.41)

* 연령, 체중, 신장, 혈청 베타카로틴, 칼슘 농도, 알부민 농도, 흡연 상태, 혼인 상태, 사회경제적 지위, 업무 중 신체 활동, 여가 중 신체 활동 및 알코올 섭취량으로 보정한 결과

출처: Michaelsson, K., et al. (2003). "Serum retinol levels and the risk of fracture." *N. Engl. J. Med*, 348, 287–294.

다중 이분형 변수를 설정할 때 구분점을 결정하는 것 또한 어려운 문제다. 일반적으로 자연스럽거나 임상적인 표준에 해당하는 지점을 구분점으로 삼는 것이 좋다. 예를 들어 수축기 혈압의 경우에 적절한 구분점은 90mmHg 미만, 90–140mmHg, 140mmHg로 삼을 수 있다.

그러나 이러한 방법으로 선택된 구분점을 이용할 경우 각 구간에 속하는 표본수에 서로 차이가 생기는 문제가 있다. 예를 들어 인구 집단을 10세 단위로 분할한다면 '80–89세' 변수에 '1' 값을 가지는 표본은 전체의 2% 정도밖에 되지 않을 것이다. 이러한 경우 분석을 시행해도 의미 있는 결과를 얻기 어렵다. 반면 각 구간에 동일한 개체 수가 할당되도록 하는 구분점을 선택할 수도 있다. 예를 들어 표본을 연령의 3분위를 기준으로 나누어 연령이 가장 낮은 집단을 기준 집단으로 설정했다고 해보자. 이분형 변수 하나는 표본의 1/3(중간 연령층)에 대해 '1'의 값을 갖고 나머지 2/3에 대해서는 '0' 값을 가지게 된다. 또 다른 이분형 변수는 표본의 1/3(가장 나이가 많은 연령층)에 대해 '1'의 값을 갖고 나머지 2/3에 대해서는 '0' 값을 가지게 된다.

각 집단에 동등한 개체수가 할당되도록 하기 위해서는 혈중 레티놀 농도와 골절 연구 사례처럼 독립변수 값의 각 분위 구간에서 개체가 동일하게 분포하도록 구분점을 선택할 수 있다. 이렇게 하면 각 집단 내 개체 수가 같아진다는 장점이 있는 반면, 구분점 선택이 자연스럽지 않으므로 분석 결과를 해석하는 것이 어려워진다는 문제가 있다. 다음 중 어떤 결과가 더 이해하기 쉬울까? "연령 3분위의 가장 높은 범위에 속한 사람이 3분위 중 최하위 집단에 속하는 사람보다 사망할 가능성이 3배 높다"일까? "70–89세인 사람이 사망할 가능성이 30–49세인 사람보다 3배 높다"일까? 후자가 더 쉽지 않을까?

어떠한 방법을 사용해서 구분점을 선택했든, 다중 이분형 변수를 사용하는 경우 모형에 포함되는 변수의 수가 늘어난다는 단점이 있다. 표본크기가 충분히 크지 않다면 모형에 문제가 생길 수 있다(6장 5절).

4 연속형 독립변수가 선형성 가정을 충족한다 하더라도 이들을 구간별로 범주화하거나 다중 이분형 변수로 바꿔도 될까?

나이, 혈압, 콜레스테롤과 같은 연속형 독립변수는 선형성 가정을 만족하더라도 다른 형태로 변환해서 사용하기도 한다. 여기에는 몇 가지 이유가 있다.

예를 들어 표본크기가 작은 경우(예: 100명) 연속형 변수(예: 연령)를 범주화하지 않고는 선형성 가정 만족 여부를 평가하기 어렵다. 연속형 변수를 그대로 둔 모형에서는 55세와 57세의 차이가 결과변수에 미치는 영향이 61세와 63세의 차이에 의한 것과 동일하다고 가정한다. 그러나 전체 표본에서 이 연령대에 속하는 환자가 존재하지 않을 수도 있다. 뿐만 아니라 논문의 독자들 또한 1년 차이에 의한 영향보다는 10년 차이에 의한 영향에 더 관심을 가질 것이다.

연속형 독립변수를 범주화할 때는 척도가 지니는 특성을 유지하는 것이 좋다. 예를 들어 연령을 10년 단위로 분할하면 연속형 변수의 장점을 유지할 수 있다(20-29세, 30-39세, 40-49세 사이의 차이는 각각 10년으로 동일하다). 아울러 통계적 모형의 기본 가정을 만족하는지 더 잘 평가할 수 있으며 그에 따라 더 의미 있는 결과를 제시할 수 있게 된다.

독립변수와 결과변수가 선형 관계에 가깝더라도 다중 이분형 변수를 생성하는 경우가 있다. 이는 보다 보수적인 방법으로 선형 관계를 가정하지 않으므로 선형성 가정 만족 여부를 입증하지 않아도 된다. 하지만 이 방법은 모형에 포함되는 변수의 개수를 늘리므로 표본크기가 작은 경우 문제가 된다(6장 5절). 또한 연속형 형태로 두었을 때 독립변수와 결과변수 사이에 관찰된 유의한 선형 관계가 이분형 변수로 변환한 후에 소실되기도 한다.

TIP

연속형 변수를 범주화할 때 척도의 구간적 특성을 유지하라.

5 다변수 분석에서 순서형 독립변수를 어떻게 사용해야 할까?

다변수 모형에서 순서형 변수는 명목형 변수만큼이나 다루기 쉽지 않다. 순서형 변수의 각 수준 사이의 차이는 일반적으로 일정하지 않기 때문이다. 따라서 순서형 변수에서 특정한 수준에서 다른 수준으로 바뀔 때 결과변수에 미치는 영향을 단일 추정값으로 표현하는 방법은 정확하지 않다. 결국 여기서도 다중 이분형 변수를 생성해야 한다.

한편, 순서형 변수로 처리되어 있지만 연속형 변수의 특성을 지닌 경우에는 연속형 변수로 다룰 수 있다. 다시 말해, 척도 간 간격이 일정하다면 단일 추정치를 사용할 수 있다. 이러한 경우는 설문이나 질의응답에 기반한 심리학이나 사회학적 척도를 처리하는 경우에 자주 볼 수 있다(6장 5-3-3절).

chapter

5

독립변수 간의 연관성

1. 독립변수들이 가지는 연관성을 확인해야 할까?
2. 다중공선성을 어떻게 확인할까?
3. 다중공선성을 보이는 변수들을 어떻게 해야 할까?

1 독립변수들이 가지는 연관성을 확인해야 할까?

1장 1절에서 논의한 것처럼 다변수 분석의 장점은 서로 연관성이 있는 여러 개의 독립변수와 결과변수 사이에 어떤 연관성이 있는지 밝힐 수 있다는 데 있다. 만약 운동, 흡연, 나이, 고혈압, 콜레스테롤 수치 그리고 질병 발생 사이에 서로 아무런 관련성이 없다면 굳이 다변수 분석을 수행하여 각 위험요인에 의한 독립적인 효과를 확인할 필요가 없을 것이다. 다변수 분석은 질병 발생이나 사망 등 결과에 미치는 각각의 변수의 개별 효과를 분리할 수 있어 유용하다.

그러나 만약 어떤 두 변수가 매우 긴밀하게 연관되어 있어 한 변수의 값을 알면 나머지 변수의 값을 알 수 있을 정도라면, 다변수 분석은 이들 두 변수가 결과에 미치는 영향을 분리할 수 없다. 이러한 문제를 다중공선성(multicollinearity)이라고 한다.[1]

예를 들어 폐렴 환자의 입원 기간에 영향을 주는 요인을 살펴본다고 하자. 환자의 체온을 확인할 때 어떤 의사는 섭씨를, 어떤 의사는 화씨 표기를 선호할 것이다. 이에 따라 간호사는 두 가지 형태로 모두 기록을 하였는데, 만약 분석할 때 섭씨온도와 화씨온도를 모두 독립변수로 사용한다면 모형이 부정확해진다. 경우에 따라 오류 메시지가 출력되거나 엉터리 결과를 얻을 수도 있다. 섭씨온도와 화씨온도는 숫자는 다를지 몰라도 결국 동일한 변수이기 때문이다. 섭씨온도는 화씨온도에서 32를 뺀 후 0.56을 곱하면 간단히 계산할 수 있다.

정의

다중공선성은 2개 이상의 변수 사이에 강한 연관성이 있어 모형에서 각 독립변수가 결과변수에 미치는 독립적인 기여도를 정확하게 평가하기 어려운 경우 발생한다.

이처럼 다변수 모형으로 섭씨온도와 화씨온도의 독립적인 기여도를 평가할 수 없다.

1 몇몇 저자는 공선성 자체를 서로 강한 연관성이 있는 두 변수로 지칭하고, 다중공선성을 서로 강한 연관성이 있는 둘 이상의 변수가 있는 경우로 구분한다. 보다 일반적으로는 두 상황 모두 다중공선성에 포함되고 필자는 이 책 전체에서 이 용어를 사용할 것이다.

두 변수는 사실 같은 변수이기 때문이다. 그러나 실수가 아니라면 이처럼 완전히 동일한 두 변수를 모형에 투입하는 경우는 별로 없다. 보다 일반적인 경우는 완전히 일치하지는 않지만 서로 구별하기 어려운 변수를 모형에 포함하는 경우이다. 예를 들어 핍스(Phibbs)와 동료들은 신생아 사망에 대한 그들의 분석에서 출생체중과 재태 기간(gestational age) 사이에 너무 큰 연관성이 있어 두 변수를 신생아 사망을 설명하는 모형에 동시에 포함할 수 없었다.[2]

다중공선성을 가진 변수를 모형에 투입해보면 각 변수의 계수(8장 3절)의 표준오차가 매우 커지고 신뢰구간이 넓어지는 것을 볼 수 있다. 결과적으로 계수는 매우 불안정해지고 각 변수의 중요성을 적절히 판단하기 어려워진다. 그러나 모형 자체의 유의성에는 문제가 발생하지 않는다. 따라서 다변수 모형 자체는 통계적으로 유의하지만 개별 계수의 추정값이 유의하지 않다면 다중공선성이 있는지 점검해보는 게 좋다.[3]

2 다중공선성을 어떻게 확인할까?

상관계수(correlation coefficient, 피어슨 상관계수 또는 r)는 두 변수가 서로 얼마나 강한 상관성을 가지는지 측정하는 단변수 통계량이다. 상관계수는 두 변수의 관계가 선형이라고 가정하며 -1에서 1 사이의 값을 가진다. 만약 상관계수가 -1이거나 1이면 두 변수는 완전한 대응관계에 있어 한 변수의 값을 알면 다른 변수의 값도 알 수 있다. 0은 상관관계가 전혀 없음을 의미한다. 상관계수의 제곱에 100을 곱하면 두 변수가 값을 공유하는 정도를 0%-100% 척도로 구할 수 있다.

정의

상관계수는 두 변수가 서로 얼마나 강한 상관성을 가지는지 검정하는 단변수 통계량이다.

2 Phibbs, C. S., Bronstein, J. M., Buston, W., et al. (1996). "The effects of patient volume and level of care at the hospital of birth on neonatal mortality." *JAMA*, 276, 1054–1059.

3 Computing Center at University of Kentucky. "Multicollinearity in Logistic Regression." http://www.uky.edu/ComputingCenter/SSTARS/MulticollinearityinLogisticRegression.htm.

화씨온도와 섭씨온도의 상관계수는 1.0이다. 두 변수는 100% 동일한 정보를 서로 공유한다. 반면 비타민 B_{12} 수치와 예방접종에 의한 폐렴쌍구균 항체 역가 사이의 상관계수는 0.61이었다[그림 3-1]. 이 경우 두 변수는 약 37%($0.61^2 \times 100 = 37$)의 정보를 공유한다.

모든 독립변수에 대한 상관행렬을 그려보면 상관관계를 확인할 수 있다. 일반적으로 상관계수가 0.9 이상인 경우 다중공선성 문제를 일으킨다. 그러나 상관계수가 0.8 정도라 하더라도 얼마든지 다중공선성이 존재할 수 있다. 또한, 행렬에서 모든 상관관계가 0.8보다 작더라도 다중공선성 문제가 없다고 보장할 수는 없다.

TIP

상관계수가 0.8보다 큰 두 변수가 모형에 있을 경우 다중공선성 문제를 일으킬 수 있다.

상관행렬만으로 다중공선성을 진단하는 것이 충분하지 않은 이유는 상관행렬은 두 변수 사이의 관계에 대한 정보만을 제공하기 때문이다. 서로 상관성을 가지는 3개 혹은 그 이상의 독립변수도 역시 다중공선성 문제를 일으키며, 이에 대한 진단은 더 어렵다. 4장 2절에서 명목형 변수를 다중 이분형 변수(더미변수)로 변환하는 개념을 다루었다. [표 4-1]을 다시 살펴보면, 라틴/히스패닉계, 아시아인/폴리네시아인, 아메리카 원주민 및 기타 비백인 인종에 대한 값이 '0'(아니오)인 경우 자연적으로 백인에 해당하므로, 백인에 대한 변수를 따로 만들 필요가 없다고 했던 것이 기억날 것이다. 만약 기준 집단인 백인을 포함하여 모든 인종을 이분 변수로 변환하여 모형에 포함하면 어떻게 될까? 이분형 변수의 값을 조합해보면 나머지 한 변수의 값을 완벽하게 설명할 수 있는 상황이 된다. 다음 질문에 답해보자.

1. 만약 백인을 제외한 다섯 변수 중 하나라도 '1'이라는 값을 가진다면, 백인에 대한 변수가 가지는 값은 '1'인가 아니면 '0'인가?
2. 만약 백인을 제외한 다섯 변수가 모두 '0'이라는 값을 가진다면, 백인에 대한 변수가 가지는 값은 '1'인가 아니면 '0'인가?

굳이 백인 변수에 대한 값을 찾지 않더라도 첫 번째 질문에 대한 답은 '0'이며, 두 번째 질문에 대한 답은 '1'이라는 것을 알 수 있다. 이러한 경우가 바로 여러 독립변수의 조합으로 다른 한 변수의 값을 완벽하게 설명할 수 있는 상황이다. 따라서 백인을 지칭하는 변수를 별도로 추가하는 경우 다중공선성에 의해 잘못된 분석 결과를 얻게 된다.

그렇다면 어떤 한 변수의 값을 다른 변수의 조합으로 예측 가능한지 판단할 수 있는 방법이 있을까? 이와 관련된 두 척도로는 공차한계(tolerance)와 이의 역수인 분산팽창인자(variance inflation factor, VIF)가 있다. 두 가지 모두 특정 독립변수의 회귀계수가 다른 독립변수로 얼마나 설명 가능한지를 나타낸다.

다중공선성은 독립변수와 결과변수 사이의 관계가 아닌 여러 독립변수들 사이의 연관성을 검정하므로 다변수 분석의 종류와 연관이 없다. 일반적으로 통계 프로그램에서 다중공선성 분석은 선형 회귀분석과 관련된 도구와 함께 위치하고 있다. 그러나 로지스틱, 비례위험 모형 또는 포아송 회귀분석의 경우에도 선형 회귀분석 안에 있는 다중공선성 분석을 사용해도 관계없다. 왜냐하면 다중공선성을 확인하는 과정에는 결과변수나 다변수 분석의 형태가 전혀 관여하지 않기 때문이다.

TIP

다른 형태의 다변수 모형을 분석하더라도 통계 패키지의 선형 회귀분석 모듈에서 공차한계와 분산팽창인자를 계산하는 기능을 사용한다.

통계량으로 다중공선성의 존재 여부를 확실하게 판단할 수 있는 기준은 정해져 있지 않다. 일반적으로 공차한계 값이 0.25보다 작으면 문제의 여지가 있고, 0.10보다 작으면 심각하다고 판단한다. 반면 공차한계의 역수 값인 분산팽창계수는 2.5보다 크면 문제가 있을 수 있고, 10보다 크면 심각한 문제가 있다고 판단한다.[4]

다중공선성이 의심될 때는 추가 분석을 통해 어떤 변수가 문제가 되는지 파악할 수 있다. 문제가 되는 변수를 결과변수로 넣고 나머지 변수를 독립변수로 넣은 다음 회귀분석을 시행해보자. 이를 통해 어떤 변수가 문제가 되며, 모형에 어떤 변수를 남겨두어야 할지 정할 수 있다.

4 추가적인 다중공선성 진단 척도와 언제 문제가 될지에 대해서는 다음을 보라. Glantz, S. A. and Slinker, B. K. (1990). *Primer of Applied Regression and Analysis of Variance*. New York, NY: McGraw-Hill, pp. 181–199.

모형은 전체적으로 통계적 유의성을 보이는데 이에 포함된 어떠한 독립변수도 유의하지 않을(5장 1절) 뿐 아니라 분석 모형에 변수를 추가하거나 제거할 때 다른 변수의 추정계수가 크게 흔들린다면 역시 다중공선성 문제를 의심해보아야 한다.

TIP

다변수 모형에서 한 변수를 추가하거나 제거했을 때 다른 변수의 계수 추정값이 크게 흔들리면 다중공선성 문제를 의심할 수 있다.

3 다중공선성을 보이는 변수들을 어떻게 해야 할까?

매우 긴밀히 연관된 변수가 있다면 다음의 방법들을 고려한다.

- 변수 제거
- '그리고/또는' 조합 사용
- 새로운 척도 생성

만약 모형에서 변수를 제거하기로 했다면 어떤 것을 택할까? 이론적으로 덜 중요하거나, 결측값이 많거나, 측정오차가 비교적 크거나, 다른 측면에서 덜 만족스러운 변수를 제외하는 것이 좋다. 앞에서 제시한 태아 사망 연구 예시에서 연구자들은 출생체중을 그대로 두고 재태연령(gestational age) 변수를 제외했다. 출생체중 변수에 비해 결측값이 더 많고 자료의 신뢰성 또한 떨어지기 때문이다. 그런데 아이러니하게도 이론적으로 재태연령이 태아 사망을 설명하는 데 더 중요한 인자다. 태아 발달 수준의 결정적인 요인은 체중보다는 재태연령이기 때문이다. 따라서 해당 연구에서는 두 변수[재태연령에 비해 저체중(yes/no), 재태연령에 비해 과체중(yes/no)]를 추가로 만들어 체중으로써 재태연령을 잘 설명하기 어려운 경우를 보정하였다.

TIP

변수를 제외해야 한다면 이론적으로 중요성이 떨어지는 변수, 결측값이 많거나 측정오차가 더 큰 변수, 혹은 다른 여러 측면에서 신뢰하기 어려운 변수를 우선적으로 제거한다.

'그리고/또는' 조건의 사용은 동일한 수준에서 발생하며 서로 밀접한 관계에 있는 변수들에 적용하기 좋은 방법이다. 예를 들어 폐렴 환자에게 발한이나 오한이 있었는지 문진한다고 했을 때 이들 두 변수는 매우 큰 상관성을 가질 것이다. 오한은 발한이 심할 때 나타나는 증상이기 때문이다. 그러나 오한을 호소하는 환자 중 일부는 선행하는 발한을 인지하지 못하기도 한다. 반면 발한을 인지한 환자는 오한을 예방하기 위해 아스피린을 복용하기도 한다. 이 경우 또 하나의 새로운 변수 '발한 그리고/또는 오한'을 만들면 된다. 둘 중 한 가지 이상의 증상을 경험한 환자는 이 변수의 값으로 '1'을 가질 것이고 둘 다 경험하지 않은 경우에만 그 값으로 '0'을 가질 것이다.

새로운 척도를 만드는 방법은 주로 심리학 혹은 사회학적 자료를 다룰 때 사용된다. 한 개체의 한 특성을 설명할 수 있는 여러 개의 변수를 모아서 합계를 내거나 평균을 계산하여 하나의 척도 변수를 만든다(6장 5-3-3절). 보통 이러한 연구에서는 질문과 응답의 신뢰성을 높이기 위해 대상자에게 유사한 질문을 여러 개 던진다. 그리고 사전에 이러한 질문을 하나의 척도로 바꿀 계획으로 설문지를 설계한다. 혹은 요인분석(6장 5-3-4절)을 통해 서로 유사한 정보를 제공하는 질문을 파악하는 수도 있다.

다중공선성 관계에 있는 변수를 다루기 위한 위 기법은 표본수가 부족해서 모형에 포함되는 독립변수의 수를 줄여야 할 때 유용하게 사용할 수 있다. 그러나 모형에서 각 변수가 그다지 긴밀한 관계에 있지 않다면 별 도움이 되지 않는다. 모형에 포함된 독립변수의 수를 줄이는 여러 방법에 대해서는 6장 5절에서 자세히 다룰 것이다.

chapter

6

다변수 모형의 구축

1. 어떤 변수가 다변수 모형에 꼭 포함되어야 할까?
2. 어떤 변수가 교란변수일까?
3. 어떤 변수를 제외할까?
4. 분석에 얼마나 많은 표본이 필요할까?
5. 표본수에 비해 독립변수가 너무 많을 때 어떻게 할까?
6. 독립변수에 결측값이 있으면 어떻게 할까?
7. 결과변수에 결측값이 있으면 어떻게 할까?

1 어떤 변수가 다변수 모형에 꼭 포함되어야 할까?

언뜻 보기에는 단순한 질문이다. 연구 주제와 관련된 위험요인 및 이에 영향을 줄 수 있는 교란요인은 반드시 모형에 포함되어야 한다. 그러나 어떤 변수가 잠재적 교란요인에 해당하는지 결정하는 것은 쉽지 않다. 반면 외생변수, 불필요한 변수, 결측이 많은 변수, 또는 주요 위험요인과 결과변수 사이에 중개요인으로 작용하는 변수는 제외해야 한다.

모형에 어떤 변수를 포함하거나 제외하면 좋을지 [표 6-1]에 정리해두었다.

2 어떤 변수가 교란변수일까?

이론적 배경 혹은 이전 연구에서 보고된 교란요인이 모두 해당된다. 주제에 따라 다르겠지만 위험요인이나 결과변수와 연관성이 있다고 알려진 요인은 수없이 많을 것이다. 예를 들어 심혈관질환을 연구할 때는 연령, 성별, 흡연상태, 고혈압, 당뇨, 비만, LDL콜레스테롤 수치, HDL콜레스테롤 수치, C-반응성 단백질 수치, 아스피린 복용 및 베타 차단제 복용 여부와 같은 요인을 반드시 교란변수로 함께 분석해야 한다. 이 인자들이 심혈관질환에 영향을 준다는 것은 너무나도 잘 알려진 사실이기 때문이다.

그러나 통계적 관점에서 교란요인의 경험적 기준을 만족하는 변수 또한 잠재적 교란변수로 고려해야 한다. 위험요인과 결과변수 사이에서 중개 작용을 하는 변수가 아닌 경우(6장 3절), 단변수 분석에서 충분히 높은 연관성을 보인 독립변수 또한 주요 고려 대상이다.

TIP

이론적 배경 혹은 이전 연구에 따라 교란요인으로 제시된 변수는 교란변수로서 다변수 모형에 포함한다.

[표 6-1] 다변수 모형에 포함하거나 제외할 변수

추가해야 할 변수들	제거해야 할 변수들
위험요인	외생변수(결과변수의 인과적 경로에 영향을 미치지 않는 변수)
이론적 기반, 사전 연구 및 경험적 발견에 근거한 잠재적 교란요인	불필요한 변수 결측값이 많은 변수 중개변수(위험요인과 결과변수의 인과적 경로 중간에 작용하는 변수)

그렇지만 어느 정도 이상의 연관성을 보이는 변수를 교란요인으로 볼 것인지에 대한 절대적인 기준은 없다. 연구자들은 가급적 많은 변수를 모형에 포함하려고 한다. 즉, 연관성 크기와는 무관하게 결과변수와의 연관성에 대한 유의수준이 낮은(p값이 0.2 또는 0.25보다 작은 경우) 변수를 모두 포함하는 것이 일반적이다. 경험적 기준에 따라 다변수 모형에 포함할 변수를 선택할 때, 억제 효과가 있는 변수는 단변수 분석에서 연관성이 거의 없는 것으로 나타날 수 있다는 사실을 잊어서는 안 된다. 1장 3절의 AIDS 사례에서 단변수 분석에서는 지도부딘의 사용과 혈청전환 사이에 유의성을 보이지 않았음에도 다변수 분석 결과 지도부딘은 혈청전환에 유의한 영향을 미치는 것으로 나타난 것을 떠올려보자.

TIP

위험요인과 결과변수에 대한 단변수 분석에서 연관성이 있는 변수를 다변수 모형에 포함한다.

경험적 기준에 맞지 않더라도 이론적으로 중요하거나 이전 연구에서 교란요인으로 알려진 변수는 반드시 모형에 포함해야 한다. 관련 사례로 스펜서(Spencer)와 동료들은 급성 관상동맥 증후군 환자에서 스타틴 요법의 효과에 대한 연구(2장 3절)에서 결과변수와의 단변수 분석 결과 p값이 0.25보다 작은 변수를 다변수 모형에 포함하였다.[1] 이후 순차적 선택 방법(7장 8절)을 이용해 결과변수와의 관련성에 대한 p값이 0.05보다 큰 변수는 제외했다. 그러나 관상동맥 증후군과 임상적으로 관련성이 높다고 알려진 연령, 성별,

1 Spencer, F. A., Allegrone, J., Goldberg, R. J., et al. (2004). "Association of statin therapy with outcomes of acute coronary syndromes: The Grace study." *Ann. Intern. Med*, 140, 857–866.

고지혈증 병력 변수는 통계적 유의성과 관계없이 최종 모형에 포함하였다.

3 어떤 변수를 제외할까?

정확한 모형을 얻기 위해서 모형에 포함할 변수를 정하는 것만큼이나 제외할 변수를 정하는 것 또한 중요하다[표 6-1]. 우선, 결과변수에 대한 인과적 경로에 있지 않은 외생(extraneous) 변수는 제외해야 한다. 예를 들어 대규모 국민건강영양조사(NHANES) 자료를 이용하여 HIV 유병률을 추정하는 모형을 개발할 때 운전 시 안전벨트 착용 여부의 중요성은 낮을 것이다. 비록 안전벨트 사용 여부와 건강한 성생활과 연관성이 존재할 수 있더라도(건강에 신경 쓰는 사람은 안전벨트를 착용하고 콘돔을 사용할 가능성이 높다는 가정 하에) 안전벨트의 착용 여부는 성생활에서 HIV 감염으로 이어지는 인과적 경로에 있지 않으므로 이로 인해 모형의 오차만 늘어나고 결과 해석을 어렵게 만들 것이다.

불필요한 변수를 제거하는 일은 중요하다. 다변수 분석의 강점은 여러 독립변수가 결과변수에 미치는 고유한 기여도를 알 수 있다는 데 있다. 그러나 두 변수가 긴밀한 관계에 있는 경우 두 변수의 영향을 제대로 분리할 수 없다. 이 문제를 다중공선성(multicollinearity, 5장)이라고 한다. 예를 들어 HIV 감염자에서 항바이러스제 병용 요법과 관련된 요인을 밝히기 위한 연구에서 민족성(ethnicity)과 문화 적응성(acculturation)은 다중공선성을 지니는 것을 확인하였고, 연구자들은 이 중 문화 적응성을 모형에서 제외하였다.[2]

중복되는 특성을 지닌 두 변수 중 하나를 선택할 때는 이론적 측면에서 중요성이 높고 결측값과 측정오차가 더 적은 변수를 택한다.

> 중복되는 특성을 지닌 두 변수 중 이론적인 측면에서 중요성이 높고 결측값과 측정오차가 더 적은 변수를 선택한다.

2 Golin, C. E., Liu, H., Hays, R. D., et al. (2002). "A prospective study of predictors of adherence to combination antiretroviral medication." *J. Gen. Intern. Med*, 17, 756–765.

결측값이 너무 많은 변수를 제외하는 것 역시 중요하다. 결측은 단변수 분석보다 다변수 분석에서 더 심각한 문제가 된다. 어느 한 변수가 결측인 개체는 다른 모든 변수가 모두 유효한 값을 가지고 있더라도 다변수 분석에서 제외되기 때문이다.

개체가 제외될수록 표본크기가 감소하므로 결국 분석 결과의 검정력 또한 감소한다. 뿐만 아니라 결측값이 존재하여 분석에서 제외된 개체는 그렇지 않은 개체와 구별되는 특성을 가지고 있을 수도 있다. 이 경우 체계적 선택 편향이 발생하여 부적절한 분석 결과를 얻게 될 수 있다. 분석할 수 있는 개체를 많이 잃는 것보다는 변수를 한두 개 잃는 것이 더 낫다. 그러므로, 결측값이 많은 변수는 제외하는 게 좋다.

TIP

결측이 있는 경우 표본수를 줄이기보다는 문제가 되는 변수를 제외하는 편이 낫다.

그러나 결측값이 많은 변수가 반드시 분석에 포함되어야 하는 중요한 변수일 수도 있다. 이 경우 변수를 모형에 포함시키되 논문의 독자들에게 결측값으로 인해 연구 결과가 편향되었을 수 있음을 알려야 한다. 결측값이 있는 개체와 그렇지 않은 개체 사이에 중요한 특성의 차이가 없다면, 연구 결과에 결측으로 인한 중대한 편향이 존재하지 않을 것이라는 확신을 줄 수 있다. 또 다른 대안으로 결측값을 특정 값으로 대체하여 모든 개체를 분석에 활용할 수 있도록 하는 방법도 있다(6장 6절).

결과변수의 인과적 경로 중간에 놓인 변수 역시 제외해야 한다. 이러한 변수를 중개변수(intervening variable)라고 한다. 그런데 앞에서는 결과변수의 인과적 경로에 없는 변수를 제거하라고 해놓고, 여기서는 인과적 경로에 있는 변수 또한 제거해야 한다고 하는 이유가 무엇일까?

정의

중개변수는 결과변수의 인과적 경로에 있는 변수이다.

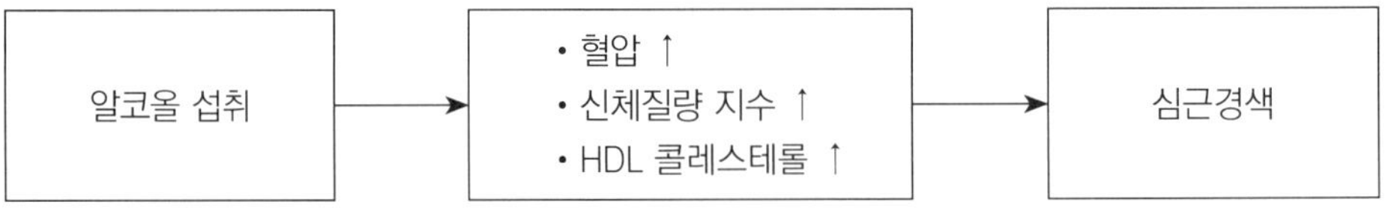

[그림 6-1] HDL 콜레스테롤은 알코올 섭취에서 관상동맥 질환으로 이어지는 인과경로 중간에 작용하는 중개변수가 된다.

중개변수를 통계적으로 보정하면 정작 보여주고자 하는 중요한 효과가 상쇄될 수 있다. 예를 들어 적정 수준의 알코올 섭취는 관상동맥 질환 발생을 낮추는 것과 연관성이 있다고 알려져 있다. [그림 6-1]에서 보는 것처럼 적정 수준의 알코올 섭취는 HDL 콜레스테롤, 즉 '좋은 콜레스테롤' 수치를 증가시키는 것으로 생각된다.

만약 HDL 수치를 보정하면 알코올 섭취는 관상동맥 질환의 발생에 아무 효과를 주지 않는 결과를 얻게 된다. 그러나 이 결과는 올바르다고 할 수 없는데, 알코올 섭취는 관상동맥 질환의 발생과 인과적 관계에 있으나 그 효과가 HDL 콜레스테롤에 의해 매개되기 때문이다. 이러한 문제를 과대보정(overadjustment)이라고 한다.[3]

TIP

중개변수로 보정할 경우 보여주고자 하는 주요 효과가 상쇄될 수 있다.

안타깝게도 특정 변수가 교란요인인지 혹은 중개변수인지 구별할 수 있는 통계적 방법은 없다. 통계적 관점에서 교란요인과 중개변수는 같은 방식으로 영향을 미친다. 따라서 변수를 교란요인으로 판단하고 모형에 포함할지, 반대로 중개변수로 판단하고 모형에서 제외할지 결정하는 것은 연구자의 몫이며, 이전 연구 결과와 생물학적 개연성을 근거로 판단해야 한다.

TIP

통계적 측면에서 교란요인과 중개변수는 같은 방식으로 작용한다.

3 Szklo. M. and Nieto, F. J. (2000). *Epidemiology: Beyond the Basics*. Gaithersburg: Aspen Publishers, p. 333.

한편 위험요인이 결과변수에 영향을 미치는 방식이 중개변수에 의한 것인지 검정하기 위해 이를 모형에 포함하기도 한다. 먼저 중개변수가 제외된 첫 번째 모형을 적합하고 이후 중개변수를 포함한 두 번째 모형을 적합한다. 만약 중개변수에 의한 영향이 맞다면 첫 번째 모형에서와 달리 두 번째 모형에서는 위험요인과 결과변수 사이의 유의성이 소실되거나 약화될 것이다. 이는 위험요인이 어떠한 기전으로 결과변수에 영향을 미치는지 파악하는 데 도움이 된다. 단, 위험요인과 결과변수 사이의 연관성은 모형에 교란요인을 포함시켰을 때도 줄어들 수 있음을 기억해야 한다.

4 분석에 얼마나 많은 표본이 필요할까?

다변수 분석에서 필요한 표본크기는 단변수 분석에서처럼 자료의 변동성이나 필요한 효과크기에 따라 달라진다. 위험요인과 결과변수 사이의 연관성이 약한 경우(예: 오즈비 1.5)에 이 연관성을 증명하기 위해서는 연관성이 강한 경우(예: 오즈비 4.0)에 비해 더 많은 수의 표본이 필요하다. 표본크기가 작을수록 신뢰구간의 폭이 넓어진다. 또한, 오즈비가 1.0에 가까울수록 신뢰구간이 1을 포함할 가능성 또한 높아진다. 마찬가지로 영가설(오즈비가 1.0으로 연관성이 없음)을 증명할 수 있는 방법은 없지만 표본크기가 크다면 실제 존재하는 연관성을 놓치게 될 가능성은 낮다. 변동성이 큰 변수(예를 들어 표준편차가 큰 경우)의 유의한 차이를 증명하기 위해서는 더 큰 크기의 표본이 필요하다.

TIP

효과크기가 작을수록 통계적 유의성을 얻기 위해 더 큰 크기의 표본이 필요하다.

TIP

측정된 변수의 변동성(산포도)이 클수록 통계적 유의성을 얻기 위해 더 큰 크기의 표본이 필요하다.

표본크기를 결정하는 과정을 검정력 계산(power calculation, 특정 결과를 포착하기 위한 힘)이라고 한다. 이 과정은 복잡해서 의학통계학자의 자문이 필요할 수도 있다. 하지만, 우선 간단하게 단변수 분석에 필요한 표본크기를 결정해보자. 검정력 계산을 위한 무료 프로그램도 있다.[4] 만약 계산 결과 단변수 분석에서 표본크기가 부족하다면 다변수 분석에서도 표본크기가 부족할 것이다. 반면, 단변수 분석에서 충분한 표본크기를 확보했다면 여전히 다변수 분석에서도 그 크기가 충분한지 확인해볼 차례다.

정의

검정력(power) 계산은 특정 결과를 얻기 위해 필요한 표본크기를 결정하는 절차다.

TIP

검정력 계산 결과 단변수 분석에서 효과를 보이기 위한 충분한 표본수를 확보하지 못했다면, 다변수 분석에서도 표본수가 부족할 것이다.

다변수 표본크기 계산을 실행하는 가장 쉬운 방법은 컴퓨터 프로그램을 이용하는 것이다. Power and Precision은 다중 회귀분석과 다중 로지스틱 회귀분석에 필요한 표본크기를 계산한다(http://www.power-analysis.com/specifications.htm). NCSS Statistical and Power Analysis Software(PASS)는 다중 선형 회귀분석, 다중 로지스틱 회귀분석, 비례위험 분석과 포아송 회귀분석에서 필요한 표본크기를 계산한다(http://www.ncss.com). 그러나 연구에 필요한 표본크기를 계산하는 데 경험이 충분하지 못하다면 의학통계학자의 자문을 받는 것이 좋다.

4 표본크기를 계산할 수 있는 다음과 같은 무료 프로그램이 있다. Statistical Considerations for Clinical Trials and Scientific Experiments by David Schoenfeld (http://hedwig.mgh.harvard.edu/sample_size/quan_measur/defs.html); Simple Interactive Statistical Analysis (SISA) (http://home.clara.net/sisa/sampshlp.htm).
다음 책의 7장에서 표본크기를 계산하는 컴퓨터 프로그램이 필요로 하는 값들에 대한 설명을 볼 수 있다. Katz, M.. (2006). *Study Design and Statistical Analysis: A Practical Guide for Clinicians*. Cambridge University Press.
컴퓨터 프로그램 없이 간단하게 표본크기를 계산하는 방법에 대해서는 다음을 참고하길 바란다. Hulley, S., Cummings, S. R., Browner, W. S., et al. (2001). *Designing Clinical Research*. 2nd edn. Baltimore, MD: Lippincott Williams and Wilkins, pp. 65–91.

표본크기를 계산할 때는 알파(일반적으로 0.05, 양측 검정)와 베타(일반적으로 0.2) 값을 설정해야 한다.

Power and Precision 프로그램에서 다중 회귀분석 설계에 필요한 표본크기를 계산하려면, 연관성을 증명하려고 하는 변수(예: 위험요인)의 수와 공변량으로 포함될 변수(예: 잠재적 교란요인)의 수를 지정해야 한다. 또한, 위험요인과 공변량의 여러 조합에서 각 조합의 설명력에 해당하는 R^2 통계량(8장 2-1절)의 기대되는 증가의 정도를 지정해야 한다. 더 복잡한 모형(예: 상호작용항이 있는 선형 회귀모형, 위험요인과 이의 제곱항, 세제곱 항이 있는 선형 회귀모형)에 필요한 표본크기도 이 프로그램에서 계산할 수 있다.

PASS 프로그램은 다소 다른 매개변수를 사용하는데, 귀무가설을 가정할 때의 기울기와 대립가설을 가정했을 때의 기울기, 그리고 독립변수 및 결과변수의 표준편차를 지정해야 한다. 대립가설에서의 기울기와 독립변수의 표준편차 외에도 잔차의 표준편차를 계산하는 데 종속변수의 표준편차가 필요하다. 이 프로그램에서는 잔차의 표준편차를 계산하는 방법도 제공한다.

Power and Precision 프로그램으로 로지스틱 회귀분석에서 필요한 표본크기를 계산하려면 각 집단의 상대비율을 지정해야 한다(예: 각 집단별 개체 수가 같으면 1:1, 한 집단의 개체 수가 다른 집단의 두 배일 경우 2:1). 이 프로그램에는 범주형 변수(예: 네 가지 범주의 인종)를 입력하면 자동으로 기준 범주를 갖는 다중 이분형 변수를 생성해주는 편리한 기능이 있다.

연속형 독립변수가 포함된 다중 로지스틱 회귀분석의 표본크기를 결정하려면 각 독립변수의 평균과 표준편차, 독립변수의 평균값 지점에서 사건의 비율(event rate at the mean, 평균값에서의 사건 비율은 모든 변수에서 동일하다), 다른 지점에서의 사건의 비율을 지정해야 한다. Power and Precision 프로그램에서는 2개의 연속형 독립변수를 포함할 수도 있는데, 이 경우 두 변수의 상관계수와 부호를 지정해야 한다.

PASS 프로그램에서 다중 로지스틱 회귀분석에 필요한 표본크기를 계산하려면 기준확률(이분형 공변량 값이 0이거나 연속형 공변량 값이 평균과 같을 때의 사건의 비율), 기대 오즈비, 관심 독립변수를 다른 독립변수를 이용해 회귀분석(관심 독립변수를 결과변수로 두고 나머지 변수를 독립변수로 설정한 회귀모형)했을 때의 R^2를 지정해주어야 한다.

비례위험 분석에 필요한 표본크기도 PASS 프로그램으로 계산할 수 있다. 이때 연구기간 동안 중도절단되지 않은 개체 중 사건이 발생한 비율인 발생률을 지정해야 한다. 또한 기대되는 비례위험의 자연로그 값과 관심 독립변수를 다른 독립변수로 회귀분석했을 때의 R^2(관심 독립변수를 결과변수로 두고 나머지 변수를 독립변수로 설정한 회귀모형)를 지정해야 한다.

PASS 프로그램으로 포아송 회귀분석에 필요한 표본크기를 결정할 때 기준 반응률과 반응률비(독립변수의 한 단위 변화에 의한 반응률을 기준 반응률로 나눈 값), 평균 노출 기간, 반응변수의 phi(과산포 모수), 그리고 관심 독립변수를 다른 독립변수로 회귀분석했을 때의 R^2(관심 독립변수를 결과변수로 두고 나머지 변수를 독립변수로 설정한 회귀모형)를 지정해야 한다.

비록 표본크기를 계산하는 과정을 근본적으로 대체할 수는 없지만, 다중 로지스틱 회귀분석이나 비례위험 분석을 설계할 때는 모형에 포함되는 독립변수 하나당 최소 10개의 결과 발생이 필요한 것으로 알려져 있다(rule-of-thumb).[5] 독립변수당 20개의 표본수가 아니라 결과 발생 10개라는 표현을 사용하는 이유는(표본의 절반에서 결과가 발생하는 경우 이 둘은 같은 값이다) 특정 결과의 발생에 대해 모형을 만들고 있기 때문이다. 대부분의 의학 연구에서 절반 미만의 대상자가 질병에 걸린다(예: 암이나 심장질환). 따라서 1,000명이 넘는 대상자가 포함된 자료가 있다고 하더라도 그중에서 질병에 걸린 환자가 5명 미만이라면 분석을 해도 충분한 통계적 검정력을 확보할 수 없다. 모형은 단 5명의 환자를 대상으로 결과 발생의 가능도를 추정하기 때문이다. 사건의 발생(예: 5명)과 발생하지 않음(예: 995명)의 두 가지 결과 중 더 큰 결과(사건 발생하지 않음)의 가능도를 추정하는 것은 의미가 없다. 사건의 발생과 발생하지 않음은 수학적으로 동일하며, 사건 발생에 대한 가능도는 사건 발생하지 않음에 대한 가능도를 1에서 뺀 값과 같다. 따라서 필요한 표본의 크기는 두 가지 결과 중 더 작은 결과에 따라 결정된다.

TIP

일반적으로 다중 로지스틱 회귀분석과 비례위험 모형에서는 모형에 포함되는 독립변수 1개당 10개 이상의 결과 발생이 필요하다.

5 Peduzzi, P., Concato, J., Kemper, E., et al. (1996). "A simulation study of the number of events per variable in logistic regression analysis." *J. Clin. Epidemiol*, 49, 1373–1379; Peduzzi, P., Concato, J., Feinstein, A. R., et al. (1995). "Importance of events per independent variable in proportional hazards regression analysis II. Accuracy and precision of regression estimates." *J. Clin. Epidemiol*, 48, 1503–1510; Harrell, F. E., Lee, K. L., Matchar, D. B., et al. (1985). "Regression models for prognostic prediction: Advantages, problems, and suggested solutions." *Cancer Treat. Rep*, 69, 1071–1077.

하지만, 1개의 독립변수당 10개의 결과 발생이 필요하다는 기준은 단지 참고 사항일 뿐이다. 이를 만족하지 못한다고 해서 연구 결과가 저명한 학술지에 게재될 수 없는 것은 아니다[6장 5-1절에서 챔버스(Chambers)와 동료들의 연구 사례를 보라]. 반대로 이 기준을 만족한다 하더라도 연구의 가설을 검정하기에 표본수가 부족할 수도 있다. 예를 들어 결과 발생과 관련된 이분형 변수 중에서는 특정 범주에 속하는 개체 수가 적은 경우가 있을 것이다. 필요한 표본의 크기가 결과 발생 유무 중 더 작은 쪽에 좌우되는 것처럼, 결과 발생과 연관된 특정 독립변수의 효과를 나타내기 위한 표본의 크기도 이분형 독립변수가 가지는 범주 중 더 적은 것에 좌우된다.

더 쉽게 이해하기 위해 다음 사례를 살펴보자. 슈바르츠(Schwacz)와 동료들은 HIV 감염 환자가 주폐포자충증(pneumocystis pneumonia, PCP)을 진단받기 전에 PCP 예방요법을 받는 것과 관련된 요인을 찾기 위해 로지스틱 회귀분석을 시행했다.[6] PCP로 진단받은 총 326명의 환자 중 이전에 예방요법을 받은 환자는 114명(35%)이었고 그렇지 않은 환자는 212명(65%)이었다. 모형은 6개의 독립변수를 포함하고 있다. 즉 둘 중 더 작은 집단은 114명이었는데, 앞에서 언급한 기준에 따르면 더 작은 집단에 60명 이상 존재했으므로 표본크기에는 문제가 없어 보였다.

[표 6-2]를 보면 로지스틱 회귀분석 결과 PCP 진단 이전 예방요법을 받았을 가능도(likelihood)가 두 요인(비백인, 보험 없음)에서 유의하게 낮다(보정된 p값<0.05). 두 요인 모두 오즈비의 신뢰구간이 1을 포함하지 않고 있으며 구간의 폭이 충분히 좁다는 점에 주목하자.

반면 성별은 예방요법 시행 여부와 유의한 결과를 보이지 않았고 오즈비는 0.81이었다. 그러나 성별이 중요하지 않은 변수라고 결론 짓기 전에 오즈비의 신뢰구간이 0.06에서 10.12로 매우 넓다는 데 주목해야 한다. 다시 말해 PCP 진단 전 예방요법을 받았을 가능도가 남성에 비해 여성에서 1/16배거나 10배가 넘는다는 뜻이다. 이는 과학적으로 의미를 두기 힘든 결과다. 전체 표본을 살펴보면 단지 7명(2%)의 여성만이 있었다. 그 결과 모형은 여성 인구 집단에서 예방요법 시행과 관련된 요인을 추정하는 데 어려움을 겪었을 것이고, 결국 위험 추정값에 대해 매우 큰 표준오차와 넓은 신뢰구간을 가지게 된 것이다.

6 Schwarcz, S. K., Katz, M. H., Hirozawa, A., et al. (1997). "Prevention of Pneumocystis carinii pneumonia: Who are we missing?" *AIDS,* 11, 1263–1268.

[표 6-2] PCP를 진단받은 AIDS 환자 중 PCP에 대한 예방요법을 받은 환자의 특성

특성		PCP 예방요법을 받지 않음 *n*(%)	PCP 예방요법을 받음 *n*(%)	보정된 *p*값	보정된 오즈비	95% 신뢰구간
전체		212 (65.0)	114 (35.0)			
연령	35세 미만	61 (69.3)	27 (30.7)		1.0 (기준)	
	35세 이상	151 (63.5)	87 (36.6)	0.55	1.19	0.68, 2.07
인종	비백인	74 (77.9)	21 (22.1)		0.49	0.28, 0.87
	백인	138 (59.7)	93 (40.3)	0.01	1.0 (기준)	
성별	남성	206 (64.6)	113 (35.4)		0.81	0.06, 10.12
	여성	6 (85.7)	1 (14.3)	0.87	1.0 (기준)	
성적 정체성	동성/양성애자	185 (62.7)	110 (37.3)		3.19	0.78, 13.03
	이성애자	27 (87.1)	4 (12.9)	0.11	1.0 (기준)	
주사기를 이용한 마약 투여	네	35 (72.9)	13 (27.1)		1.11	0.49, 2.54
	아니오	177 (63.7)	101 (36.3)	0.8	1.0 (기준)	
보험	없음	52 (82.5)	11 (17.5)		0.35	0.17, 0.73
	공공/사보험	151 (59.5)	103 (40.6)	0.005	1.0 (기준)	

출처: Schwarcz, S.K., et al. (1997). "Prevention of Pneumocystis carinii pneumonia: Who are we missing?" *AIDS*, 11, 1263–1268.

성적 취향에 대한 변수에서도 비슷한 상황을 볼 수 있다. 이성애자는 이 중 31명(10%)뿐으로 성적 취향에 의한 오즈비 추정값의 신뢰구간 역시 매우 넓다(0.78, 13.03).

일반적으로 표준오차가 매우 크거나 신뢰구간(표준오차에 의해 결정됨)의 폭이 넓다면 표본크기가 적절치 않다는 증거가 된다. 특히 로지스틱 회귀분석과 비례위험 분석, 그리고 포아송 회귀분석에서 표본크기가 부족하면 모형이 수렴하지 않을 수도 있다. 결과의 발생빈도가 너무 적으면 정보가 부족한 나머지 컴퓨터가 모형의 방정식을 풀지 못하기 때문이다. 이 경우 설정을 바꿔가면서 어떻게든 수렴하는 모형을 만들기보다는 연구의 질문에 답을 얻을 수 있을 만큼 충분한 표본크기가 확보되었는지를 확인하는 것이 필요하다.

반면 다중 선형 회귀분석에서는 독립변수 1개당 20개 이상의 관측값(여기서는 결과 발생 건수가 아니다)을 확보할 것을 권한다.[7] 로지스틱 회귀분석이나 비례위험 분석에서와 달

7 Feinstein, A. R. (1996). *Mutlvariable Analysis: An Introduction*. New Haven: Yale University Press, p. 226.

리 결과 발생 횟수가 아닌 표본수(관측수)를 기준으로 하는 이유는, 연속형 결과변수를 다루는 다중 선형 회귀분석의 경우 모든 개체에서 결과가 발생한 것으로 간주하기 때문이다. 그러나 다른 기법과 마찬가지로 표본크기가 문제가 되는 경우 표준오차가 매우 커진다(따라서 신뢰구간도 매우 넓어진다). 비록 이 기준이 대체로 잘 맞기는 하지만, 이보다 작은 표본을 가지고 시행한 분석 결과가 타당하지 않다고 할 수는 없다. 다만 추정된 계수를 해석할 때 보다 주의할 필요는 있다.

TIP

다중 선형 회귀분석에서는 모형에 포함되는 독립변수 1개당 20개 이상의 관측값이 필요하다.

포아송 회귀분석의 단변수 분석과 다변수 분석에서도 각각에 해당하는 공식을 이용하여 필요한 표본크기를 계산할 수 있다.[8]

5 표본수에 비해 독립변수가 너무 많을 때 어떻게 할까?

만약 검정력 계산에서 표본크기가 부족하다는 결과를 얻었다면 표본수를 늘리거나 모형에 포함되는 독립변수 수를 줄여야 한다. 이 중 대상자 수를 늘리는 것이 더 바람직한 방법이나 자료 분석 단계에서는 매우 어려운 일이다. 따라서 모형에 포함되는 독립변수 수를 줄이는 방법을 주로 택하게 된다.

예를 들어 분석 모형에 20개 독립변수를 포함하고 싶지만 6장 1절과 2절에서 다룬 내용을 바탕으로 검도한 결과 현재 표본크기에 적절한 독립변수의 수가 10개라면 어떻게 해야 할까? 이미 외생변수, 불필요한 변수, 결측이 많은 변수, 중개변수를 제외한 다음이라면[표 6-1], 독립변수를 더 줄이기 위한 선택 과정이 필요하다. 이에 대한 방법은 [표 6-3]에 제시되어 있다.

8 Signorini, D. F. (1991). "Sample size for Poisson regression." *Biometrika,* 78, 446-450.

[표 6-3] 모형에서 독립변수의 수를 줄이는 방법

① 경험적으로 교란요인으로 보기 어려운 변수 제거 - 단변수 분석에서 주요 독립변수 및 결과변수와 연관성이 없는 변수 - 다변수 분석에서 주요 효과에 미치는 영향이 매우 작은 변수 - 변수 선택 기법에 의해 제외되는 변수
② 여러 변수의 값을 대표할 수 있는 하나의 변수 선택
③ 여러 변수를 하나의 점수 또는 척도 변수로 변환 - '그리고/또는' 구문 사용 - 점수 - 다중 항목 척도 - 요인분석

5-1 경험적으로 교란요인으로 보기 어려운 변수 제거

모호한 교란요인(예를 들어 각각은 영향력이 약하지만 함께 모이면 주요 효과에 큰 영향을 줄 수 있는)을 최대한 누락시키지 않기 위해서는, 잠재적 교란요인으로 모형에 포함하기 위한 명확한 기준을 설정하는 것이 좋다(6장 2절).

그러나 표본크기가 충분하지 않은 상황이라면 모형에 포함할 변수를 선택할 때 보다 엄격한 기준을 설정해야 한다. 예를 들어 단변수 분석에서 주요 독립변수와 결과변수 둘 모두에 유의한 관계를 가지는 변수만 교란요인으로 간주하여 모형에 포함할 수 있다. 두 조건을 모두 만족하지 못하는 경우 해당 변수는 교란요인이나 억제요인이라고 보기 어렵기 때문이다.

이 방법을 약간 변형하여 주효과에 미리 정한 만큼의 영향을 미치는 독립변수만 포함시키는 방법도 있다. 예를 들어 챔버스(Chambers)와 동료들은 항우울제 치료제인 플루옥세틴(fluoxetine)이 출산에 미치는 영향에 대해 연구했다.[9] 이 연구에서는 임신 초기에만 플루옥세틴을 복용했던 산모가 출산한 98명의 신생아와 임신 후기에 플루옥세틴을 복용한 산모가 출산한 70명의 신생아 두 집단에서 미숙아 비율을 비교했다. 미숙아 출산 사례는 전체에서 14건뿐이었는데, 연구자들은 모형에 들어가는 독립변수의 수를 제한하기

9 Chambers, C. D., Johnson, K. A., Dick, L. M., et al. (1996). "Birth outcomes in pregnant women taking fluoxetine." *New. Engl. J. Med*, 335, 1010–1015.

위해 주효과(두 집단의 미숙아 출산율)의 추정값을 10% 이상 변화시키는 독립변수만 모형에 포함하도록 했다. 그 결과 이 기준을 만족한 11개 변수와 이론적 이유로 선택된 2개의 변수(산모 연령과 플루옥세틴 복용량)가 모형에 포함되었다.

그러나 독립변수 13개에 비해 결과 발생(미숙아 출산)은 단 14개로 앞서 언급한 기준에 한참 미치지 못했다. 임신 후반기 플루옥세틴 노출은 미숙아 출산 위험의 증가와 연관성이 있는 것으로 나타났는데(오즈비 4.8), 결과 발생에 비해 독립변수가 많은 상황을 반영하여 오즈비의 95% 신뢰구간은 1.1에서 20.8로 매우 넓었다. 이 결과는 신뢰구간이 1을 포함하지 않으므로 플루옥세틴의 임신 후기 노출이 미숙아 출산 위험의 증가와 유의한 연관성을 가진다는 결과는 보여줄 수 있으나, 효능 대비 위험을 고려하면 오즈비 1.1과 20.8 사이의 차이는 너무 크다는 한계가 있다.

변수 선택 기법(다변수 모형에서 어떤 변수를 선택하는 통계적 절차) 또한 작은 표본크기를 해결하기 위해 사용될 수 있다. 그러나 이 방법에는 상당한 문제가 있다(7장 8절).

5-2 여러 변수를 대표할 수 있는 하나의 변수 선택

2개 이상의 변수가 서로 '어느 정도' 상관성이 있다면 이 중 다른 변수의 특성도 같이 표현할 수 있는 변수 1개를 택해 모형에 포함할 수 있다(여기서 '어느 정도'란 5장 1-3절에서 다룬 다중공선성을 지칭하는 것이 아님에 유의해야 한다). 예를 들어 미국에서 소득, 교육수준과 직업 상태는 서로 연관되어 있으나 다중공선성 문제를 야기할 만큼은 아니다. 이상적으로는 이 세 변수 모두를 모형에 포함시켜 사회경제적 수준을 보정하는 것이 좋다. 그러나 표본크기가 충분치 않다면 이 중 한 변수만 분석에 포함해 사회경제적 상태를 부분적으로 보정할 수 있다. 변수가 서로 연관되어 있지만 그중 하나만 모형에 포함해도 다른 변수의 정보 일부를 반영할 수 있다. 그러나 이들이 완전한 상관관계에 있는 것은 아니므로 그 변수에 담겨 있는 중요한 정보가 누락될 위험은 있다. 정보 손실의 정도는 상관성의 크기에 좌우된다. 어떤 변수를 제거하고 어떤 변수를 모형에 포함시킬지 결정하는 과정은 다중공선성의 경우와 같다. 이론적으로 더 우세하고, 결측이 적거나, 측정오차가 작은 변수를 선택하는 것이 좋다. 하지만, 하나의 변수를 선택하는 것보다 여러 변수를 대표할 수 있는 새로운 변수를 생성하는 것이 가능하다면, 그게 더 바람직한 방법이다.

5-3 여러 변수를 하나의 점수 또는 척도 변수로 변환

분석에서 변수를 제외하지 않고도 독립변수 수를 줄일 수 있다. 여러 변수를 한 변수로 합치는 방법인데, 그리고/또는 구문, 점수, 다항목 척도, 요인분석의 네 가지 방법이 주로 사용된다.

5-3-1 '그리고/또는' 구문 사용

서로 연관된 2개 이상의 독립변수는 '그리고/또는' 구문으로 통합할 수 있다. 예를 들어 주산기 플루옥세틴 노출이 출산에 미치는 영향에 대한 연구에서는 고혈압, 전자간증(pre-eclampsia), 자간증(eclampsia)을 하나의 변수로 통합했다. 다시 말해 고혈압, 전자간증, 자간증 세 질환 중 하나라도 있으면 이 통합 변수의 값은 '1'이 되고 셋 중 어느 하나도 해당되지 않는 경우에만 '0'이 된다. 이러한 변환은 세 질환이 모두 근본적으로 유사한 상태에 있다는 병태생리학적 근거에 기반한다. '그리고/또는' 구문은 다중공선성을 보이는 변수(자간증이 있는 모든 산모는 진단의 정의상 전자간증이 있었다)가 있거나 대상자의 대부분이 같은 값을 갖는 변수(자간증, 전자간증 등은 드문 상태이므로 질환 유무를 '예/아니오'로 코딩한다면 대부분이 '아니오'가 될 것이다)가 있는 경우 유용하다. 대상자 대부분이 같은 값을 갖는 독립변수는 추정값의 표준오차가 크고 넓은 신뢰구간을 갖는 경향이 있다.

5-3-2 점수

독립변수의 수를 줄이기 위해 각 대상자가 가진 위험요인의 수로 점수를 매길 수도 있다. 예를 들어 터너(Turner)와 로이드(Lloyd)는 일생 동안 역경에 처한 경험을 점수로 나타냈다.[10] 이 연구에서는 대상자에게 33가지 종류의 역경(예: 학교 성적 하락, 자연재해로 인한 거주지 상실, 육체적 학대 또는 손상)을 경험했는지 조사하고 이 중 몇 가지의 경험이 있는지

10 Turner, R. J. and Lloyd, D. A. (2004). "Stress burden and the lifetime incidence of psychiatric disorder in young adults." *Arch. Gen. Psych*, 61, 481–488.

점수로 합산하였다(0에서 33까지의 점수로 표시). 이 연구는 역경 경험 점수와 우울증 혹은 불안장애의 발생 사이에 유의한 연관성이 있음을 확인하였다.

5-3-3 다중 항목 척도

서로 밀접하게 연관된 질문들의 조합을 척도 변수로 하여 하나의 질문으로 평가하기 어려운 생각(예: 태도, 처방 선호도 등)을 측정하기도 한다. 척도를 사용할지 여부는 연구 설계 단계에서 이뤄지는 것이 보통이지만, 연구자들은 종종 분석 단계에서 일련의 변수들이 하나의 개념을 일관되게 평가하고 있는 것을 발견하기도 한다.

척도를 만들기 위해서는 이에 해당되는 모든 항목들을 같은 방향으로 코딩해야 한다. 예를 들어 높은 점수는 모두 좋은 쪽이 되게 한다. 또한 이들은 모두 동일한 크기의 척도를 가지도록 해야 한다. 이를 통일하지 않으면 0에서 10 척도로 측정된 변수는 0에서 5 척도로 측정된 변수에 비해 두 배나 되는 가중치를 가지게 된다. 이 경우 0에서 10 척도로 측정된 변수를 2로 나누면 0에서 5 척도와 동일한 수준으로 맞출 수 있다. 그런 다음 항목을 합산하거나 해당 척도의 변수의 수로 나누어 평균을 낼 수 있다. 개별 항목의 결측값 처리에 대해서도 매우 주의를 기울여야 한다. 만약 한 대상자에서 척도를 구성하는 항목 대다수가 결측이라면 변환된 척도 변수 역시 결측값으로 처리되어야 한다. 만약 특정 항목의 반 이상에서 유효한 응답을 갖고 있다면 해당 항목의 표본평균으로 결측을 대치할 수도 있다. 결측이 해결되면 합계나 평균으로 척도 값을 계산할 수 있다.

결측값을 다루기 위한 다른 방법도 있다. 타당한 응답을 한 항목만 이용해 평균을 계산하는 것이다. 예를 들어 설문 참여자가 척도를 구성하는 다섯 가지 항목 중 네 가지만 올바르게 응답했다면, 네 점수를 합하여 4로 나눈다. 만약 5개 항목을 모두 응답했다면 합산한 점수를 5로 나눈다. 단, 이 방법을 사용하려면 한 대상자 내에서 척도를 구성하는 변수 중 절반 이상의 항목에 대해 유효한 응답이 있어야 한다. 그렇지 못한 대상자의 척도 변수는 결측값으로 처리하는 것이 옳다. 경우에 따라서는 항목의 1/4 이상에서 유효한 응답을 얻지 못한 경우에 척도 변수를 결측으로 처리하기도 한다.[11]

11 Hull, C. H. and Nie, N. H. (1989). *SPSS Update* 7–9. New York, NY: McGraw-Hill, p. 257.

다중 항목 척도는 서로 엮으려는 변수가 상당히 밀접한 경우에만 사용할 수 있다. 변수가 얼마나 밀접하게 연관되어 있는지 측정하기 위해서는 크론바흐의 알파(또는 신뢰성 계수)를 사용한다. 값이 0.65보다 크면 신뢰성 있는 척도를 형성할 수 있다고 보는데, 이 정도 수준이 되려면 설문 설계 단계에서부터 항목이 함께 분석될 것임이 계획되어 있어야 한다.

TIP

크론바흐의 알파가 0.65보다 크면 신뢰성 있는 척도를 형성할 수 있는 것으로 본다.

다중 항목 척도와 점수 변수는 성격이 서로 다르다. 가장 큰 차이는 척도는 서로 연관된 설문에 기반해야 하지만, 점수의 경우는 항목들이 꼭 상관관계에 있을 필요가 없다는 점이다. 앞에서 일생 중 역경에 처한 경험 사례에서 사용된 역경 경험에 대한 점수의 사례를 보면, 학교에서 낙제하거나 자연재해를 경험한 상황은 서로 연관성이 크다고 보기는 어렵지만 둘 다 분명히 상당한 스트레스 요인이 된다.

5-3-4 요인분석

요인분석은 행동과학에서 독립변수 수를 줄이고자 할 때 자주 사용하는 방법이다. 이 절차는 서로 연관된 다수의 독립변수를 2-3개의 잠재적 요인으로 요약한다. 이렇게 표현된 요인은 서로 최소화된 상관관계를 갖는다(각각의 요인은 서로 구별되는 차원을 표현한다). 각 요인은 가중치가 반영된 원래의 변수들의 조합으로 만들어진다. 그렇게 하면 한 대상자의 응답 결과를 바탕으로 하는 각각의 요인점수를 계산할 수 있다. 그리고 상당히 많았던 변수를 요인의 개수로 줄일 수 있게 된다. 각각의 독립변수는 그들이 구성하는 요인과 상관관계에 있겠지만 그 정도는 서로 다르다. 특정 요인에 대해 몇몇 변수가 강한 상관성을 보인다면 그 요인은 이 변수의 군집을 대표한다고 볼 수 있다. 이러한 상관성(부하량)에 기반해 요인의 특성(요인이 무엇을 의미하는지)을 특징지을 수 있다.

정의

요인분석은 서로 연관된 수많은 독립변수를 몇 개의 요인점수로 요약하는 방법이다.

요인분석의 가장 큰 문제점은 요인을 요약하기 위해 사용된 원래의 변수가 손실된다는 것이다. 예를 들어 폐렴에서 생존과 연관성이 있는 요인을 찾기 위해 요인분석을 시행했다고 하자. 첫 번째 요인이 환자의 동반질환(연령, 기저 폐질환, 울혈성 심부전증 동반 여부)을 설명하고, 두 번째 요인이 질환의 중증도(방사선 검사 결과의 중증도, 최고 체온, 동정된 세균)를 설명하며, 세 번째 요인이 치료의 효능(첫 투약 시점, 적절한 항생제의 선택 여부)을 설명한다면 이러한 결과는 폐렴의 병태생리학적 관점에서 자료를 상당히 잘 표현했다고 볼 수 있다.

TIP

임상 연구자에게 있어 요인분석의 가장 큰 문제점은 원래 변수의 특성이 손실된다는 점이다.

비례위험 분석 결과 환자의 동반질환과 질환의 심각성과 관련된 요인들은 생존율의 저하와 연관이 있고, 반대로 치료의 효능은 생존율의 증가와 연관이 있다는 결과가 나왔다고 하자. 그런데 이 결과가 임상적으로 얼마나 도움이 될까? 실질적으로 임상의가 환자의 생존확률을 계산하는 데 이 정보를 활용할 수 없다. 요인점수를 계산하는 것은 수학적으로 너무 복잡한 일이기 때문이다. 게다가 이 결과만으로는 다양한 임상 변수 중 어떤 것이 생존에 가장 중요한 영향을 미치는지 설명할 수도 없다(다만 요인 단위의 중요성만을 알 수 있을 뿐이다). 어떤 변수는 결과변수와 관련된 요인에 큰 부하량을 줄 수 있지만 결과변수 자체와의 연관성은 작을 수도 있다. 요인분석은 여러 독립변수를 서로가 가지는 상관관계에 따라 집락화할 뿐, 결과변수와의 연관성은 고려하지 않기 때문이다.

이러한 이유로 요인분석은 의학 연구에서 잘 사용되지 않는다. 하지만, 정량적으로 측정하기 어려운 자존감, 자율성과 같은 개념을 다루는 행동과학의 경우 단일 변수의 '손실'보다 여러 연관된 독립변수를 한꺼번에 처리하는 기법을 통해 얻을 수 있는 게 더 많다.[12]

12 요인분석에 대해 더 자세한 설명을 원한다면 다음을 보라. Glantz, S. A. and Slinker, B. K. (1990). *Primer of Applied Regression and Analysis of Variance*. New York, NY: McGraw-Hill, pp. 216–236; Kleinbaum, D. G., Kupper, L. L., and Muller, K. E. (1988). *Applied Regression Analysis and Other Multivariable Methods*. 2nd edn. Boston, MA: PWS-Kent, pp. 595–640.

6 독립변수에 결측값이 있으면 어떻게 할까?

결측값은 모든 통계 분석에서 성가신 존재다. 그러나 결측에 의한 문제는 단변수 분석보다 다변수 분석에서 더욱 커진다. 왜 그럴까? 개체마다 결측의 형태가 다를 수 있기 때문이다. 300개의 개체에서 10가지 독립변수가 측정된 연구를 상상해보자. 각 변수마다 결측인 사례가 10건씩 있다고 하면, 각각의 단변수 분석에서 표본크기는 290개(전체 집단의 97%)가 될 것이다. 그러나 다변수 분석에서는 여러 독립변수 중 어느 하나라도 결측이 있는 경우 해당 개체는 전체 분석에서 제외되기 때문에 표본크기가 훨씬 작아질 가능성이 높다. 최악의 경우 10개 변수가 서로 다른 10개의 개체에서 발생한 결측값을 가진다면 변수마다 10개의 개체가 분석에서 제외되므로 다변수 분석에서 총 100개의 개체가 제외된다. 이때 표본크기는 200개(66%)까지 줄어든다. 이렇게 손실된 자료로 분석된 결과의 검정력은 전체 자료를 이용할 때에 비해 현저히 낮아진다. 더구나 결측값이 발생한 대상자가 그렇지 않은 대상자에 비해 구별되는 특성에 있어 체계적인 차이(임의적인 차이가 아닌)를 보인다면 분석 결과를 일반화할 수 없다는 문제도 있다.

> 자료 결측 문제는 단변수 분석보다 다변수 분석에서 더 크다.

일반적으로 한 변수에 결측이 있는 개체는 다른 변수도 결측되었을 가능성이 높다. 그러므로 분석에서 제외되는 개체 수는 100개보다는 적을 것이다. 제외되는 수는 하나 이상의 결측이 발생한 개체가 얼마나 많은지에 따라 달라진다. 앞서 제시한 극단적인 예와 반대로 모든 결측값이 정확히 10개의 개체에서만 발생한 경우 다변수 분석에서 제외되는 개체의 수는 단변수 분석에서와 차이가 없다.

결측값을 어떤 방법으로 처리할지를 결정하기에 앞서 실제로 가지고 있는 자료에 얼마나 많은 결측이 있는지 확인하는 것이 좋다. 이를 위해 독립변수 중 하나라도 결측이 있다면 1을, 그렇지 않다면 0을 값으로 가지는 변수를 만들어보자. 그렇게 하면, 단순한 빈도분석으로도 결측값으로 인해 얼마나 많은 대상자가 다변수 분석에서 제외될지 알 수 있다.

TIP

결측값으로 인해 다변수 분석에서 얼마나 많은 대상자가 제외될 것인지 확인하려면 독립변수 중 하나라도 결측이 있을 때 '1'의 값을 갖는 변수를 생성한다.

결측 정도를 확인했다면 이제 무엇을 해야 할까? [표 6-4]는 결측값을 다루는 다섯 가지 방법을 제시하고 있다. 이 방법을 순서대로 살펴보자.

[표 6-4] 다변수 분석에서 결측값을 다루는 방법

① 결측값이 하나라도 존재하는 대상자를 삭제한다.
② 결측값의 존재 여부를 표시하는 이분형 변수를 만든다.
③ 자료를 더 조사해 결측값을 채워 넣는다.
④ 다변수 모형에 포함할 변수를 줄인다.
⑤ 결측값을 추정한다.

독립변수 중 하나라도 결측값이 있는 대상자를 제외하는 것은 임상연구에서 결측 자료를 다루는 가장 직관적인 방법이고 아직도 가장 많이 사용된다. 그러나 이 전략에는 두 가지 문제가 있는데, 표본 손실로 인해 검정력이 떨어진다는 것과 편향이 발생한다는 것이다. 검정력을 희생하는 것은 그나마 감수할 수 있다고 하더라도 새로운 편향이 생기는 문제는 생각보다 심각할 수 있다. 완전히 임의로 발생한 결측이라면(예를 들어 응답할 항목이 매우 많은 설문지에서 응답자가 서로 다른 문항에 응답을 생략한 경우) 이 대상자를 삭제하더라도 분석 결과에 별다른 편향이 발생하지 않을 것이다. 반면, 결측값이 있는 대상자와 그렇지 않은 대상자 사이에 구별되는 특징이 있다면(예를 들어 설문조사에 덜 순응적이거나 조사자를 신뢰하지 못하거나 인지기능에 장애가 있는 경우) 이러한 대상자를 삭제할 경우 분석 결과에 심각한 편향이 발생할 수 있다.

자료의 결측이 임의로 발생한 것인지 확인하려면 결측값이 있는 대상자와 그렇지 않은 대상자 사이에 주요 독립변수와 결과변수의 특성에 차이가 있는지 비교해보면 된다. 만약 두 집단이 주요 특성에 있어 별 차이를 보이지 않는다면 임의로 발생한 결측이라고 주장할 수 있다. 그리고 이 결측값을 제외하더라도 연구 결과에 별다른 편향이 발생하지 않을 것이다(물론 측정되지 않은 요인으로 인한 편향의 여지는 남아 있을 수 있다). 만약 결측값 유무에 따라 대상자 사이에 유의한 특성 차이가 있다면, 이러한 차이와 결과에 있을 수 있는 잠재적 편향에 대해 보고해야 한다. 두 집단이 가지는 특성의 차이를 확인하는 것은 [표 6-4]에서 다섯 번째로 제시한 방법인 결측값의 추정에서도 필요한 과정이다.

TIP

결측값이 임의로 발생한 것인지 확인하려면 결측값이 있는 대상자와 그렇지 않은 대상자가 주요 독립변수와 결과변수에 있어 서로 구별되는 특성을 가지는 것은 아닌지 확인해보아야 한다.

결국 결측값 처리로 인해 발생하는 편향은 연구 참여를 거절한 대상자로 인해 발생하는 편향(응답 편향)과 유사한 측면이 있다. 연구 미참여로 인해 발생하는 편향만큼이나 결측값 처리로 인해 발생하는 편향 또한 중요한데 아이러니하게도 대부분의 문헌에서 이에 대해서 제대로 밝히지 않고 있다. 물론 결측값 처리 과정에서 제외된 대상자의 수가 몇 명 되지 않는다면 이로 인해 중대한 편향이 발생할 가능성은 낮을 것이다.

만약 결측값이 하나라도 존재하는 대상자를 분석에서 제외하기로 결정했다면, 단변량 분석 및 단변수 분석 결과에서 이들을 어떻게 처리할지도 정해야 한다. 두 가지 방법이 있다. 한 가지는 모든 분석에 앞서 처음부터 이러한 대상자를 제외하는 것이고, 나머지 한 가지는 다변수 분석 단계에서 제외하는 것이다.

많은 논문에서 처음부터 대상자를 제외하는 방법을 택한다. 이 방법의 장점은 논문에서 제시하는 모든 분석 결과(단변수, 다변수 분석)에서 동일한 표본크기를 유지한다는 데 있다. 그러나 단변수 분석에서 얻을 수 있는 유용한 정보를 잃게 된다는 단점도 있다. 단변수 분석에서 그 분석의 대상이 아닌 다른 변수에 결측이 있다는 이유로 해당 대상자를 분석에서 제외하는 것은 적절하다고 보기 어렵다. 그러나 실제로 논문을 접할 때 분석 결과마다 표본크기가 달라진다면 이 또한 결과를 이해하기 어려워진다는 문제가 생긴다.

만약 결측이 다양한 독립변수에서 골고루 나타난다면 결측값이 하나라도 있는 대상자를 분석의 초기 단계부터 제외하는 것은 합리적인 방법이다. 그러나 만약 대부분의 결측값이 특정한 2개의 변수에서 발생한 것이라면, 단지 일관된 표본크기를 유지하기 위한 이유로 이들을 제외한 단변수 분석 결과를 제시할 경우 손해를 보는 측면도 있다. 기억해야 할 것은 처음부터 결측값이 있는 대상자를 모두 제외하고 분석을 시작한 것이 아니라면 매 분석 결과를 제시할 때마다 표본크기도 함께 제시해주어야 한다는 것이다.

TIP

만약 분석 시작 단계부터 결측값이 존재하는 대상자를 제거하지 않았다면, 이어지는 각 분석마다 표본크기를 독자에게 제시해야 한다.

두 번째 전략은 다중 이분형 변수를 만들고(결과변수와 선형 관계에 있지 않은 연속형 변수나 명목형 변수를 변환할 때처럼) 그중 하나에 결측값 유무를 표지하는 것이다. 이 전략은 신장 이식 실패의 원인을 규명하는 연구에서 사용되었다.[13] 이 연구에서는 허혈 시간을 6개의 이분형 변수[9–16시간(1/0), 17–24시간(1/0), 25–36시간(1/0), 37–48시간(1/0), 48시간 이상(1/0), 시간 결측(1/0)]로 코딩했고 기준 집단을 '0–8시간'으로 설정했다.

결측 상태를 의미하는 이분형 변수를 사용하면 결측이 발생한 개체에 대한 엄격한 가정 없이도 모든 사례를 분석에 포함시킬 수 있다는 장점이 있다. 또 다른 장점은 결측값에 의해 발생하는 편향을 어느 정도 탐지할 수 있다는 것이다. 신장 이식 연구 사례에서 결측 표지 변수가 '1'인 환자는 이식 실패로 이어질 위험이 가장 높았다. 이것은 결측이 발생한 대상자는 사실은 다른 집단보다 더 긴 허혈 시간을 가졌을 것(허혈 시간이 길어질수록 이식 실패율이 높아지므로)임을 시사한다. 이 연구에서는 이분형 변수를 이용하여 허혈 시간이 결측된 대상자를 모두 분석에 포함한 모형과, 그러지 않고 해당 대상자를 모두 분석에서 제외한 모형에서 적합도에 유의한 차이가 없음을 함께 제시하였다.

TIP

결측 여부를 나타내는 이분형 변수를 사용하면 결측이 발생한 대상자에 대한 엄격한 가정 없이도 모든 사례를 다변수 분석에 포함시킬 수 있다.

세 번째 전략은 추가 자료 수집이다. 자료 분석에 대해 설명하던 중 갑자기 자료를 더 수집하라는 이야기가 다소 엉뚱하게 들릴 수도 있을 것이다. 이미 자료 분석 단계에 들어선 이상 너무 늦은 것은 아닐까? 물론 온전한 자료를 얻기 위해서는 수집 단계에서 적절한 질 관리를 하는 것이 가장 적절하고 효율적이다. 그럼에도 불구하고 이 전략이 유효한

13 Chertow, G. M., Milford, E. L., Mackenzie, H. S., et al. (1996). "Antigen-independent determinants of cadaveric kidney transplant failure." *JAMA*, 276, 1732–1736.

것은 비로소 자료 분석 단계가 되어야 결측에 의한 영향을 체감할 수 있게 되고, 이 단계에서도 결측값에 대한 추가적인 자료 획득이 가능한 경우가 있기 때문이다. 이전에 필자가 참여했던 연구 중에 다른 도시에서 조사된 값 중 결측이 발생한 적이 있었다. 논문 심사위원에게 결측값으로 인한 약점을 지적받게 되었는데 이를 해결하기 위해 연구 조교를 해당 도시로 파견 보냈다. 물론 이러한 지적을 받기 전에 자료 수집을 완료했다면 더 좋았을 것이다. 그러나 연구는 사업과 마찬가지로 비용(예: 시간, 여행)과 이득(예: 자료의 완성)이 계속해서 타협하는 과정이다. 결측값을 해결하는 것이 분석에서 (그리고 논문이 출판될 가능성에 있어서) 매우 중요하다는 사실을 알게 된 이상 자료를 완성하기 위해 충분한 비용과 노력을 들일 가치가 생기는 것이다.

네 번째 전략은 모형에 포함되는 독립변수의 수를 줄이는 것이다. 이 방법은 분석에 문제를 일으키지 않고 변수를 제거할 수 있을 때만 사용해야 한다. 6장 5절에서 독립변수의 수에 비해 표본크기가 충분하지 않은 상황에서 변수 수를 줄이는 방법에 대해 논의했다. 이 방법은 결측값을 다룰 때도 도움이 되는데, 몇 가지 차이점이 있다. 자료를 다루다 보면 유독 다른 변수에 비해 결측값이 많은 변수가 있다. 이러한 변수가 우선 제거 고려 대상이다. 만약 서로 연관된 변수가 있고 한 변수가 다른 변수보다 결측이 많다면 결측이 많은 변수를 모형에서 제외한다. 예를 들어 모든 대상자에 대한 교육수준을 알고 있지만 소득은 75% 정도만이 응답했다고 하자(일반적으로 사람들은 교육수준보다는 소득을 밝히는 데 더 민감하다). 교육수준과 소득 사이의 높은 상관관계가 잘 알려져 있으므로, 둘 중 하나를 택한다면 소득 변수를 제외하고 교육수준만 모형에 포함하는 것이 더 낫다. 물론 소득은 교육수준과 완전히 동일한 정보가 아니므로 어느 한 변수를 제외함으로써 일부 정보는 손실될 것이다. 자료로부터 특정 대상자를 제외하는 것과 특정 변수를 제외하는 것 중 어떤 것이 더 좋은 선택인지에 대한 질문에는 연구자 본인만이 답할 수 있다.

TIP

결측값이 너무 많은 독립변수는 분석에서 가급적 제외하는 것이 좋다.

[표 6-5] 결측값을 추정하는 방법

① 평균값으로 대체
② 소집단 평균값으로 대체 (조건부 평균)
③ 분석에 포함된 다른 공변량을 이용한 추정 (단순 대치법)
④ 분석에 포함된 다른 공변량과 임의 성분을 이용한 추정 (다중 대치법)

다섯 번째 방법은 결측값을 추정하는 것으로, 가장 만족스럽지만 동시에 가장 위험한 방법이기도 하다. 이 방법은 어떤 대상자도 분석에서 제외하지 않는다는 점에서 가장 만족스러운 해법이지만 그로 인해 분석 결과가 예측하기 힘든 방향으로 편향될 수 있는 위험성이 있나. [표 6-5]는 결측값을 추성하는 몇 가지 방법을 제시한다.

독립변수의 결측값을 채우는 가장 간단한 방법은 해당 변수의 표본평균(또는 중앙값)으로 대체하는 것이다(관측값의 분포가 정규분포를 이루지 않는다면 중앙값을 사용한다). 이 방법을 사용하려면 결측이 임의로 발생한다는 전제가 필요하다. 이 방법은 결측값이 있는 개체도 분석에 포함할 수 있다는 장점이 있는데 결측 변수가 한두 개 정도로 적을 때만 타당하다. 예를 들어 15명의 대상자와 10개의 독립변수가 존재하는 자료에서 각 대상자가 단 1개의 독립변수에 결측값을 가진다고 가정하자. 위 방법을 사용하면 15명의 자료를 모두 활용할 수 있다. 이와 반대로, 10개의 독립변수 값이 모두 결측인 15명의 대상자가 있는 극단적인 사례를 생각해보자. 이 경우 10개의 독립변수에 대한 평균/중앙값은 존재하지 않으므로 결측값에도 어떤 특정 값을 대체할 수 없다. 독립변수의 모든 관측값이 결측이므로 다변수 분석 또한 아무런 정보도 제공하지 않기 때문이다. 따라서 결측값을 다른 값으로 대체하기 전에 적어도 해당 개체의 독립변수 중 적어도 절반 이상이 결측이 아닌 유효한 값을 가지고 있는지 확인해야 한다.

TIP

독립변수의 결측값을 대치하는 가장 간단한 방법은 해당 변수의 평균(또는 중앙값)으로 채워 넣는 것이다.

결측값을 채워 넣을 때 단순히 전체 표본의 평균/중앙값을 사용하는 것보다는 소집단별 평균/중앙값을 활용하는 것이 더 좋은 방법일 수 있다. 이 절차를 (다른 변수의 값의 조건에 의해 계산되는) 조건부 평균이라고 한다. 예를 들어 소득 변수에 결측이 있다면 전체 표본의 평균/중앙값 대신 교육수준과 직위가 유사한 소집단의 평균/중앙값을 이용하는 편이 더 나을 것이다. 소득수준과 이들 변수 사이에는 연관성이 있으므로 소집단별 평균/중앙값이 전체 표본의 평균/중앙값보다 결측값에 대해 정확한 추정이 된다.

TIP

결측값을 조건부 평균으로 대치하는 방법은 단순히 전체 표본의 평균으로 사용하는 것보다 더 적절한 추정 방법이 될 수 있다.

평균을 사용하는 것보다 더 세련된 방법은 다른 독립변수를 이용하여 다중 선형 회귀분석이나 로지스틱 회귀분석으로 결측값을 추정하는 것이다. 일반적으로 대치(imputation)라고 하는 이 방법은 대체로 평균값보다 정확하게 결측값을 추정한다. 예를 들어 스미스(Smith)와 동료들은 383명의 환자를 24개월간 추적관찰하여 우울증에 대한 일차 진료 중재의 효과를 평가했다.[14] 대상자 중 62명의 소득은 결측값이었는데, 이 연구에서는 다중 선형 회귀분석을 이용한 대치 방법을 사용하였다. 모형에는 연령, 성별, 인종, 교육수준, 혼인상태, 취업, 육체적 건강 평가와 정신적 건강 평가 등 8가지 변수가 포함되었다. 일반적으로 소득과 연관성이 있다고 알려진 요인(높은 연령, 백인 인종, 높은 교육수준, 기혼, 취업상태, 건강한, 남성)이 추정을 위한 변수로 선택되었다.

그러나 결측값을 추정하는 모든 방법이 그렇듯이 추정값을 마치 관측값처럼 취급하여 다변수 분석을 시행하면 추정계수에 대한 표준오차를 과소추정하게 된다. 일단 결측값을 채우고 나면, 추정된 값들이 실제로 관측된 값들에 비해 오차가 더 큰 것을 알 수가 없다. 그 결과 추정값의 신뢰구간이 실제 변동성을 과소추정하게 된다.

14 Smith, J. L., Rost, K. M., Nutting, P. A., et al. (2002). "Impact of ongoing primary care intervention on long term outcomes in uninsured and insured patients with depression." *Med. Care,* 40, 1210–1222.

이 문제를 해결하기 위해 임의 성분(random component)[15]이 추가된 다중 대치법(multiple imputation)을 사용할 수 있다. 이 방법을 사용하려면 우선 결측값을 해결해야 하는 변수와 연관성이 있는 변수를 선정하고, 이들에 대해 모두 유효한 관측값을 가지고 있는 개체를 이용해 다중 혹은 로지스틱 회귀모형을 만든다. 적합된 모형은 한 개체가 가지는 다른 변수들에 기반해 결측값의 평균과 분산의 추정값을 제시한다. 다음 단계로 결측변수가 연속형인 경우 정규분포를 따르고 이분형인 경우 이항분포를 따른다는 가정 하에 난수 발생기를 이용해 추정 분포로부터 관측값을 모의 생성한다. 기초 분석은 대치된 결측값을 기반으로 수행되는데, 이 절차가 적어도 10번 이상 반복된다. 그 후 특정 공식에 의해 결과를 종합한다.[16] 이 절차를 반복하면 표준오차를 계산할 수 있는데, 이는 결측값을 대치하면서 발생할 수 있는 여러 불확실성을 반영한 결과가 된다. 왜냐하면 각각 다르게 대치된 값에 기반한 여러 분석이 반복적으로 시행되었기 때문이다.

TIP

다중 대치법은 임의 성분을 포함하여 결측값을 추정하는 방법이다.

결측값을 다루는 여러 방법들은 나름의 장단점을 가지며 여러 가지를 조합하여 사용할 수도 있다. 할폰(Halfon)과 동료들은 라틴계 어린이의 의료서비스 접근성을 조사하였다.[17] 전체 표본의 13%는 소득수준에 대한 정보가 없었다. 이 연구에서는 먼저 표본평균을 이용해 결측값을 추정하였다. 그리고 이 방법에 더해 소득수준의 결측 여부를 나타내는 이분형 변수(해당 대상자의 소득수준이 결측이면 1을, 그렇지 않으면 0을 갖는 변수)를 생성했다. 이 두 가지 방법을 통해 전체 표본에 대한 소득수준을 얻을 수 있었고, 소득이 결측인 대상자와 그렇지 않은 대상자 사이에 나타나는 서로 다른 특성에 대해서도 보정할 수 있었다.

15 Heitjan, D. F. (1997). "What can be done about missing data? Approaches to imputation." *Am. J. Pub. Health,* 87, 548–550.

16 Rubin, D. B. (1987). *Multiple Imputation for Nonresponse in Surveys.* New York, NY:Wiley.

17 Halfon, N., Wood, D. L., Valdez, B., et al. (1997). "Medicaid enrollment and health services access by Latino children in inner-city Los Angeles." *JAMA*, 277, 636–641.

결측값을 다루는 여러 방법(예: 분석에서 제외, 평균값, 대치법)을 함께 사용하면 각 방법에 따라 결과가 어떻게 달라지는지 확인할 수 있다는 장점이 있다. 서로 다른 방법을 적용했는데도 불구하고 분석 결과가 서로 비슷하다면 더 높은 신뢰도를 얻을 수 있을 것이다.

결측값을 다루는 복잡한 일에 대해 다음의 권고사항을 참고하기 바란다.

① 자료 수집 단계에서 정보 손실을 최소화한다.

② 각각의 독립변수에 얼마나 많은 결측값이 존재하는지 확인한다.

③ 다른 변수에 비해 결측값이 매우 많은 한두 개의 변수가 있다면 변수 자체를 제거할 것을 고려한다. 그 변수가 연구의 가설을 검정하는 데 얼마나 중요한지와 무관하게, 그렇게 많은 결측값이 존재하는 변수는 결국 편향된 분석 결과를 초래한다.

④ 위 ①번에서 ③번까지의 단계를 통해 결측값을 줄인 후 다변수 분석에 사용할 변수에 여전히 얼마나 많은 결측값이 존재하는지 확인한다. 결측값을 가진 개체가 많지 않다면 분석 시작 단계에서 해당 개체를 제외한다. 모든 분석에서 일관된 표본크기를 유지하는 것이 논문을 이해하기 쉽다.

⑤ 결측값이 존재하는 대상자가 많다면 결측값이 있는 개체와 그렇지 않은 개체 사이에 특성의 차이가 존재하는지 확인한다.

⑥ 만약 두 집단 사이에 별다른 차이가 없다면 결측값을 평균이나 조건부 평균값으로 채우는 방법을 고려한다. 이 방법을 사용하려면 독립변수 중 최소한 절반 이상이 실제 관측값이어야 한다. 대다수의 독립변수가 결측인 대상자는 제외한다. 의학통계학자의 도움을 얻어 다중 대치법을 사용하는 것도 좋은 방법이다.

⑦ 만약 결측 유무에 따라 대상자가 가지는 특성이 다르다면 다소 골치 아픈 상황이다. 이때 역시 ⑥번 단계와 같은 방법으로 진행한다. 그러나 결측값이 없는 대상자에게서 얻은 값으로 결측값이 존재하는 대상자의 값을 대치하는 경우, 두 집단이 서로 다른 특성을 가지므로 부정확한 추정을 하게 된다. 따라서 이러한 방법으로 인해 문제가 발생할 수 있음을 연구자 스스로 인지하고 독자에게도 분명히 밝혀야 한다. 물론 결측값이 있는 대상자를 제거하는 것 역시 같은 이유로 문제가 된다.

⑧ 가능하다면 여러 가지 방법을 복합하여 결측값을 처리한다.

⑨ 결측값을 이루는 방법론과 실제 사례에 관하여 더 많은 문헌을 읽어보자.[18]

18 Marascuilo, L. A. and Levin, J. R. (1983). *Multivariate Statistics in the Social Sciences: A Researcher's Guide*. Monterey, CA: Brooks/Cole Publishing Co., pp. 64–66; Delucchi, K. L. (1994). "Methods for the analysis of binary outcome results in the presence of missing data." *J. Consult. Clin. Psych*, 62, 569–575; Little, R. J. A. and Rubin, D. B. (1990). *Statistical Analysis with Missing Data*. New York, NY: Wiley; Greenland, S. and Finkle, W. D. (1995). "A critical look at methods for handling missing covariates in epidemiologic regression analyses." *Am. J. Epidemiol*, 142, 1255–1264.

7 결과변수에 결측값이 있으면 어떻게 할까?

결과변수가 결측인 경우 [표 6-4]에 제시한 방법 중 결측값이 존재하는 개체를 제외하거나 추가 자료를 확보하는 두 가지 방법만 사용할 수 있다. 연구의 목표가 되는 결과변수를 분석에서 제거할 수는 없는 노릇이다. 또한, 다변수 분석의 목적이 독립변수를 이용하여 결과변수를 추정하는 것인데, 다변수 분석을 실행하기 전에 결과변수를 추정하고 나서 다시 다변수 분석을 수행하는 것도 이치에 맞지 않다. 경시적 연구(longitudinal studies)에서는 추적관찰 중 탈락된 대상자는 중도절단(censoring) 처리를 함으로써 분석에 활용할 수 있다(3장 6절). 그러나 중도절단된 관측값을 결과변수가 결측된 것으로 생각해서는 안 된다. 중도절단되었다고 하더라도 특정 시점까지의 결과는 알 수 있다. 단지 절단 시점 이후의 결과를 알지 못할 뿐이다.

여기서는 특정 시점에서의 결과변수가 결측인 자료를 다루기 위한 전략인 다중 대치법에 대해 논할 것이다. 다중 대치법을 어떻게 활용하면 좋을까? 다변수 모형은 독립변수와 결과변수의 관계를 이용해 결과변수 값을 추정한다는 사실을 떠올려보자. 일단 독립변수와 결과변수 정보가 모두 확보된 자료를 통해 결과변수를 추정하고 나면 독립변수만으로도 결과변수 값을 추정할 수 있다. 여기에는 어떤 장점이 있을까? 추정값의 변동성을 고려하는 분석을 수행하여 결측된 결과변수 값을 추정했다고 해보자. 이제 추가로 확보된 대상자에게 이 분석을 적용하여 보고 추정 결과와 실제 관측값이 어떤지 비교해볼 수 있다. 그리고 만약 그 결과가 같다면 분석 결과의 타당성이 높다고 평가할 수 있다.

이 방법은 젊은 남성 동성애자를 대상으로 개발된 HIV 예방 프로그램의 평가에 사용되었다.[19] 이 연구에서는 프로그램을 이용한 중재 전후에 위험한 성행위 빈도에 차이가 나타나는지 관찰하였다. 그 결과 프로그램이 시행된 집단에서 위험한 성행위 빈도가 유의하게 감소하는 것을 발견하였다. 그러나 초기 평가를 받은 191명의 환자 중 오직 103명(54%)에서만 중재 이후 시점의 평가가 가능했다. 표본이 현저히 줄어들었기 때문에 결과

19 Kegeles, S. M., Hays, R. B., and Coates, T. J. (1996). "The Mpowerment project: A community-level HIV prevention intervention for young gay men." *Am. J. Pub. Health* 86, 1129–1136.

의 타당성이 의심되는 상황이었다.

더욱 문제가 되는 것은 추적관찰에서 탈락한 대상자와 그러지 않은 대상자 사이에 다른 특성에서 유의한 차이가 발견된 것이다. 프로그램에 의한 중재 효과가 아니라 이러한 특성의 차이로 인해 나타난 결과는 아닐까? 이미 추적조사에서 탈락된 대상자의 결과를 알 수 없으므로 이 질문에 대해 명확하게 답할 방법이 없다. 그러나 중재 이전 기반조사에서 대상자의 성행위 습관에서 중요한 단서를 얻을 수 있다.

이 연구에서는 중재 시행 전후의 조사 결과가 모두 확보된 대상자를 이용해 로지스틱 회귀분석을 수행하고 결과변수 값을 추정했다. 그런 다음 추적관찰에서 탈락된 대상자에게 이 모형을 적용하고 그들의 결과를 추정했다. 이후 다중 대치법을 이용해 로지스틱 회귀모형과 대상자의 기본적 특성으로 추정된 결측값 분포로 결측된 결과변수 값을 채워 넣은 100개의 자료 세트를 만들었다. 중재 프로그램의 효과는 100개의 세트에서 나타난 효과 추정값의 평균으로 추정되었고, 표준오차는 효과 추정치의 분산과 관련된 요인값으로 보정되었다. 그 결과 다중 대치법을 이용한 반복 분석 결과는 결측값이 존재하는 대상자를 모두 제외한 분석 결과와 유사했다. 이 방법으로 연구 결과에 대한 타당성을 강화할 수 있었지만, 궁극적으로 편향을 제거한 것은 아니라는 한계가 있다.

chapter

7

다변수 분석의 수행

1. 이분형 또는 순서형 변수에 어떤 값을 입력할까?
2. 다중 이분형 변수(더미변수)를 다룰 때
   어떤 범주를 기준 범주로 설정해야 할까?
3. 상호작용항을 어떻게 사용해야 할까?
4. 비례위험 모형과 같은 생존분석에서 시간을 어떻게 다뤄야 할까?
5. 시작 시점에 사건이 바로 발생한 대상자는 어떻게 처리해야 할까?
6. 기대한 것보다 생존시간이 훨씬 짧은 대상자를 어떻게 다뤄야 할까?
7. 포아송 회귀분석에서 생존시간을 고려할 수 있을까?
8. 변수 선택 기법이란 무엇일까?
9. 모형이 수렴하지 않을 때는 어떻게 해야 할까?

1 이분형 또는 순서형 변수에 어떤 값을 입력할까?

설문조사에서 얻을 수 있는 이분형 변수의 예를 들어보자. "당뇨병이 있습니까? (예/아니오)"

다변수 분석 방정식을 계산하기 위해서는 '예'와 '아니오'에 각각 대응하는 값이 필요하다. 이분형 변수에는 '예/아니오'의 오직 두 응답만이 존재하므로 '0과 1', '1과 2' 혹은 '0과 –1'과 같이 1만큼의 차이를 가지는 임의의 두 숫자 중 어떤 것을 선택해도 된다. '예'에 대한 값으로 두 숫자 중 큰 값 혹은 작은 값을 할당하는지에 따라 추정된 계수의 부호는 반대가 되겠지만 그 절대값과 유의수준은 바뀌지 않을 것이다(8장 3절). 그러나 변수를 입력할 때 사용한 두 값의 차가 1이 아니라면 결과가 달라질 수 있다. 예를 들어 '예'와 '아니오'를 +1과 –1로 입력했다면 추정계수의 크기는 달라질 것이다.

두 숫자의 차가 같다면 동일한 분석 결과를 얻기는 하지만 독립변수나 결과변수를 입력할 때 관례적으로 0과 1을 이용한다. 일반적으로 1을 특정 조건이 있는 상태로 표현하고 0을 조건이 없는 상태로 표현한다. 이 방법은 기억하기 쉽고 효과의 방향에 대해 혼동할 여지가 적다. 또 다른 장점으로, 이렇게 입력한 변수의 평균은 해당 조건의 비율(prevalence)을 나타낸다. 예를 들어 100개 대상자 중 10건의 결과 발생이 있었다고 하면, 이 변수의 평균은 $[(0\times90)+(1\times10)]/100=0.10$이 된다. 이 방법은 어떤 위험요인의 비율이나 결과변수의 유병률을 알고자 할 때 유용하다.

TIP

변수를 코딩할 때 특정 조건에 해당하면 1, 조건에 해당하지 않으면 0으로 코딩하자. 그러면 해당 변수의 평균은 특정 조건의 비율이 된다.

성별처럼 특정 조건이 '있음' 또는 '없음'을 나타내는 것이 아닌 명목형 변수의 경우 결과를 해석하기에 가장 좋은 값을 1로 입력한다. 예를 들어 관상동맥 질환이 있는 여성 환자가 성별 편향에 의해 더 적은 시술을 받는다는 가설을 검증하려면 여성을 1로, 남성을 0으로 입력하는 것이 편리하다.

[표 7-1] 이분형 독립변수와 결과변수 처리

방법 1	방법 2
실업=0; 취업=1 처치받지 않음=0; 처치받음=1	실업=1; 취업=0 처치받지 않음=0; 처치받음=1
방법 3	**방법 4**
실업=0; 취업=1 처치받지 않음=1; 처치받음=0	실업=1; 취업=0 처치받지 않음=1; 처치받음=0

이분형 변수와 명목형 변수를 처리하는 방법에 대해 너무 상세하게 설명한다고 생각할 수도 있겠지만 분명히 짚고 넘어가지 않으면 결과를 해석할 때 혼동하기 쉽다. [표 7-1]에서 볼 수 있듯이 하나의 이분형 독립변수와 이분형 결과변수를 네 가지 형태로 처리할 수 있다. 어떤 방식을 취하던 통계적 측면에서 동일한 결과를 얻지만 해석은 달라질 수 있다. 예를 들어 변수를 어떤 방향으로 코딩했는지 제대로 알지 못하면 특정 요인이 실제로는 발생 위험을 줄여줌에도 불구하고 반대로 증가시킨다고 해석할 수 있다. 단변수 분석에서도 이런 일이 발생할 수 있지만 독립변수가 여러 개 있는 다변수 분석에서 혼동에 빠질 가능성이 더 높다.

보통 논문에서는 변수를 어떻게 처리했는지 자세히 언급하지 않는다. 따라서 동료 심사 과정에서도 문제점을 발견하기 어렵다. 따라서 분석 결과를 정확하게 보고하는 일은 연구자 본인의 책임이다.

분석 결과를 반대로 보고할 가능성을 최소화하기 위한 다른 전략도 있다. 변수 이름을 'gender' 대신 'femgend'와 같이 좀 더 상세하게 붙이는 것이다.

TIP

변수명은 가능한 한 자세하게 붙이는 것이 좋다.

또 다른 방법으로 각 코딩값에 대한 표지 기능을 사용하는 것이다. 표지를 사용하면, 통계 분석 결과에서 단순히 숫자만 보여주는 대신 미리 지정한 문구를 함께 보여준다. 변수 옆에 함께 출력되는 '1=고용, 0=실업' 덕분에 실수할 가능성이 줄어들 것이다. 분석의 시작 단계에서 이 작업은 다소 번거롭게 느껴질 수는 있지만 시간을 충분히 들일 가치가 있다.

순서형 변수를 처리할 때도 서로 다른 수준에 대한 숫자의 차이가 1이라면, 어떠한 수를 택해도 된다. 예를 들어 4개 수준의 순서형 변수(매우 만족, 만족, 불만족, 매우 불만족)를 0, 1, 2, 3이나 1, 2, 3, 4, 혹은 9, 10, 11, 12로 지정해도 차이가 없다. 그러나 이분형 변수에서 그랬듯이 어떤 방향으로 순서를 매기는가에 따라 회귀계수의 부호는 달라진다. 따라서 변수를 '1=매우 만족, 2=만족, 3=불만족, 4=매우 불만족'으로 설정한 경우와 '1=매우 불만족, 2=불만족, 3=만족, 4=매우 만족'으로 설정한 경우 결과의 해석이 달라진다. 이 문제에서 핵심은 이분형 변수나 순서형 변수에서 각 값을 어떤 방식으로 처리했는지 기억하고 그 계수를 해석하는 방향에 있어 일관성을 유지하는 것이다.

2 다중 이분형 변수(더미변수)를 다룰 때 어떤 범주를 기준 범주로 설정해야 할까?

앞에서 명목형 변수를 표현하기 위해 다중 이분형 변수를 만드는 방법(4장 2절)과 결과변수와 비선형 관계에 있는 연속형 독립변수를 다루는 데 이들을 어떻게 사용하는지(4장 3-3절) 살펴보았다.

기준 집단(reference group)을 표현하는 변수를 별도로 생성하지 않는 이유는 4장 2절에서 설명하였다. 그렇다면 여러 범주 중 어떤 것을 기준 범주로 선택해야 할까? 어떤 것을 기준 범주로 선택하는지에 따라 분석 결과를 제시하는 방식이 달라지고, 결과 그 자체도 영향을 받는다.

[표 7-2]는 기준 집단을 다르게 했을 때 결과가 어떻게 달라지는지 보여준다. 제시된 자료는 인종과 의료서비스 접근성 사이의 연관성에 대한 것이다. 첫 번째 열의 결과에서 기준 집단은 백인이다. 여기에 제시된 통계량은 흑인과 아메리카 원주민의 의료 접근성이 백인의 1/4밖에 되지 않는다는 것을 보여준다. 반면 라틴계, 아시아인/폴리네시아인과 기타 비백인 인종의 의료 접근성은 백인의 절반 정도였다.

두 번째 열의 결과는 같은 자료를 이용했지만 기준 집단을 흑인으로 하였다. 이때 백인의 의료 접근성은 흑인의 4배가 된다. 라틴계, 아시아인/폴리네시아인과 기타 비백인 집단

[표 7-2] 다중 이분형 변수에서 기준 집단 설정에 따른 결과의 차이

	오즈비	오즈비
백인	1.0 (기준)	4.0
흑인	0.25	1.0 (기준)
라틴계	0.50	2.0
아시아인/폴리네시아인 출신	0.50	2.0
아메리카 원주민	0.25	1.0
기타 비백인	0.50	2.0

의 의료 접근성은 흑인의 2배가 되는 반면 아메리카 원주민의 의료 접근성은 흑인과 같다.

비록 첫 번째와 두 번째 열의 결과는 수학적으로 동일하더라도 결과 보고의 측면에서는 약간 다르다. 연구가 백인에 비해 유색인종의 의료 접근성이 낮다는 것을 보여주고자 한다면 첫 번째 열의 결과처럼 백인을 기준 집단으로 두는 방식이 적절하다. 이를 통해 독자에게 백인과 비교하여 유색인종의 의료 접근성이 얼마나 다른지 보여줄 수 있다. 두 번째 열의 결과처럼 흑인을 기준 집단으로 설정하면 라틴계, 아시아인/폴리네시아인, 아메리카 원주민 및 기타 비백인 인종을 백인과 직접 비교하기 어렵다. 그러나 만약 다른 인종에 비해 흑인의 의료 접근성을 비교하고자 하는 연구라면 이와 같은 방식으로 변수를 처리하는 것이 적절하다.

따라서 연구의 주요 가설에 따라 기준 범주를 결정하는 것이 일반적이다. 만약 주요 가설이 따로 존재하지 않고 이분화 변수가 연속형 변수(예: 나이)를 나타내는 경우, 일관성 있는 결과를 제시할 수 있도록 해야 한다. 예를 들어 연령이 사건 발생률의 증가(또는 감소)와 연관성이 있다면 극단 범주(나이가 가장 낮거나 가장 높은 범주)를 기준 집단으로 정하는 것이 좋다. 이렇게 하면 나이가 많은 환자에서 사건 발생 가능성이 젊은 환자(기준 범주)에서 보다 낮다는 논지로 결과를 보고할 수 있다. 반면 이분형 변수로 변환한 원래 변수의 형태가 U자형이라면(4장 3절), 중간 집단을 기준 집단으로 설정하고 양 극단으로 갈수록 사건 발생 위험이 증가하는 형태가 되도록 변수를 처리할 수도 있다.

정한 기준 집단에 따라 분석 결과가 약간 달라질 수 있다. 가장 규모가 큰 집단을 기준 범주로 설정하면 표준오차가 약간 작아지고 신뢰구간 또한 약간 좁아진다. 이렇게 하면 각 집단이 비교적 규모가 큰 기준 집단과 비교하게 되므로 추정값의 정밀도가 높아지기 때문이다. 그러나 이것이 기준 집단을 정하는 절대적인 기준이 되지는 못한다. 만약 기

준 집단을 설정하는 데 연구 가설이나 경험적 발견과 지식이 필요하지 않은 경우라면 가장 큰 규모를 가지는 집단을 기준 범주로 설정해보자.

TIP

특정 범주를 기준 집단으로 설정할 때는 연구 가설과 경험적 발견과 지식에 우선하되, 기준 집단을 특정할 필요가 없는 상황이라면 가장 많은 대상자가 포함된 범주를 기준 집단으로 설정하자.

3 상호작용항을 어떻게 사용해야 할까?

1장 4절에서 독립변수와 결과변수의 관계가 제3의 변수의 값에 영향을 받는 경우 상호작용 효과가 존재한다고 설명했다. 그렇다면 다변수 분석에서는 상호작용항을 어떻게 사용해야 할까?

다변수 모형에서 상호작용을 고려하는 가장 일반적인 방법은 곱셈항(product term)을 만드는 것이다. 곱셈항은 2개의 독립변수 값을 서로 곱하여 만든다. 두 독립변수의 곱셈항은 2요인 상호작용 또는 일차 상호작용이라 한다. 세 독립변수에 대한 곱셈항은 3요인 상호작용 또는 이차 상호작용이라 한다.

다변수 모형에서 상호작용을 고려하는 데 가장 자주 쓰이는 방법은 두 변수의 곱셈항을 만드는 것이다.

1장 4절에서 성별과 ST분절 상승 사이의 상호작용 사례를 살펴보았다. 남성과 ST분절 상승 여부에 대한 곱셈항의 처리 방식은 [표 7-3]에 제시되어 있다. 남성(예/아니오)과 ST분절 상승 여부(예/아니오) 두 변수에 따라 총 4개의 집단(남성이고 ST분절 상승 있음, 남성이고 ST분절 상승 없음, 여성이고 ST분절 상승 있음, 여성이고 ST분절 상승 없음)이 만들어지는데, 이들은 두 변수의 고유한 조합을 갖는다. 굵은 글씨로 나타낸 값은 곱셈항의 값이다. 두 위험요인(남성이고 ST분절 상승 있음)을 모두 지닌 환자의 곱셈항을 확인해보자.

[표 7-3] 상호작용(곱셈)항 만들기

남성 성별	ST분절 상승 여부	
	예(=1)	아니오(=0)
예(=1)	1×1=1	1×0=0
아니오(=0)	0×1=0	0×0=0

이 연구에서는 성별과 ST분절 상승 여부 사이의 상호작용 효과를 확인하기 위해 다중 로지스틱 회귀모형에 두 변수와 이들의 곱셈항을 추가했다. 만약 상호작용 효과가 없다면 두 위험요인이 결과(심정지)에 미치는 영향은 성별과 ST분절 상승, 두 개별 변수에서만 효과가 나타나고 곱셈항은 통계적으로 유의하지 않을 것이다. 이 경우 성별과 ST분절 상승 사이에는 상호작용 효과가 없다고 결론 내릴 수 있다. 하지만 실제 분석 결과 곱셈항은 통계적으로 유의했고, 이는 상호작용 효과가 존재함을 의미한다. 이 사례에서 곱셈항의 계수는 음수였는데, 이는 남성 혹은 ST분절 상승 존재의 위험인자가 독립적으로 작용하여 영향을 미친다고 가정했을 때 기대되는 심정지 발생 가능도에 비해 실제로 이 두 위험요인이 동시에 존재할 때 심정지 발생 가능도가 더 낮음을 뜻한다.

곱셈항은 두 위험요인과 결과변수 사이의 연관성을 설명하므로 두 요인(이 사례에서 남성과 ST분절 상승)이 모형에 존재할 때에만 상호작용 효과로 해석할 수 있다. 만약 모형에 개별 위험요인을 넣지 않고 상호작용항만 있다면, 상호작용항이 유의하다고 해서 그것이 실제로 상호작용 효과에 의한 것인지 알 수 없다. 두 위험요인이 존재할 때 심정지 발생의 가능도가 높기만 하면 이와 같은 결과를 얻게 되기 때문이다. 이 사례에서 만약 성별과 ST분절 상승이라는 개별 요인을 모형에 포함하지 않고 곱셈항만 투입하였다면 곱셈항은 당연히 통계적으로 유의하고 부호는 양수였을 것이다(남성이고 ST분절 상승이 있었던 환자의 심정지 발생 위험은 다른 집단에 비해 높았기 때문이다). 그러나 개별 요인들과 상호작용항을 모두 포함한 실제 모형에서 곱셈항은 음의 계수를 가졌고 통계적으로도 유의했다.

> 상호작용을 나타내기 위한 곱셈항은 두 가지 이상의 위험요인과 결과변수 사이의 관계를 설명하기 위해 사용된다. 따라서 이러한 곱셈항은 이를 구성하는 두 가지 이상의 변수와 동시에 모형에 포함되어 있는 경우에만 상호작용 효과로 해석할 수 있다.

모형에 개별 변수를 함께 포함해야 한다고 강조하였지만, 곱셈항만 포함된 모형이 항상 잘못된 것은 아니다. 만약 기본 모형에서 곱셈항을 구성하는 두 개의 개별 변수가 모두 통계적으로 유의하지 않았다면, 이들을 제거하고 곱셈항만 남기는 것도 가능한 일이다.

다변수 모형에 상호작용항을 추가하는 다른 방법은 상호작용을 표현하는 다중 이분형 변수를 생성하는 것이다. [표 7-3]에 따라 성별과 ST분절 상승에 대해 네 가지로 구분하여 변수를 처리할 수 있다. 성별, ST분절 상승, 그리고 그들의 곱셈항을 모형에 넣는 대신 다음과 같은 이분형 변수 3개를 생성하여 포함한다.

- 남성이고 ST분절 상승 있음 (예/아니오)
- 남성이고 ST분절 상승 없음 (예/아니오)
- 여성이고 ST분절 상승 있음 (예/아니오)

여기서 기준 집단은 여성이고 ST분절 상승이 없었던 환자가 된다. 이 방식의 장점은 성별과 ST분절 상승 여부의 조합이 결과변수에 어떤 영향을 미치는지 이해하고 해석하기 쉬워진다는 데 있다. 또 다른 장점은 두 요인에 동시에 노출된 집단(남성이고 ST분절 상승 존재)의 효과를 두 위험요인 중 개별 요인만을 가지는 환자 및 두 요인을 모두 가지지 않은 환자(기준 집단)를 기준으로 비교해볼 수 있다는 점이다.

다중 이분형 변수의 단점은 여러 상호작용 효과에 대해 검정할 때 곱셈항을 사용했을 때보다 많은 수의 변수가 필요하다는 점이다. 예를 들어 만약 성별과 ST분절 상승의 상호작용뿐만 아니라 성별과 울혈성 심부전증의 상호작용에 대해 평가하려면, 세 가지 변수(남성이고 울혈성 심부전증 있음, 남성이고 울혈성 심부전증 없음, 여성이고 울혈성 심부전증 있음)를 추가로 만들어야 한다. 만약 곱셈항 방식을 사용한다면 모형에는 단지 두 변수(성별×ST분절 상승, 성별×울혈성 심부전증)만을 추가하면 된다. 성별에 대한 변수는 이미 모형에 있으므로 추가할 필요가 없다.

4 비례위험 모형과 같은 생존분석에서 시간을 어떻게 다뤄야 할까?

선형 회귀분석이나 로지스틱 회귀분석에서는 독립변수와 결과변수만 입력하면 된다. 그러나 비례위험 분석을 포함한 생존분석에서는 대상자 각각에 대한 시간도 입력해야 한다. 이때 시간이란, 대상자가 연구에 참여한 시점으로부터 사건(결과 발생)을 경험한 날까지의 기간, 추적에서 탈락되거나 연구 참여를 철회한 날까지의 기간, 혹은 연구 종료일까지의 기간이 될 수 있다.

[표 7-4]에 표시된 것처럼 기준 시점(zero time)은 연구의 형태에 따라 달라진다. 무작위배정 임상연구에서 기준 시점은 무작위 배정이 이루어진 날이다. 반면 전향적 시험이지만 중재와 관련하여 대상자의 무작위 배정이 이루어지지 않는 연구에서는 연구 등록일이 기준 시점이 된다.

관찰 연구에서 기준 시점을 선택하는 것은 조금 더 까다롭다. 핵심은 연구의 시작을 가장 잘 대표할 수 있는 시점을 선택하는 것이다. 예를 들어 관상동맥 질환 환자의 사망률을 평가하기 위해서 기준 시점은 질환의 발병 시점이어야 한다. 하지만 발병 시점을 어떻게 알 수 있을까? 환자가 처음 흉통을 호소한 날을 발병 시점으로 볼 수 있을까? 그러나 일부 환자는 관상동맥 질환이 있음에도 흉통을 전혀 경험하지 못하기도 한다. 게다가 관상동맥 질환이 아닌 다른 요인으로 인해 흉통을 경험한 적 있는 환자도 있을 것이다. 또 어떤 환자들은 언제 흉통을 처음으로 경험했는지 기억하지 못할 것이며, 다만 '몇 년' 동안 흉통이 있었다고 응답할 것이다.

보다 정확한 기준 시점은 어떻게 구할 수 있을까? 관상동맥 조영술에서 관상동맥 협착이 처음으로 확인되었을 때를 기준 시점으로 정해볼 수 있다. 이 방법은 가장 객관적인 근거(혈관 조영술은 관상동맥 질환의 표준 진단 방법이므로)에 기반했다는 장점이 있다. 그러나 조영술이 필요한 환자는 일부에 불과할 것이며 환자의 의료 접근성에도 영향을 받는 문제가 있다.

대부분의 관찰 연구에서 모든 대상자의 질병 발생 시점을 하나의 기준 시점으로 정의하기는 어렵다. 따라서 몇 가지 가능한 시점 중 가장 적절한 것을 고르게 된다. 진료실

[표 7-4] 생존분석에서 기준 시점

연구 형태	기준 시점
무작위 통제시험	무작위 배정일
비무작위 시험	연구 참여일
관찰 연구	다양: - 첫 방문일 - 첫 증상 호소일 - 진단일 - 중재 시작일

에서 유래된 자료를 다룰 때는 환자의 초진일을 택할 수 있다. 전향적 코호트 연구에서는 코호트에 첫 방문한 시점을 택할 수 있다. 이상적이지는 않지만 많은 연구에서 첫 번째 방문을 기준 시점으로 정한다. 예를 들어 HIV 감염의 자연사에 대한 연구에서는 의료기관 최초 방문일을 기준 시점으로 정하는 경우가 흔한데, 이는 환자가 HIV 항체 양성반응이 있다고 기록되는 최초의 시점이기 때문이다. 그러나 혈청전환에 앞서 몇 달에서 몇 년 동안 이미 질병이 진행되었을 것이다. 그러므로 최초 방문일을 기준 시점으로 정하는 것은 편향을 초래하고 일부 관측에 대해서는 생존시간을 부정확하게 측정하게 할 수도 있다. 그럼에도 불구하고 이 기준점은 HIV의 특성을 연구하는 데 유용하기 때문에 널리 사용되고 있다.[1] 지금까지의 내용을 정리하면 연구 주제가 되는 중심 사건의 시작을 가장 잘 표현할 수 있는 시점을 기준 시점으로 선정하고 논문의 방법론 단락에서 그 내용을 명료하게 기술해야 한다.

생존분석의 종료 시점은 사건 또는 중도절단 발생일(3장 6절)이다. 사건 발생 전 추적관찰에서 탈락된 참여자의 중도절단일은 마지막 추적조사일이 된다. 사건이 발생하지도 않았고, 연구 기간 동안 지속적으로 추적관찰이 가능했던 대상자에 대해서는 연구 종료일이 중도절단일이 된다.

그러나 연구 대상자에 대한 추가 자료를 함께 사용하는 경우에는 중도절단일을 정하는 것이 모호할 수도 있다. 후천성 면역 결핍증(AIDS) 진단 이후 생존시간에 대한 분석이 이에 대한 좋은 예가 된다. 연구에서 추적관찰이 중단된 환자가 사망했는지 확인하는 상

1 HIV 감염자 코호트의 편향에 대한 측면은 다음을 보라. Alcabes, P., Pezzotti, P., Phillips, A. N., et al. (1997). "Long-term perspective on the prevalent-cohort biases in studies of human immunodeficiency virus progression." *Am. J. Epidemiol*, 146, 543–551.

황을 가정해보자. 일반적으로 사망 증명서는 공공 기록이며 연구에서 중도탈락하였더라도 이 자료를 이용하면 사망 여부를 확인할 수 있다. 그러나 실제로 환자가 사망한 이후 사망 증명서가 등록되기까지 상당한 시간 차이가 발생할 수 있다. 반대로 환자의 자료를 사망 자료와 연계하는 경우, 추적관찰의 다음 주기가 돌아오기 전에 사망 여부를 보다 빨리 알 수도 있다. 이는 연구 참여자의 추적관찰은 비교적 긴 기간(예: 6개월)마다 이루어지는 데 반하여 사망기록은 비교적 더 자주(예: 1주일 혹은 1개월) 검토되기 때문이다. 그렇다면 추가적인 정보원을 통해 얻은 생존 정보를 어떻게 다뤄야 할까?

필자와 연구진은 샌프란시스코에서 AIDS로 진단받은 모든 환자를 6개월마다 추적관찰하고 있다. 또한 주마다 샌프란시스코 내 사망기록 전체를 검토하고 있다. 또한 매년 국가 사망지표(National Death Index)와 환자의 자료를 연계한다.[2] 이 지표는 미국의 모든 사망기록을 포함한다. 이 방법을 이용하면 대부분의 사망 사실을 거의 확실히게 파악할 수 있다. 그렇다면 사망하지 않았을 것으로 생각되는 대상자의 추적관찰일은 언제로 정하는 것이 가장 적절할까? 이것을 결정하는 절차는 다소 복잡하지만, 차근차근 살펴보면 최종 추적관찰일을 정하는 데 연구자가 어떤 요소를 고려해야 하는지 알 수 있다.

먼저 사망기록이 확인되지 않은 (사망하지 않았을 것으로 생각되는) 환자에 대해서는 가장 최근 의료기관 방문일이나 혈액 검사일의 의무기록을 확인한다. 만약 최근의 의무기록이 전혀 없는데 사망기록이 없는 사람은 어떻게 된 걸까? 이들은 샌프란시스코 외곽에서 사망했거나(샌프란시스코에서 사망했다면 매주 검토하는 샌프란시스코 내 사망 자료로 알아낼 수 있었을 것이다), 다른 지역으로 이주했거나, 진료기관을 변경했거나 진료받기를 중단한 사례에 속할 것이다. 그렇다면 이 경우 최종 추적관찰일을 언제로 정해야 할까?

이 경우 필자는 우리가 가진 자료와 국가 사망지표를 연계한 시점을 최종 관찰 시점일로 정했다. 국가 사망지표는 각 지역에서 수집된 사망기록을 종합하여 달력의 마지막 날을 기준으로 12개월 이내에 발생한 모든 사건을 갱신한다. 예를 들어 2005년 6월에 자료를 연계한다면 2003년의 기록은 완성된 상태일 것이다. 그러므로 추적관찰에서 탈락된 대상자의 중도절단일은 2003년 12월 31일이 된다.

2 미국의 국가 사망지표에 대한 정보에 자료를 연계하는 방법에 대해서는 다음 사이트를 방문하라. www.cdc.gov.nchs/r&d/ndi/ndi.htm.

물론 국가 사망지표와 연계시키는 방법도 완벽한 방법은 아니다. 언제나 그렇지만 지표가 100% 정확한 것은 아니다. 사망 정보가 지표에 존재하더라도 우리가 가지고 있는 개인 식별정보가 부정확(예: 잘못된 생년월일)하여 연계되지 않는 사례도 있을 것이다. 이 방법보다 더 보수적인 전략으로, 가장 최근에 기록된 의무기록의 날짜를 최종 관찰일로 사용할 수 있다. 이 방법은 환자가 최종 내원일 이후 사망한 것으로 간주하므로 추적관찰 이후 사망까지의 잔여시간을 무시한다. 따라서 과소추정된 생존시간을 얻게 된다는 문제가 있다. 정반대 전략으로 통계 분석을 시행하는 당일을 이러한 환자들의 중도절단일로 정할 수도 있다. 이 전략을 사용하려면 샌프란시스코에 거주하는 대다수의 AIDS 환자는 이 지역 내에서 사망할 것이며, 우리가 이 지역에서 발생하는 사망기록을 매주 살펴보고 있다는 전제가 필요하다. 매주 열심히 기록을 살펴보고 있다면 자료 분석 시점에서도 대부분의 사망을 바로 파악할 수 있을 것이다. 그러나 이러한 방식으로 중도절단일을 정하더라도 몇몇 사망 사례를 놓칠 수밖에 없으므로 생존시간을 과대추정하게 된다. 다음에 제시되는 방법은 이러한 전략을 절충한 것이다.

보다시피 중도절단일을 정하는 일은 상당히 까다롭다. 이를 어떻게 정하는지에 따라 개체의 생존시간은 달라진다. 반 벤섬(van Benthem)과 동료들은 AIDS 잠복기간(HIV 혈청 변환에서 AIDS 진단까지의 기간)의 사례에서 이 결정의 중요성을 보여준다.[3] 이 연구에서는 환자의 중도절단일을 설정하는 방식에 따라 AIDS 잠복기간이 달라진다는 것을 보여준다. 아직 AIDS가 발병하지 않은 환자가 마지막 내원일에 중도절단된 것으로 처리되면 AIDS의 잠복기간은 과소추정된다(기록 연계를 통해 사망 정보를 추가할 수는 있지만 마지막 내원일 이후 AIDS가 발병하기 전까지의 기간이 무시되기 때문이다). AIDS 발병 여부를 모르는 환자에 대해 분석 당일을 중도절단일로 정할 경우 잠복기간은 과대추정된다(연계된 사망 자료가 완벽하지 않기 때문이다). 따라서 이 연구에서는 다음의 대안적 방법을 제시했다. '분석일 이전 연도에 내원한 환자가 AIDS로 진단받지 않은 경우에는 분석일을 중도절단일로 정한다. 만약 분석일 이전 연도에 내원하지 않았지만 마지막 의료기관 방문 이후 AIDS로 진행된 지 1년 이상 된 환자는 마지막 방문일로부터 1년 경과된 날을 중도절단일로 정한다.'

3 van Benthem, B. H. B., Veugelers, P. J., Schecter, M. T., et al. (1997). "Modelling the AIDS incubation time: Evaluation of three right censoring strategies." *AIDS,* 11, 834–835.

[표 7-5] 생존시간 계산

대상자	시작일	심정지가 발생했는가?	심정지 발생일	마지막 추적관찰 일자	시간(일)
1	2004년 5월 1일	예	2005년 5월 1일	2005년 8월 1일	365
2	2004년 5월 1일	아니오	해당 없음	2005년 8월 1일	457
3	2004년 8월 1일	아니오	해당 없음	2005년 8월 1일	365
4	2004년 5월 1일	아니오	해당 없음	2004년 7월 1일	61

반 벤섬과 동료들의 분석에서 매우 흥미로운 점은, 그동안 연구에 따라 AIDS 잠복기간이 달랐던 것은 사실 중도절단을 정한 방식의 차이 때문이었음을 보여주었다는 것이다. 그러므로 다른 자료를 추가하거나 연계할 때는 결과 발생에 대한 정보와 그 반대의 정보(사건이 발생하지 않음) 사이에 균형을 잘 맞추는 것이 중요하다. 또한 같은 분야에서 다른 연구자가 어떠한 방식으로 이 문제를 해결했는지 살펴보고 참조하는 것도 도움이 된다.

TIP

사건 발생과 사건이 발생하지 않은 기간 사이의 균형을 이룰 수 있는 적절한 중도절단 일자를 선택해야 한다.

각 대상자의 관찰 시작일과 종료일이 정해지면, 분석에서는 두 날짜의 차이가 생존시간으로 사용된다.

[표 7-5]는 생존시간 계산의 사례다. 2004년 5월 1일에서 2004년 8월 1일 사이의 환자가 연구 대상으로 포함되었고, 중도탈락하거나 연구 참여를 철회한 대상자를 제외하고는 모두 2005년 8월 1일까지 추적관찰되었다. 관찰 사건은 심정지 발생이다.

대상자 1은 연구 참여 1년 후 심정지가 발생하였으나 사건 발생 이후에도 계속 추적관찰이 이루어졌다. 임상연구에서는 흔히 있는 일이다. 일반적으로 주요 사건이 발생한 이후에도 추적은 계속 이루어지는데, 부작용 발생이나 이차적 결과(예: 사망)에 대한 평가가 필요하기 때문이다. 여기서 주의할 점은 심정지 발생까지의 시간은 마지막 추적관찰일이 아닌 결과 발생일과 시작일 사이의 차이로 계산한다는 것이다. 대상자 1과 달리 대상자 2에서는 심정지가 발생하지 않았다. 그래서 생존시간은 시작일과 마지막 추적관찰일의 차이가 된다. 대상자 3에게는 심정지가 발생하지 않았는데, 대상자 1과 2보다 늦게 연구에 참여했다. 따라서 이 대상자는 연구 종료 시점까지도 추적관찰이 지속되었지만 365일에서 중도절단되었다. 대상자 4는 추적관찰 도중 탈락되어 61일째에 중도절단되었다.

[표 7-5]는 생존분석의 두 가지 중요한 측면을 보여준다.

- 생존분석은 달력의 날짜에 상관없이 시간의 길이만 추적한다. 모든 날짜에서 10년을 빼도 생존시간 자체는 동일하다. 따라서 많은 연구에서 진단연도나 출생연도를 보정한다.
- 중도절단된 대상자의 특성을 구별하기 위한 별도 설정이 없다. 사건이 발생하지 않은 모든 대상자는 동일하게 중도절단된 것으로 보기 때문이다. 컴퓨터 관점에서 대상자 2, 3, 4가 지니는 유일한 차이는 분석에 기여하는 시간의 크기뿐이다.

비례위험 회귀모형에서 시간을 다루는 또 다른 방법도 생각해볼 수 있다. 관찰 기간 대신 대상자의 연령을 사용하는 것이다. 이 방법은 건강한 인구집단에 대한 관찰 연구에서 고려해볼 수 있을 것이다. 55세 남성을 15년 동안 관찰한 경우 질병 발생의 위험도는 44세 남성을 15년 동안 관찰한 경우보다, 55세 남성을 5년 동안 추적관찰했을 때의 위험도에 더 가까울 것이기 때문이다.

콘(Korn)과 동료들은 건강한 인구집단을 대상으로 전국 단위의 설문조사를 통해 수집된 정보를 기반으로 한 관찰 연구에서 대상자의 추적관찰 기간 대신 연령을 사용하는 것에 대해 살펴보았다.[4] 연구자들은 건강한 인구집단 연구에서는 시간 변수로 연령을 사용하는 것이 더 바람직하다고 주장하였지만, 관찰 기간을 시간 변수로 사용하고 연령을 보정하는 일반적인 방법으로도 편향되지 않은 통계량을 얻을 수 있음을 관찰했다.

추적관찰 기간 대신 대상자의 연령을 사용하는 방식은 건강한 일반 인구를 대상으로 하는 연구에서도 실제로는 거의 사용되지 않는다. 더욱이 질환을 가진 환자를 대상으로 하는 연구에서는 이러한 방법이 적절하지 못하다. 질환이 있는 대상자(예: 암, 심장질환)에 대한 연구에서는 연령보다 유병기간이 결과 발생(예: 사망)과 더 밀접한 관계에 있을 것이기 때문이다.

4 Korn, E. L., Graubard, B. I., and Midthune, D. (1997). "Time-to-event analysis of longitudinal follow-up of a survey: Choice of the time scale." *Am. J. Epidemiol*, 145, 72–80.

만약 연령을 시간 척도로 사용하기로 했다면 출생 코호트에 대한 보정이 필요하다. 그래야 추적관찰 기간 동안 치료법이 변하더라도 이를 모형에 적절하게 반영할 수 있을 것이다.

5 시작 시점에 사건이 바로 발생한 대상자는 어떻게 처리해야 할까?

자료를 다루다 보면 연구 시작 시점에 대상자에게 사건이 발생하는 경우가 있다. 이 경우 해당 대상자의 생존시간은 0이 된다. 정의에 따라 어떤 사람에게서도 시작 시점에서 사건이 발생하지 않으므로 생존시간이 0인 사람은 분석에서 제외된다. 그런데 이렇게 제외하는 것이 최선일까? 이러한 문제를 해결할 수 있는 방법은 없을까?

이 질문에 답하기 위해서는 우선 정말로 시작 시점에서 사건이 발생한 경우와 실제 시작 시점을 알지 못하여 관찰 시작 시점과 사건 발생 시점이 동일하게 기록된 경우를 구분해야 한다. 다음 몇 가지 사례를 살펴보도록 하자.

급성 호흡 곤란 증후군(acute respiratory distress syndrome, ARDS)과 같이 급격하게 진행되는 질환의 병원 내 생존율에 대해 연구한다고 가정하자. 상당수의 환자는 입원 당일 사망할 것이다. 이때 생존시간을 일 단위로 계산하게 되면 입원 당일에 사망한 환자의 생존시간은 0이 되므로 분석에서 제외되는데, 당연히 이는 원하는 바가 아니다. 환자는 실제로 몇 시간 정도는 생존했을 것이다. 생존시간은 보통 일 단위로 정하는데 이는 어떤 특별한 근거에 기반한 기준은 아니다. 시간을 분석 단위로 하면 ARDS나 진행 속도가 급격한 다른 질병을 기술하기에 적절해진다. 그러나 일반적으로 질환이 호전되거나 악화되는 일은 시간 단위보다는 일 단위로 기록되기 때문에 대다수의 연구에서 생존시간으로 일 단위를 사용한다. 사망이 급격히 진행하는 질병의 경우 수 시간 혹은 수 일의 생존이 임상적으로 의미 있는 것이 아니라면 이는 생존분석보다는 생존/사망의 로지스틱 회귀분

석으로 처리하는 것이 더 합리적일 것이다.[5]

TIP

생존분석에서 생존시간을 다룰 때 일 단위를 사용하는 것에는 특별한 근거가 없다. 급격히 진행되는 질환에 대해서는 시간 단위가 더 적절할 수 있다.

좀 더 복잡한 사례를 살펴보자. 같은 날에 AIDS 진단을 받고 사망한 환자는 어떻게 분류해야 할까? 샌프란시스코 보건당국의 AIDS 등록 자료를 살펴보면 일부 환자에서 AIDS 진단일과 사망일이 같은 것을 볼 수 있다. 이런 현상이 생기는 데는 두 가지 이유가 있다. 먼저, 아직 AIDS로 진단을 받은 적이 없는 HIV 보균자가 이날 처음으로 AIDS로 진단받고 사망한 경우이다. 이 경우 앞서 살펴본 ARDS 사례와 마찬가지로 수 시간 정도의 생존시간이 존재한다. 그러나 이 기록에는 AIDS의 진단이나 사망 시점이 시간 단위로 기술되어 있지는 않다. AIDS 진단일과 사망일이 동일한 다른 예는 사망 후 부검 담당의에 의해 AIDS가 진단된 경우다. 이 경우 사망 직전에 얼마나 오랜 기간 AIDS를 앓았는지 알 수 없으므로 생존시간을 알기 어렵다. 그렇다면 이렇게 생존시간이 0인 자료는 어떻게 다루는 것이 좋을까?

사망과 동시에 AIDS로 진단된 경우에 생존시간을 0.5일로 정의하는 것도 생각해볼 수 있다. 이러한 처리를 통해 이 환자는 분명히 AIDS 진단 이후에 사망했지만, 그 기간이 하루를 넘지는 못했음을 표현할 수 있기 때문이다. (일부 통계 프로그램에서는 생존시간이 0인 사례에 대해 0.5 단위의 시간을 추가해주기도 한다. 그러나 이러한 처리가 타당한지는 연구의 특성에 따라 개별적인 검토가 필요하다.) 하지만 실제 생존시간을 알 수 없으므로 분석에서 제외하는 것이 더 타당할 것이다.

뉴욕시 보건당국의 AIDS 등록 자료에는 더 복잡한 문제가 있다. 샌프란시스코와 달리 AIDS 진단 시점의 연도와 월까지만 기록하기 때문이다. 따라서 AIDS 진단과 사망이 같은 달에 발생하면 해당 환자의 생존시간은 0이 된다. 따라서 이 자료에서는 생존시간이 0인 환자 비율(11%)이 높다.[6]

5 이 문장은 독자의 이해를 돕기 위해 역자가 덧붙인 것이다.

6 Blum, S., Singh, T. P., Gibbons, J., et al. (1994). "Trends in survival among persons with acquired immunodeficiency syndrome in New York City." *Am. J. Epidemiol*, 139, 351–361.

그렇다면 뉴욕시의 AIDS 등록 자료는 어떻게 다루어야 할까? 이 연구에서는 이러한 사례를 모두 분석에서 제외하는 방법을 사용하였다. 그러나 이러한 처리 방식은 분석 결과에 편향을 유발할 수 있다. 분석에서 제외된 환자 중에는 실제로 생존시간이 짧았던 환자가 포함되어 있으므로 이들을 모두 배제하면 생존시간이 인위적으로 연장되기 때문이다. 실제로 이러한 특성을 가지는 환자가 적지 않았을 것이므로 연구자들은 생존자가 다른 대상자와 구별되는 특성을 가지는지 조사했다. 그 결과 생존자는 여성, 유색인종, 약물중독자인 경우가 많았다. 이것이 시사하는 바는 대상자를 인위적으로 제거함으로써 발생하는 편향을 완벽하게 제거할 수는 없다는 것이다. 연구자는 이러한 절차로 인해 발생하는 편향에 대해 조사하고 독자에게 자세히 보고해야 한다.

6 기대한 것보다 생존시간이 훨씬 짧은 대상자를 어떻게 다뤄야 할까?

대상자를 추적관찰하기 시작한 지 얼마 되지 않았는데 사건이 발생하여 생존시간을 생리의학적으로 설명할 수 없는 경우가 있다. 이는 특히 하루 또는 일주일 만에 사망하기 어려운 질환을 다루는 경우 문제가 된다. 예를 들어 암 발생에 관한 연구에 등록된 지 일주일 만에 폐암 환자가 사망한 경우 어떻게 해야 할까? 일반적으로 하나의 암세포가 분열하여 그 수가 늘어나기까지는 수년 이상 걸린다고 알려져 있다. 그럼 일주일 만에 사망한 이 환자는 제외하는 것이 맞을까? 만약 그렇다면, 한 달 후나 일 년 후에 사망한 환자를 어떻게 해야 할까? 이 기간이 길어질수록 결정을 내리는 것이 모호해진다.

모든 일이 그렇듯이 이러한 일이 발생하지 않도록 예방하는 것이 최선이다. 엄격한 대상자 포함 기준을 통해 연구가 시작될 때부터 최대한 적절한 환자만이 포함되도록 해야 한다. 폐암 발생률 연구를 한다면 연구 대상자의 호흡기 증상에 대한 문진이나 흉부 방사선 촬영을 해볼 수 있을 것이다.

TIP

엄격한 대상자 포함 기준을 통해 연구 시작 시점에 분명히 사건이 발생하지 않은 대상자만이 연구에 포함되도록 해야 한다.

그렇지만 불행히도 특정 질병에서 기준에 맞지 않는 대상자를 배제하기 위해서는 매우 침습적인 검사가 필요한 경우가 있다. 연구 참여자가 침습적인 검사를 받아야 한다면 시험 비용은 크게 증가하는 한편 연구에 참여하려는 환자의 수는 크게 줄어들 것이다. 예를 들어 HIV 감염 환자 중 일부는 주폐포자충폐렴(pneumocystis pneumonia, PCP)이 있더라도 증상이 없거나 미미하고 흉부 방사선 검사 결과가 정상일 수 있다. 따라서 PCP 예방을 위한 임상시험에서 피험자의 질병 여부를 확인하기 위해서는 모든 참여자에 대해 기관지 내시경을 시행해야 한다. 그러나 질병 예방을 위한 임상시험에 등록하기 위해 증상이 없는 대상자에게 침습적 검사를 실시하는 행위는 현실적이지 못하며 윤리적이지도 않다. 따라서 PCP 예방에 관한 연구를 수행하는 많은 연구자가 연구 참여 전 대상자에 대한 평가 방법을 흉부 방사선 검사와 호흡기 증상 문진 정도로 제한하고 있다. 그렇기에 연구 등록 이후 얼마 되지 않아 PCP로 진단되는 참여자가 종종 발생하기도 한다.

일반적으로 PCP는 수 주에 걸쳐 서서히 진행되는 질환이다. PCP 예방 프로그램에 참가한 지 일주일 만에 환자가 PCP로 진단되면 이를 치료 실패로 볼 것인가(연구 관찰 기간 중에 발생한 사건이므로)? 아니면 분석에서 제외시켜야 할 것인가(PCP의 자연 경과에 따라 이미 등록 시점에 폐렴이 존재했을 가능성이 있으므로)? 이 판단은 연구자의 몫이다. 이 사례에 있어서는 일반적으로 등록 후 28일 이내에 발생하는 PCP는 분석에서 제외한다.[7] 반면 28일 이후에 발생하는 경우 치료 실패로 본다.

이와 같은 처리 방식에 의문이 들 수도 있다. 결과 발생 시점과 무관하게 연구 등록 이후 발생한 모든 사례를 포함하는 것이 더 안전한 접근이 아닐까? 무작위배정 임상연구에서는 설명하기 어려운 조기 결과 발생 사례가 비교 집단 사이에 균등하게 배분된다. 따라서 이러한 보수적인 접근 방법이 각 비교 집단 내의 치료 실패율을 높일 수는 있겠지만,

7 Leoung, G. S., Feigal, D. W., Montgomery, A. B., et al. (1990). "Aerosolized pentamadine for prophylaxis against pneumocystis carinii pneumonia." *N. Engl. J. Med*, 323, 769–775; Golden, J. A., Katz, M. H., Chernoff, D. N., et al. (1993). "A randomized comparison of once-monthly or twice-monthly high-dose aerosolized pentamadine prophylaxis." *Chest,* 104, 743–750.

집단 사이의 비교에서 편향을 유발하지는 않을 것이다. 그러나 무작위배정 임상연구와 달리 관찰 연구에서는 조기 결과 발생 사례가 비교 집단 사이에 균등하게 배분되지 않는 경우가 많으며, 이것이 도리어 편향의 원인이 될 수 있다.

결국 이러한 상황을 방지할 수 있는 최선의 방법은 사전에 등록 기준을 명확히 하여 개연성이 낮은 초기 발생 사례를 최소화하는 것이다. 아울러, 이러한 장치에도 불구하고 연구 시작 이후 조기 사건이 발생하는 경우 어떤 방식으로 처리할지 사전에 결정해두는 것이 필요하다. 연구에서 조기 발생 사례를 제외하는 것이 중요한 만큼, 그 배제 기준(exclusion criteria)을 사전에 객관적으로 정하는 것 역시 중요하다. 또한 이러한 기준이 마련되었다고 하더라도 치료 집단 배정에 대해 눈가림된 검토위원회에서 참여자에 대한 최종 배제 결정을 내리도록 하는 것이 좋다.

TIP

연구 참여자 배제에 대한 사전적 기준이 마련되어 있더라도 치료 집단 배정 상태를 알지 못하는 검토위원회를 통해 참여자의 최종 배제 여부를 결정하는 것이 좋다.

조기 발생 사례를 제외하는 것은 위험요인과 결과 발생 사이의 인과관계에 대한 가설을 검정하기 위한 방법이 되기도 한다. 예를 들어 4장 3-1절에서 살펴본 콜레스테롤 수준과 사망률 연구에서는 연구 시작 이후 첫 4년 사이 암이 발생한 대상자를 연구에서 제외하였다. 이는 연구 등록 당시에는 암이 없는 것으로 생각했지만, 미처 진단되지 못한 암으로 인해 (결과적으로) 낮은 콜레스테롤 수치를 가지게 된 대상자를 제외하기 위한 것이었다. 이렇게 조기에 암이 발생한 환자를 제거하고 분석한 결과, 낮은 콜레스테롤과 사망률 사이의 관계가 미처 발견하지 못한 암 때문이 아니라는 것을 확인할 수 있었다.

7 포아송 회귀분석에서 생존시간을 고려할 수 있을까?

3장 11절에서 다룬 포아송 회귀분석(혹은 음이항 회귀분석)은 다른 변수에 대한 영향을 모두 보정하여 2개 이상의 집단에서 사건의 발생률을 비교하는 데 사용된다.

발생률은 집단에서 첫 사건을 겪은 대상자 수를 집단의 위험노출시간(at-risk time)으로 나누어 계산한다. 대다수의 의학 연구에서 위험노출시간의 단위는 인-년(person-years)이다. 집단의 전체 위험노출시간을 계산하려면 각 대상자의 위험노출시간을 더해야 한다. 각 대상자의 위험노출시간을 계산하는 것은 생존분석에서 생존시간을 결정하는 과정과 매우 유사하다. 각각의 대상자는 관찰 시작 시점에 0의 노출시간을 가진다. 그리고 결과가 발생하거나 추적관찰이 중단되거나 연구에서 제외되기 전까지는 위험에 노출된 것으로 보고, 그 시간을 이용한다.

발생률 계산에 필요한 가정은 비례위험 분석 등의 생존분석에서의 가정과 유사하다. 특히 발생률 계산 결과가 타당하려면 연구에서 탈락하거나, 관심 결과 외의 사건을 겪거나, 연구 참여를 철회한 대상자의 가능도가 그러지 않은 대상자의 가능도와 같아야 한다. 또한 하나의 발생률로 요약되는 기간 도중에는 시간에 따른 변화가 있어서는 안 된다.

발생률을 구할 때 생존분석과 다른 점은 개인별 위험노출시간이 없어도 인구 집단에 대한 전체 위험노출시간을 계산할 수 있다는 것이다. 이를 설명하기 위해 임신이 뇌졸중 발생 위험을 증가시키는지에 대한 연구 사례로 되돌아가보자(3장 11절). 해당 사례는 특정 조건에 맞는 연구 대상자만을 대상으로 하는 코호트 연구가 아니므로 해당 지역 여성들의 임신 시점을 알 수 없었다. 그러나 이는 개인별 위험노출시간을 계산하는 데 필요한 정보이며, 이에 대한 정보 없이도 집단의 위험노출시간은 추정할 수 있다. 이 연구에서는 인구 집단에서의 자발적 또는 유도된 낙태, 사산과 출산의 평균수와 각 경우에서의 평균 임신기간을 이용하여 '임신 동안의 위험'이라는 위험노출시간을 계산하였다. 또한 임신과 관련되지 않은 위험노출의 인-시간은 전체 위험노출시간에서 임신 관련 위험노출시간을 빼서 계산할 수 있었다. 전체 위험노출시간을 계산하기 위해서는 지역별 (연구 대상자 정의에 따라) 15세에서 44세 사이의 여성 인구수가 필요한데, 이렇게 구한 대상자 수에 뇌졸중이 확인된 연도(1988-1991)까지의 시간을 곱하면 전체 위험노출시간이 된다. 물론 이와 같이 간접적으로 계산하는 방법은 가임기 여성 코호트를 직접 구축하여 개별 대상자의 위험노출시간을 합산하는 방법보다는 정확도가 떨어질 것이다. 그러나 임신 여성에서 뇌졸중의 발생률이 매우 낮기 때문에 코호트 연구로 이를 증명하는 것은 현실적으로 매우 어렵다.

8 변수 선택 기법이란 무엇일까?

변수 선택 기법(variable selection techniques)은 다변수 분석 모형에 어떤 독립변수를 포함할지 결정하는 일련의 자동화된 절차다. 이 방법은 모형에 독립변수를 어떤 순서로 포함할지 정하는 데에도 사용할 수 있다. 변수 선택에 사용하는 매개변수(parameter)는 연구자가 결정한다.

정의

변수 선택 기법은 모형에 어떤 독립변수를 포함할지 결정하는 자동화된 방법이다.

앞서 변수 선택 기법을 다변수 분석에 포함되는 독립변수의 수를 줄이는 데 결함이 있는 방법이라고 소개한 바 있다. 하지만 이 기법은 모형의 독립변수의 수에 비해 표본크기가 충분하지 않은 경우 필요할 수 있다(6장 5절). 뿐만 아니라 결과변수를 적절히 예측하기 위해 필요한 최소한의 독립변수 수를 결정하기 위해 이 기법을 사용하기도 한다. 이는 진단(2장 4절) 및 예후 예측 모형(2장 5절)의 개발에서 특히 중요하다. 모형에서 고려해야 하는 변수가 적을수록 의사들이 이를 기억하고 임상현장에서 유용하게 활용할 수 있기 때문이다.

2장 4절에서 응급실에 흉통으로 내원한 환자 중 급성 허혈성 질환이 발생할 가능성이 높은 환자를 예측하는 사례에 대해 소개했다. 이 연구에서는 규칙을 만드는 데 전진선택법(forward selection)을 사용하였다. 총 59개의 임상적 특성 변수를 평가한 결과 이 변수 선택 알고리즘은 급성 허혈성 질환을 가장 잘 설명하는 7개의 변수를 선택했다. 만

[표 7-6] 변수 선택 기법

종류	방법	장점과 단점
전진 선택법 (forward selection)	각 단계에서 변수를 모형에 순차적으로 입력한다. 입력 순서는 모형에 이미 추가된 변수에 의해 보정된 상태에서 개별 독립변수와 결과변수의 연관성 정도에 따라 결정된다(연관성이 강한 순서대로).	표본크기가 작은 경우 유용하다. 억제 효과를 잘 다루지 못한다.
후진 제거법 (backward elimination)	모형에서 변수를 단계적으로 제거한다. 제거 순서는 모형에 이미 추가된 다른 변수에 의해 보정된 상태에서 결과변수와의 연관성 정도에 따라 결정된다(연관성이 낮은 변수가 먼저 제거됨).	전진 선택에 비해 억제 효과를 평가하는 데 적절하다.
최량부분집합 회귀법 (best subset regression)	모형 선택의 기준이 되는 통계량이 최대가 되는 변수의 조합을 구한다.	계산이 어렵다.
강제 진입법 (all variables)	모든 변수를 동시에 입력한다.	독립변수의 수에 비해 표본크기가 작은 경우 문제가 생길 수 있다.

약 59개의 모든 변수를 포함하는 모형을 사용한다면 분명히 7개의 변수만을 이용해 만든 모형보다는 진단 능력이 좋을 것이다. 그러나 59개의 정보가 있어야만 사용할 수 있는 모형을 현장에서 누가 사용할 수 있을까? 만약 이 모형을 사용하려면 59개 변수에 해당하는 정보를 수집하기 위해 환자에게 입원장부터 내야 할 것이다.

TIP

예측 모형에 포함되는 변수가 적을수록 임상의사가 더 잘 기억하고 사용할 가능성이 높다.

대부분의 통계 프로그램은 여러 종류의 변수 선택 기법을 제공한다[표 7-6]. 이들에게는 공통점이 있는데, 모형에 포함될 변수를 선정하거나 순서를 정하는 데 통계적 기준을 사용한다는 것이다.

전진 선택법을 사용하면 결과변수와 연관성이 가장 큰 독립변수가 모형에 첫 번째로 포함된다. 단변수 분석 결과를 살펴보면 전진 선택 방법에서 어떤 변수부터 포함될지 가늠해볼 수 있다. 단변수 분석에서 결과변수와 연관성이 가장 강한 독립변수가 제일 먼저 선택되기 때문이다. 그러나 그다음으로 어떤 변수가 추가되는지는 단변수 분석 결과만으로는 알기 힘든데, 변수 선택 알고리즘은 이미 모형에 포함된 변수에 의해 보정된 상태에서 모형의 적합도 향상에 기여도가 제일 높은 변수를 선택하기 때문이다. 그러므로 두 번째로 포함된 변수는 단변수 분석에서 두 번째로 연관성이 높은 변수가 아닐 수도 있다. 결국 이후 단계에서 선택되는 각 변수가 다른 변수와 얼마나 긴밀한 연관성을 가지는지에 따라 달라진다. 다른 변수와 연관성이 높은 변수는 모형에 투입하더라도 적합도 향상에 큰 도움이 되지 않는다. 반면 단변수 분석에서 결과변수와 연관성이 낮더라도 이미 모형에 포함된 변수와 별 관계가 없으면서 모형의 적합도를 높이는 데 도움이 되는 변수라면 그다음으로 기여도가 높은 변수로 선택될 수 있다.

전진 선택법은 모형에 해당 변수를 포함하였을 때 모형의 적합도가 얼마나 향상되는지 각 단계마다 평가한다. 그리고 더 이상 모형 적합도를 유의하게 향상시킬 만한 변수가 없을 때 변수 선택 절차가 종료된다. 연구자는 변수를 선택하는 기준점(cut-off, *p*-value)을 설정해야 한다. 기준점을 매우 낮게 설정하는 경우 모형에 포함되는 변수의 수가 줄어들지만 중요한 교란요인이 누락될 가능성이 있다. 반면 기준점을 높게 설정하는 경우에는 중요한 교란요인을 놓칠 가능성은 감소하지만 모형에 포함되는 변수가 늘어날 것이다.

변수가 모형에 포함되었을 때는 유의하였더라도 다른 변수가 추가된 이후에 통계적 유의성을 잃은 경우, 해당 변수를 제거하도록 설정할 수도 있다. 이때는 이미 포함된 변수를 제외하기 위한 기준점을 추가로 설정해주어야 한다. 일단 한 번 추가된 변수를 제거할 때는 조금 더 느슨한 기준점(높은 *p*-value)을 설정할 수도 있고, 변수를 선택하는 기준과 동일한 기준점(같은 *p*-value)을 적용할 수도 있다. 이와 같은 방법을 적용하면 단순히 변수를 계속해서 추가하기만 하는 전진 선택법에 비해 더 적은 변수를 포함하게 된다.

후진 제거법(backward elimination)은 반대 방향으로 이루어진다는 점을 제외하고는 전진 선택법과 비슷하다. 첫 단계에서는 모형에 모든 변수가 포함된다. 독립변수가 10개라고 하면 각각의 중요도와 상관없이 모두를 모형에 넣고 시작한 후 이들 중 결과를 예측하는 데 중요성이 가장 낮은 변수를 찾아 제거한다. 이렇게 해서 9개의 변수가 남으면, 여기서 또다시 그다음으로 중요도가 낮은 변수를 찾아 제거한다. 이 절차는 남아 있는 모든 변수가 결과변수와 유의한 연관성을 가질 때까지 반복된다. 역시 연구자는 변수 제거 과정에서 잔존 여부를 결정할 통계적 기준점을 설정해야 한다.

전진 선택법과 후진 제거법이 서로 반대 방향에서 접근하지만 결과적으로 같은 결과를 얻는 것으로 생각될 수도 있다. 만약 두 선택법으로 얻은 결과가 동일하다면 만들어진 모형이 상당히 견고하다고 판단할 수는 있으나, 항상 같은 결과를 보이는 것은 아니다. 두 방법의 결과가 서로 달라질 수 있는 이유는 모형에서 특정 독립변수의 기여도가 함께 포함된 변수에 따라 달라지기 때문이다. 어떤 변수는 다른 변수와 함께 존재하는 경우에만 통계적 유의성이 나타나기도 한다. 이를 억제 효과(suppressor effect)라고 한다(1장 3절). 전진 선택법에서는 억제 효과를 보이는 변수가 모형에 포함될 가능성이 낮다. 따라서 억제변수가 존재하는 경우에만 통계적으로 유의한 변수를 찾으려면 후진 제거법을 사용해야 한다.

TIP

후진 제거법은 전진 선택법에 비해 억제 효과를 확인하기 좋은 방법이다.

변수의 개수에 비해 표본크기가 작거나 다중공성선이 의심될 때는 전진 선택법이 후진 제거법보다 선호된다. 후진 제거법은 첫 단계에서 모형에 모든 변수를 포함하여 시작하기 때문에 모든 변수를 포함한 모형을 신뢰하기 어려운 경우라면 그다지 좋은 선택이 아니다.

TIP

표본크기가 변수 개수에 비해 작은 편이거나 다중공선성 문제가 우려되는 경우 전진 선택법이 후진 제거법보다 선호된다.

최량부분집합 회귀법(best subset regression)에서는 컴퓨터가 가능한 한 모든 변수 조합 중 최적의 성능을 보이는 조합을 선택한다. 5개 독립변수가 있는 경우 31가지 가능한 조합이 있다(변수 1개, 2개, 3개, 4개, 5개로 이루어진 모형). 독립변수의 수가 늘어나면 이 조합의 수도 기하급수적으로 증가한다. 최고의 조합은 결과변수를 얼마나 잘 예측할 수 있는지를 나타내는 척도에 의해 결정된다. 예를 들어 다중 선형 회귀분석의 경우에는 수정된 R^2값이 가장 크게 나오는 변수의 조합이 선택될 것이다(8장 2-1절).

결론적으로 최량부분집합 회귀법이 통계적 관점에서 변수를 자동으로 선택하는 가장 좋은 방법이다. 하지만 계산 시간이 오래 걸리므로 모든 사례에 이 방법을 적용하기는 어렵다. 로지스틱 회귀분석이나 비례위험 회귀분석에서 이 방법을 사용할 때는 변수의 수가 2개일 때 최고의 조합, 3개일 때 최고의 조합 등 그 수를 점차 늘려가며 독립변수의 수에 따른 최적의 조합을 보여준다(프로그램에 따라서는 변수의 개수가 최대 10개로 제한되어 있는 경우도 있다). 단, 이 방법은 서로 다른 수의 변수를 포함하는 모형끼리는 비교하지 않는다(예: 4개 변수로 이루어진 모형과 5개 변수로 이루어진 모형). 또한, 통계적 측면에서 최적화된 모형이 반드시 질환의 병태생리학적 측면에서 가장 좋은 모형이라고 말할 수도 없다. 교란요인은 포함되었는데 정작 주효과는 누락된 모형이 만들어질 수도 있다. 반대로 다른 변수의 계수를 정반대로 바꿀 정도로 강력한 교란요인이 누락된 모형이 만들어질 수도 있다.

지금까지는 변수 선택 기법이 서로 명확히 구별되는 것처럼 기술했지만, 이들의 혼합된 형태도 있다. 널리 사용되는 방법 중 하나는 모형에 반드시 포함해야 할 고정 변수를 정하고, 이들 변수는 통계적 유의성에 무관하게 모형에서 제거되지 않도록 하는 것이다. 여기에 포함되지 않은 나머지 변수는 전진 또는 후진 선택 방법에 의해 모형에 포함될지 결정된다. 이 분석 방법은 이론적 배경 혹은 실제적인 이유로 반드시 모형에 포함되어야 하는 변수가 있을 때 특히 유용하다. 예를 들어 연구하려는 질환의 이전 연구로부터 나이가 매우 중요한 교란요인이라는 것이 밝혀져 있다면, 나이 변수는 모형에 처음부터 포함되고 중도에 제거되지 않는 것이 합리적일 것이다.

전진 또는 후진 선택 기법을 사용할 때는 결측 자료로 인한 손실을 최소화하도록 설정할 수도 있다. 또한 한 번 전진 또는 후진 선택을 이용해 모형을 만들고 나서 몇 가지 변수를 고정한 후 다시 한 번 변수 선택 절차를 거칠 수도 있다. 이 과정에서 제거되는 변수에 결측값이 있었던 대상자는 다변수 모형에서 다시 분석 대상이 될 수 있다. 후진 제거를 반복할수록 변수의 개수는 적어지고, 그때마다 더 큰 표본을 대상으로 분석을 수행할 수 있다. 전진 또는 후진 선택에서 변수를 추가하거나 제외하는 통계적 기준점을 연구자가 재량껏 설정할 수도 있다. $p<0.05$의 기준을 사용하는 경우가 많지만, 표본크기가 작은 경우에는 $p<0.10$ 혹은 <0.15의 기준을 사용할 수도 있다. 그러나 변수가 p-value 기준에 부합하지 않는다고 해서 그 변수가 중요하지 않다는 것으로 해석해서는 안 된다. 이 선택 기법은 어떤 변수가 추가되거나 제거되었을 때 다른 변수의 계수가 어떻게 변하는지는 고려하지 않는다. 결과변수와 통계적 유의성을 갖지 않는 변수는 다른 변수에도 큰 영향을 주지 못하지만, 통계적 유의성의 경계 수준에 있는 변수는 다른 변수의 계수에 상당 부분 영향을 끼치기도 한다. 이러한 이유로 $p<0.05$보다 느슨한 기준이 선호된다.

지금까지 여러 종류의 선택 알고리즘에 대해 알아보았다. 그러나 마지막으로 조언하고 싶은 것은 "가능하면 변수 선택 기법을 사용하지 마라"는 것이다. 어떤 변수 선택 기법을 사용하더라도 결과 발생의 인과적 경로에 놓인 중요 변수가 선택되지 않거나 제거될

위험이 있다. 전진과 후진 선택 방법은 개별 변수의 영향력만을 평가하므로 두 변수가 상호작용에 의해 결과 발생에 중대한 영향을 주는 경우 이를 적절하게 고려하지 못한다. 또한 결과 발생을 설명하는 데 매우 중요한 변수를 단지 그 변수와 연관된 다른 변수가 모형에 존재한다는 이유로 제거해버리는 일이 발생하기도 한다.

TIP

변수 선택 알고리즘을 쓰지 마라!

따라서 이 과정은 컴퓨터에게 맡기는 것이 아니라, 연구자 본인이 연구 주제에 대한 이론적 지식과 이전의 경험적 발견을 바탕으로 연구자 본인이 어떤 변수를 모형에 포함할지 결정해야 한다. 연구자가 선택한 모든 변수를 모형에 포함시켜라(이 방법을 강제 진입이라고 부르기도 한다). 이렇게 하면 억제변수를 놓치거나 교란변수가 제거되어 계수의 추정값이 현저하게 바뀌는 것을 우려할 필요가 없다. 모든 변수를 사용하는 방법의 또 다른 장점은 논문을 출판할 때 특정 변수를 모형에 포함하지 않은 이유를 따로 설명할 필요가 없다는 것이다. 특정 변수를 모형에서 제외한 근거로 통계적 유의성을 제시하면 된다고 생각할 수도 있겠지만, 만약 심사위원이 논문에서 제외된 변수가 교란 혹은 억제 요인으로 작용한 다른 문헌을 인용한다면 이를 방어하기가 곤란할 수도 있다. 모든 변수를 사용하면 관심변수가 모형에 포함된 상태에서 그 변수가 결과에 영향을 주는지 혹은 주지 않는지, 그리고 다른 변수와는 어떤 관계에 있는지 명확하게 보여줄 수 있다.

그러나 언제나 예외는 존재한다. 만약 분석의 목적이 최소한의 변수로 우수한 성능의 진단 모형을 만드는 것이라면 변수 선택 기법을 사용해도 된다. 진단과 예후를 위한 예측 모형(2장 4절과 5절)에서는 인과성을 크게 고려하지 않아도 된다. 위험요인을 파악하여 환자의 상태를 정확히 진단할 수 있다면 그 변수가 실제로 인과관계에 있는지는 중요하지 않기 때문이다. 특히 최대한 단순한 모형을 만드는 것이 임상의사에게 유용할 것이다.

9 모형이 수렴하지 않을 때는 어떻게 해야 할까?

통계 프로그램으로 로지스틱, 비례위험, 또는 포아송 회귀분석을 실행할 때 모형이 수렴하지 않는다는 메시지가 출력되는 경우가 있다. 이는 컴퓨터가 다변수 모형의 모수를 추정하기 위한 방정식을 풀지 못했음을 의미한다. 여기에는 몇 가지 이유가 있다. 가장 간단한 예로는 코딩 오류가 있는 경우이다. 모든 사람의 결과변수 값이 동일하면 컴퓨터는 방정식을 풀 수 없다. 모든 관측값에서 결과가 발생한다면 결과가 발생하지 않은 오즈 대비 결과가 발생한 오즈(오즈비)를 계산할 수 없기 때문이다.

이제 모형이 수렴하지 않는 다른 이유에 대해 생각해보자. 모형에 포함된 독립변수 수에 비해 결과 발생이 너무 희소한 경우에도 모형이 수렴하지 않을 수 있다(6장 4절). 모형의 독립변수(예: 흡연상태, 성, 연령)에 따라 결과가 전혀 발생하지 않은 소집단이 만들어질 수도 있다. 예를 들어 45세 이하의 비흡연 여성에서는 심정지 사례가 전혀 없을 수도 있다. 이 소집단에 해당하는 사례가 없으므로 컴퓨터는 해당 흡연상태, 성별, 연령 변수에 대한 모수를 계산할 수 없다.

TIP

정의된 소집단에서 결과 발생이 전혀 없거나 매우 희소한 경우 모형이 수렴하지 않을 수 있다.

결과변수 코딩에 문제가 전혀 없는데도 모형이 수렴하지 않는다면 어떻게 해야 할까? 우선 독립변수로 정의할 수 있는 조합에서 결과가 전혀 발생하지 않은 소집단은 없는지 확인해야 한다. 여기에도 문제가 없다면 통계 프로그램이 방정식을 풀기 위한 연산 횟수를 늘려볼 수 있다. 그러나 기본 설정으로 계산되지 않는 경우 모형에 내재된 문제가 있을 가능성이 높다. 모형에서 몇몇 독립변수를 제거하여 결과 발생이 매우 적은 소집단을 없애는 것도 방법이다. 독립변수의 분포가 심한 비대칭일 때, 특히 특정 범주에 5% 미만의 대상자만 포함된 경우 이 변수를 제거하는 것이 모형의 수렴에 도움이 될 수 있다.

TIP

반복계산 횟수를 늘려도 계산 결과가 수렴하지 않으면 모형에 포함된 독립변수의 개수를 줄여보자.

chapter

8

결과의 해석

1. 다변수 분석 결과는 어떤 정보를 담고 있을까?
2. 모형의 적합도를 어떻게 평가할까?
3. 각 독립변수에 대해 추정된 계수는 어떤 의미일까?
4. 상호작용항은 어떻게 해석할까?
5. 다변수 모형에서도 다중 비교 문제에 대한 보정을 해주어야 할까?

1 다변수 분석 결과는 어떤 정보를 담고 있을까?

다변수 분석의 결과는 ① 다변수 모형의 적합도(모형이 자료를 얼마나 잘 설명하는지)와 ② 독립변수와 결과변수 사이의 연관성에 대한 정보를 제공한다. 이번 장에서는 다변수 분석을 수행하였을 때 통상적으로 제공되는 정보에 대해 차례대로 살펴볼 것이다. 그리고 다음 장에서는 다변수 분석을 수행하기 위한 기본 가정이 잘 만족되었는지 평가하는 방법과 모형의 적합도를 향상시키기 위한 방법을 살펴볼 것이다.

2 모형의 적합도를 어떻게 평가할까?

[표 8-1]은 다변수 모형의 적합도를 평가하기 위한 방법을 요약한 것이다. 여기에는 공통적인 항목도 있지만, 다변수 분석의 종류에 따라 조금씩 차이점이 있다.

2-1 다중 선형 회귀분석

다중 회귀분석으로 추정한 값이 모든 대상자가 결과변수의 평균을 가진다는 가정에 비해 결과변수를 더 잘 예측하는지 평가하는 것으로 논의를 시작해보자. 만약 독립변수의 값들을 아는 것이 우연에 의한 경우보다 모형을 더 잘 추정할 수 있다면 F통계량은 커진다.[1]

1 이 방법은 분산분석에서 사용되는 F검정과 같은 의미를 지닌다. 그러나 연속형 변수를 다루는 임상연구에서는 분산분석보다 회귀분석이 더 자주 사용되는 방법이기 때문에 이 장에서는 선형 회귀분석에 대해서만 언급하였다. 분산분석과 다중 선형 회귀분석에서 어떻게 동일한 분석을 적용할 수 있는 것인지, 그리고 각 모형에서 F통계량이 어떤 방법으로 계산되는지에 대해서는 다음 문헌을 참조하길 바란다.
Glantz, S. A. and Slinker, B. K. (2001). *Primer of Applied Regression & Analysis of Variance*. 2nd edn. New York, NY: McGraw-Hill, pp. 294–302.

[표 8-1] 결과변수에 대한 모형의 적합도를 평가하는 방법

	다중 선형 회귀분석	다중(이분형) 로지스틱 회귀분석	비례오즈 회귀분석	다항 로지스틱 회귀분석	비례위험 모형	포아송 회귀분석 (음이항 회귀분석)
독립변수와 결과변수 사이에 관찰되는 연관성이 우연에 의한 것 이상의 의미를 가지는지 평가하는 방법	F검정	가능도비 검정	가능도비 검정	가능도비 검정	가능도비 검정	가능도비 검정
다변수 모형이 결과변수를 얼마나 잘 설명하는지 정량적/정성적으로 평가하는 방법	R^2*	피어슨 적합도 검정 편차 적합도 검정 결과변수의 추정치와 관측치의 비교 호스머-레임쇼 검정* 민감도, 특이도, 정밀도[이 지표를 계산하기 위해서는 구분점을 정해야 함] c 지수*	c 지수 결과변수가 가지는 범주에 따라 개별 이분형 모형을 여러 개 만들고, 각각의 모형에 대해 동일한 통계 분석 방법을 적용 (예: 이분형 로지스틱 모형)	결과변수가 가지는 범주에 따라 개별 이분형 모형을 여러 개 만들고, 각각의 모형에 대해 동일한 통계 분석 방법을 적용 (예: 이분형 로지스틱 모형)	결과변수의 추정치와 관측치 (실제값)의 비교	편차 적합도 검정*

* 가장 좋거나 널리 사용되는 방법

표본의 크기와 모형에 포함된 독립변수의 수가 같을 때(즉, 자유도가 일정하다면) F통계량이 커질수록 p값은 작아지는데, 그 값이 충분히 작다면 독립변수와 결과변수 사이에 어떠한 연관성도 없다는 귀무가설을 기각할 수 있다.

그러나 F검정만으로는 모형에 포함된 독립변수 중 어떤 변수가 결과변수에 대해 통계적으로 유의한 연관성을 가지는지까지는 알 수 없다. 예를 들어 모형에 있는 5개의 독립변수 중 4개가 결과변수와 별다른 연관성을 가지지 않는다고 가정해보자. 바꿔 말해서 5개 중 단 1개의 독립변수만이 결과변수와 연관성을 가지더라도 F검정 자체는 통계적으로 유의하다. 독립변수 각각의 개별적인 유의성을 검정하는 방법은 8장 3절에서 다루도록 하겠다.

F검정의 가장 큰 한계는 모형에서 어떤 독립변수가 결과변수와 통계적으로 유의한 연관성을 가지는지 알려주지 않는다는 것이다.

F검정으로 독립변수와 결과변수 사이의 연관성이 우연에 의한 것보다 크다는 것을 밝힌다고 해서 그 연관성의 정도가 얼마나 큰지, 궁극적으로 다변수 모형으로 결과변수를 얼마나 잘 설명할 수 있는지는 알 수 없다. 그렇다면 F검정은 언제 사용할까? F검정 결과가 유의하지 않은 경우 모형이 자료를 잘 설명하지 못하고 있는 것으로 본다. 때로는 모형에 있는 각각의 독립변수를 개별적으로 평가하였을 때는 결과변수와 유의한 연관성이 관찰되었는데도 불구하고 전체 다변수 모형이 유의하지 않을 수 있다. 이는 모형에 결과변수와 연관성이 떨어지는 독립변수가 많이 포함된 경우 발생할 수 있는 문제로 중요도가 떨어지는 몇몇 변수를 모형에서 제거하면 해결되기도 한다.

TIP

모형에 있는 독립변수가 개별적으로 결과변수와 유의한 연관성이 있음에도 불구하고 전체적인 모형이 통계적으로 유의하지 않다면 연관성이 작은 독립변수를 모형에서 제거해보자.

R^2는 종종 변동계수(coefficient of variation)로도 불리며 모형에 포함된 독립변수들로 결과변수를 설명할 수 있는 정도를 정량적으로 나타내므로 F검정보다 유용하다. R^2는 모든 대상자의 결과변수가 전체의 평균과 동일하다고 가정할 때에 비해 모형의 추정으로 독립변수가 결과변수를 얼마나 잘 설명할 수 있는지 나타내는 정량적 지표이다.

정의

R^2는 모형에 포함된 독립변수로 결과변수를 얼마나 잘 설명할 수 있는지 알려주는 정량적 지표다.

R^2는 0에서 1 사이의 값을 가진다. R^2가 0이면 결과변수를 추정하는 데 독립변수가 아무런 기여를 하지 못하고, 1이면 독립변수로 결과변수를 완벽히 설명할 수 있음을 뜻한다. R^2에 100을 곱하면 독립변수의 변화로 결과변수의 변화를 얼마나 설명할 수 있는지 나타내는 비율이 된다.

TIP

R^2에 100을 곱하면 독립변수의 변화로 결과변수의 변화를 얼마나 설명할 수 있는지 나타내는 비율이 된다.

그러나 R^2에도 몇 가지 단점이 있다. 다변수 모형에 독립변수를 추가할 때마다 그 변수가 결과변수를 추정하는 데 얼마나 도움이 되는지에 관계없이 모형 전체의 R^2값은 계속해서 커진다. 예를 들어 결과변수와 강력한 연관성을 가지는 독립변수 5개만을 이용해 만들어진 모형이 있다고 가정해보자. 이 모형의 R^2값보다는 여기에 별다른 의미가 없는 5개의 변수를 더 추가하여 만든 모형의 R^2값이 더 크다. 이 문제를 해결하기 위해 모형에 포함된 변수가 증가하면 통계량에 페널티를 부과하여 그 수가 무작정 늘어나는 것을 방지하는 수정된 R^2(adjusted R^2)이 고안되었다. 따라서 모형에 독립변수를 추가함으로써 얻는 모형의 설명력이 페널티보다 큰 경우에만 수정된 R^2값이 증가한다. 만약 변수 추가로 인한 설명력의 증가가 페널티보다 작으면 수정된 R^2값은 오히려 감소할 것이며, 변수 추가로 인한 설명력의 증가와 페널티가 비슷한 경우 수정된 R^2값은 크게 바뀌지 않을 것이다.

수정된 R^2는 모형에 독립변수가 추가될 때마다 통계량에 페널티를 받는다.

2-2 다중 이분형 로지스틱 회귀분석

다중 이분형 로지스틱 회귀분석에서는 가능도비 검정(모형 카이제곱 검정이라고도 부른다)을 통해 독립변수와 결과변수 사이에 유의한 연관성을 확인한다. 이 검정 방법은 F검정과 비슷하지만 검정 통계량이 카이제곱 분포를 따른다는 점이 다르다. 모든 대상자의 결과변수를 평균값으로 가정했을 때(이분형 결과변수에서의 평균은 사건을 경험한 대상자의 비율임)에 비해 모형과 독립변수를 이용했을 때 결과변수를 더 잘 추정할 수 있고, 이때 얻을 수 있는 예측력의 향상이 우연에 의한 것보다 큰 경우 카이제곱 통계량이 커진다.

로지스틱 회귀모형의 적합도 검정에는 가능도비 검정을 사용한다.

모수의 수(자유도)가 일정할 때, 가능도비 검정의 카이제곱 통계량이 커지면 p값은 작아진다. 이 경우 모형의 설명력이 없다는 귀무가설을 기각하고 독립변수와 결과변수 사이에는 유의한 연관성이 있다고 판단한다. 카이제곱 통계량에 대한 p값은 큰 표본크기를 요구하는데, 그 크기가 80에서 100 이상인 경우 적절하게 사용할 수 있다.[2]

> 가능도비 검정에서 카이제곱 통계량이 커지면 p값은 작아지며, 독립변수와 결과변수 사이에 연관성이 없다는 귀무가설을 기각할 수 있다.

이외에도 로지스틱 회귀모형의 적합도를 평가하는 데 피어슨(Pearson) 통계량과 편차(deviance) 통계량을 이용할 수 있다. 이들은 결과변수의 실제 관측값과 모형을 통한 추정값을 비교하여 계산하는데, 값이 클수록 모형의 적합도가 떨어짐을 의미한다. 이들 역시 카이제곱 분포로부터 p값을 계산할 수 있다.[3]

호스머-레임쇼 검정(Hosmer-Lemeshow test) 역시 모형의 적합도를 평가하기 위한 방법이다. 먼저 대상자를 여러 소집단으로 나눈 후 각 소집단에서 실제로 관측된 확률과 모형을 통해 추정된 확률을 비교한다. 이 검정법의 기본 원리를 이해하기 위해서는 다변수 모형에서 결과변수의 추정값은 각 대상자가 갖고 있는 독립변수의 조합에 의해 결정된다는 사실을 떠올려야 한다. 예를 들어 모형에 3개의 독립변수로 성별(남/여), 연령(3분위), 고혈압(예/아니오)이 있다고 가정했을 때 이 변수를 이용해 만들 수 있는 독립변수의 조합은 총 2×3×2=12가지가 된다. 다시 말해서, 자료에 있는 대상자의 수가 15명이든, 1,500만 명이든, 존재할 수 있는 독립변수의 조합은총 12가지뿐이다. 결국 대상자가 표현할 수 있는 독립변수의 조합마다 결과변수에 대해 관측된 비율(실제로 사건을 경험한 대상자의 분율)과 추정된 비율(모형의 추정에 기반한 분율)을 얻을 수 있다.

2 가능도비 검정에 대해 보다 자세한 설명은 다음 문헌을 참조하길 바란다. Hosmer, D. W. and Lemeshow, S. (1989). *Applied Logistic Regression*. New York, NY: Wiley, pp. 8–18; Menard, S. (1995). *Applied Logistic Regression Analysis*. Thousand Oaks, CA: Sage Publications, pp. 19–21.

3 Harrell, F. E. (2001). *Regression Modeling Strategies: With applications to linear models, logistic regression, and survival analysis*. New York: Springer, p. 231; Kluss, O. "Global goodness-of-fit tests in logistic regression with sparse data." At http://oliverkuss.de/science/publications/Kuss_Poster_Global_Goodness-of-fit_Tests_in_Logistic_Regression_with_Sparse_Data.pdf.

TIP

로지스틱 회귀모형을 정성적으로 평가하는 유용한 방법은 결과변수의 추정 확률과 실제 관측 확률을 비교하는 것이다.

호스머-레임쇼 검정은 결과변수의 추정 확률에 따라 대상자를 약 10개의 소집단으로 나누는 것으로 시작한다. 즉 첫 번째 소집단에는 결과변수의 추정 확률이 가장 낮은 10%의 대상자가, 두 번째 소집단에는 그다음으로 추정 확률이 낮은 10%의 대상자가 속하게 된다. 적합도가 높은 모형에서는 결과변수의 추정 확률과 관측 확률이 거의 일치한다. 이 경우 카이제곱 통계량이 매우 작아지고 p값 또한 유의하지 않게 된다.

정의

호스머-레임쇼 적합도 검정은 대상자를 몇 개의 소집단으로 나누고 소집단에서 결과변수의 예측 확률과 관측 확률을 비교하는 방법이다.

호스머-레임쇼 검정은 로지스틱 회귀모형이 실제로 결과변수의 추정값에 얼마나 잘 적합되었는지를 보여주는 요약 통계다. 그러나 일반적으로 호스머-레임쇼 검정을 사용할 때는 통계량을 숫자로 제시하는 것보다 모형에 기반하여 추정된 확률과 실제 관측된 확률을 표나 그래프 형식으로 시각화하여 보여주는 것이 더 유용하다.

우선 모형의 적합도를 표로 제시하는 방법을 알아보자. 모형에 공변량의 수가 많은 경우 추정되는 결과 발생 가능성이 유사한 대상자끼리 묶어 소집단을 구성할 수 있다. 예를 들어 각 대상자에서 추정된 확률에 따라 0–0.10, 0.11–0.20, ⋯, 0.90–1과 같이 10개의 소집단으로 나눌 수 있다. 그러나 추정된 확률이 극단적으로 높거나 낮은 관측값이 많이 존재하는 경우, 대상자를 균등한 확률 구간으로 나눈다면 몇몇 소집단에 속하는 대상자의 수가 매우 작아지는 문제가 생긴다. 이에 대한 대안으로 각 소집단에 거의 비슷한 수의 대상자가 할당되도록 결과변수의 추정값을 유동적으로 구분할 수도 있다(호스머-레임쇼 검정이 이러한 구분을 사용한다).

고든(Gordon)과 동료들은 인종에 따른 병원 내 사망률을 조사했다.[4] 병원에서 사망

4 Gordon, H. S., Harper, D. L., and Rosenthal, G. E. (1996). "Racial variation in predicted and observed in-hospital death." *JAMA*, 276, 1639–1644.

[표 8-2] 입원 환자에서 추정된 사망 위험과 관측된 사망 위험의 비교

층화 집단	추정된 사망 위험	관측된 사망 위험
1	0.00–0.03	0.01
2	0.03–0.06	0.05
3	0.06–0.10	0.09
4	0.10–0.17	0.14
5	0.17–0.24	0.24
6	0.24–0.34	0.32
7	0.34–0.47	0.38
8	0.47–0.63	0.52
9	0.63–0.81	0.66
10	0.81–1.00	0.87

출처: Gordon, H. S., et al. (1996). "Racial variation in predicted and observed in-hospital death." *JAMA*, 276, 1639–1644.

할 확률을 예측하기 위해 로지스틱 회귀분석이 사용되었는데, 입원 48시간 내 수집된 환자의 연령, 성별, 인종, 건강보험 유형, 응급실 입원 및 사망 정보가 예측 모형에 사용되었다. 이 연구에서는 각 대상자에서 추정된 사망 확률에 따라 10개의 소집단을 만들고 각 소집단 내 사망자 수가 대략 653–654명으로 비슷해지도록 대상자를 배정했다. 따라서 추정된 사망 확률 구간의 크기는 소집단마다 서로 달랐다(소집단 1은 0.00에서 0.03까지, 집단 10은 0.81에서 1.00까지). [표 8-2]에서 각 소집단에서 추정된 사망 확률은 실제로 관측된 사망 확률과 유사하다는 것을 알 수 있다.

이 연구에서는 모형의 적합성을 표로 보여주었지만, 그림으로 표현하는 것이 모형 적합도의 질적 평가에 더 좋은 경우가 많다. 예를 들어 위 연구의 자료에 대해 추정된 사망 확률을 x축에 표시하고, 실제 관측된 사망 확률을 y축에 표시하면 [그림 8-1]과 같은 도표를 그릴 수 있다. 각각의 점(실선으로 연결된 점)은 점선으로 표시된 대각선 가까이에 있어 적합이 잘 이루어졌음을 한눈에 알 수 있다.

[그림 8-1]처럼 각각의 점이 대각선과 가까운 경우 모형은 결과변수를 매우 잘 추정한다고 볼 수 있다. 반면 점이 대각선에서 멀리 떨어져 있다면 모형이 관측된 결과를 정확하게 예측하지 못하는 상태이다. 이러한 접근의 장점은 확률 구간 중 어느 특정 부분에서 모형의 예측력이 더 우수하거나 떨어지는지도 파악할 수 있다는 것이다.

모형이 결과변수를 얼마나 잘 예측하는지 정량적으로 평가하는 방법도 있다. 이를 위

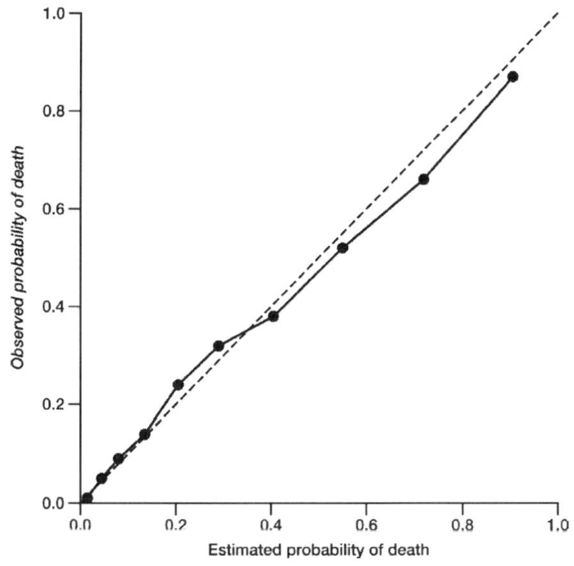

[그림 8-1] 입원 환자의 사망 위험 (x축: 추정값, y축: 관측값)
출처: Gordon, H. S., et al. (1996). "Racial variation in predicted and observed in-hospital death." *JAMA,* 276, 1639–1644.

해서는 추정된 결과를 이분화해야 하는데, 추정 확률이 어느 수준 이상일 때 결과가 발생한 것으로 간주할 것인지 그 기준점을 정해야 한다. 이 과정을 통해 모형의 민감도(모형에 의해 결과가 발생할 것으로 예측된 대상자 중 실제로 결과가 발생한 대상자의 비율)와 특이도(모형에 의해 결과가 발생하지 않을 것으로 예측된 대상자 중 실제로 결과가 발생하지 않았던 대상자의 비율), 그리고 모형에 의한 결과 예측이 실제와 일치하였던(결과 발생 여부가 정확하게 예측된) 대상자의 비율을 계산할 수 있다.

하지만 추정 확률이 어느 수준 이상일 때 결과가 발생한 것으로 간주할 것인지 그 기준점을 정하는 것은 그리 단순한 일이 아니다. 기준점이 달라지면 민감도, 특이도 및 정확도 또한 함께 달라진다. 기준점을 정하는 가장 쉬운 방법 중 하나는 결과에 대한 추정 확률이 0.5(50%)를 넘을 경우 결과가 발생했다고 가정하는 것이다. 그러나 이 방법이 항상 최선인 것은 아니다. 예를 들어 허혈성 심장질환 같은 치명적인 질환을 예측한다고 생각해보자. 추정 확률이 비교적 작다고 하더라도 사망에 이르게 할 수도 있는 그 질환을 쉽게 배제할 수 없을 것이다. 이를테면, 흉통으로 내원한 환자의 진단명이 급성 허혈성 질환일 확률이 49%일 때, 그 수치가 50%보다 작다는 이유로 환자를 그대로 퇴원시킬 수 있을까? 이러한 이유로 급성 허혈성 질환을 예측하는 모형에서는 확률의 기준점을 매우 낮은 7% 정도로 설정하기도 한다.[5]

로지스틱 회귀모형의 예측력을 평가하는 다른 도구로 c지수(c index)가 있다.[6] c지수는 모형의 추정값과 관측값이 서로 얼마나 일치하는지 측정하는 지표다. 자료에는 결과 발생 여부가 서로 같은 두 개체의 짝(예: 둘 다 심장마비가 발생한 짝이나 둘 다 발생하지 않은 짝)과 서로 다른 결과를 가지는 두 개체의 짝(예: 둘 중 한쪽에만 심장마비가 발생한 짝)이 존재할 것이다. 이때 모형은 서로 다른 결과를 가지는 두 개체의 짝에 대해 각각의 개체에서 결과가 발생할 확률을 추정한다. 모형에 의해 둘 중 더 높은 확률로 예측되었던 개체가 실제로 결과가 발생한 경우 그 짝은 서로 일치한 짝(concordant cases)으로 계산한다. 반대로, 둘 중 더 높은 확률로 예측되었던 개체에서 결과가 발생하지 않았다면 그 짝은 서로 불일치한 짝(discordant cases)으로 계산한다. 만약 두 개체에 대해 동일한 확률이 예측된 경우 두 짝은 동등한 짝(tied cases)으로 계산한다. c지수는 전체 짝 대비 일치된 짝의 수와 동등한 짝의 수에 1/2을 곱한 값의 합의 비율이다. c지수의 값이 0.5인 경우는 모형을 이용한 추정을 하는 것이 단순한 우연에 비해 별다른 이득이 없음을 의미하며, c지수의 값이 크면(최대 1) 모형이 결과 예측을 매우 잘한다는 것을 의미한다.

정의

c지수는 결과변수의 추정값과 관측값이 얼마나 서로 일치하는지 나타내는 척도다. 값이 클수록 모형이 결과변수를 잘 추정한다는 것을 의미한다.

로지스틱 회귀모형에서도 R^2와 같은 평가 도구가 있으나 이분형 변수에 대한 분석에서는 모형을 평가하는 성능이 떨어지고, 실제로 문헌에서 보고에 사용되는 경우도 별로 없다.

5 Goldman, L., Cook, E. F., Brand, D. A., et al. (1988). "A computer protocol to predict myocardial infarction in emergency department patients with chest pain." *N. Engl. J. Med*, 318, 797–803.

6 Harrell, F .E., Lee, K. L., Matchar, D. B., et al. (1985). "Regression models for prognostic prediction:Advantages, problems, and suggested solutions." *Cancer Treat. Rep*, 69, 1071–1077.

2-3 비례오즈 회귀모형

비례오즈 회귀분석에서 독립변수와 결과변수의 연관성을 평가할 때는 가능도비 검정을 사용한다(이는 이분형 로지스틱 회귀분석의 평가에서도 사용하는 방법이다). 마찬가지로 p값이 유의하면 독립변수와 결과변수 사이에 연관성이 없다는 귀무가설을 기각할 수 있다. 그렇지만 이 검정 방법 역시 이분형 로지스틱 회귀분석에서와 유사한 한계점이 있다. 즉, 이 검정만으로는 모형에 있는 독립변수 중 어떤 것이 결과변수와 유의한 연관성을 가지는지, 그리고 그 강도가 얼마나 큰지 알 수 없다. 단지 그 연관성이 우연에 의한 것보다는 크다는 것만을 알 수 있을 뿐이다.

다중 이분형 로지스틱 회귀분석에서와 마찬가지로 비례오즈 회귀분석에서도 c지수를 계산할 수 있다. c값이 클수록 모형의 결과 추정 능력이 우수하다는 것을 의미한다.

비례오즈 회귀모형의 적합도를 확인하기 위해서는 결과변수가 가지는 범주에 따라 다수의 이분형 로지스틱 회귀모형을 만들어본다. 이때 만드는 모형의 개수는 결과변수 범주의 가짓수보다 하나가 작다. 각 모형에서 호스머-레임쇼 검정, c지수와 같은 이분형 로지스틱 모형의 통계량을 얻을 수 있다. 만약 각 모형의 적합도가 우수하다면 비례오즈 회귀모형 또한 전반적으로 잘 적합되었다고 볼 수 있다.[7]

7 이러한 모형 평가 전략에 대해 더 자세한 내용은 다음 문헌을 참고하길 바란다. Hosmer, D. W. and Lemeshow, S. *Applied Logistic Regression*. 2nd edn. New York: John Wiley, pp. 305–308.

2-4 다항 로지스틱 회귀분석

다항 로지스틱 회귀분석에서 독립변수와 결과변수 사이의 연관성을 평가할 때도 가능도비 검정을 검정 통계량으로 사용한다. 검정 결과가 통계적으로 유의하면 독립변수와 결과변수 사이에 연관성이 없다는 귀무가설을 기각할 수 있다.

다항 로지스틱 회귀모형의 적합도를 확인하기 위해서는 여러 개의 이분형 로지스틱 회귀모형을 만든다. 이때 모형의 개수는 결과변수의 범주 수보다 하나 작다.[8] 각각의 이분형 로지스틱 모형은 다항 로지스틱 회귀모형의 기준 집단과 나머지 집단 중 한 집단을 비교한다. 각 모형으로부터 호스머-레임쇼 검정, c지수와 같은 통계량을 얻을 수 있는데, 만약 각각의 모형 적합도가 우수하다면 다항 로지스틱 회귀모형의 적합도 또한 전반적으로 우수하다고 볼 수 있다.

2-5 비례위험 모형

비례위험 모형에서 독립변수와 결과변수의 연관성을 평가할 때도 가능도비 검정을 사용한다. 만약 기준 발생률 대비 특정 공변량을 가지는 대상자에서 결과가 발생할 때까지의 시간에 유의한 차이가 있다면, 가능도비 검정에 대한 카이제곱 통계량은 통계적으로 유의할 것이다.

사건 발생까지 추정된 시간과 실제 관측된 시간을 비교할 수도 있는데, 모형에서 정의한 대상자의 소집단에 대해 카플란-마이어(Kaplan-Meier) 생존곡선을 그리면 된다. 예를 들어 콜퍼드(Colford)와 동료들은 비례위험 모형분석을 통해 크립토스포리디아증(cryptosporidiosis)을 앓는 HIV 감염 환자에서 CD4 수치와 적혈구 용적률(hematocrit)이 생존율과 연관되어 있다는 것을 확인하였다.[9] 이 연구에서는 모형이 생존율을 얼마나

8 이러한 모형 평가 전략에 대해 더 자세한 내용은 다음 문헌을 참고하길 바란다. Hosmer, D. W. and Lemeshow, S. *Applied Logistic Regression*. 2nd edn. New York: John Wiley, pp. 280–287.

9 이러한 모형 평가 전략에 대해 더 자세한 내용은 다음 문헌을 참고하길 바란다. Colford, J. M., Tager, I. B., Hirozawa, A. M., et al. (1996). "Cryptosporidiosis among patients infected with human immunodeficiency virus: Factors related to symptomatic infection and survival." *Am. J. Epidemiol*, 144, 807–816.

[표 8-3] 크립토스포리디아증(cryptosporidiosis)이 있는 HIV 환자의 CD4 및 적혈구 용적률에 따른 생존율

소집단	비례위험	95% 신뢰구간	중앙생존시간(일)	
			추정값	관측값
CD4 count ≤ 53 cells/ml and hematocrit ≤ 37%	15.9	60–42.2	213	204
CD4 count ≤ 53 cells/ml and hematocrit > 37%	8.1	2.8–23.6	465	341
CD4 count > 53 cells/ml and hematocrit ≤ 37%	3.1	1.1–8.8	688	878
CD4 count > 53 cells/ml and hematocrit ≤ 37%	1.0(기준)		1,119	1,119

출처: Colford, J. M., et al. (1996). "Cryptosporidiosis among patients infected with human immunodeficiency virus." *Am. J. Epidemiol*, 144, 807–816.

잘 예측하는지 평가하기 위해 환자를 CD4 수치와 적혈구용적률에 따라 4개의 집단으로 나누었는데, [표 8-3]을 보면 모형으로부터 추정된 중앙생존시간과 실제 관찰된 중앙생존시간이 유사하였음을 알 수 있다.

하지만 비례위험 분석만으로는 생존함수가 자동으로 추정되지 않으므로 중앙생존시간을 추정하려면 다른 방법을 함께 사용해야 한다. 또한, 이러한 분석 방법은 사건을 경험한 대상자가 매우 적은 경우 사용할 수 없다. 중앙생존시간을 추정하기 위해서는 공변량에 따라 나눈 각 집단에서 절반 이상의 대상자에서 사건이 발생해야 한다.

2-6 포아송 회귀분석과 음이항 회귀분석

포아송 또는 음이항 회귀모형의 적합도를 평가할 때도 가능도비 검정을 이용한다.[10] 검정 결과가 유의하면 모형의 독립변수와 결과변수 사이에는 우연에 의한 것 이상의 연관성이 있다고 볼 수 있다.

자료가 포아송 분포를 따르는지 확인할 때는 편차 적합도 검정을 사용한다. 편차값을 자유도로 나눈 값(Deviance Value/df)이 1에 가까운 경우 포아송 분포를 따른다고 볼 수 있으며, 이 경우에 *p*값은 유의하지 않다. 한편 그 값이 1보다 매우 크고 *p*값이 통계적으로 유의하다면 자료는 과대 산포되었을 가능성이 있다. 이 경우 음이항 회귀모형으로 다시 분석할 것을 고려한다.

만약 자료가 포아송 분포를 따른다면 편차값을 자유도로 나눈 값이 1에 가깝다.

3 각 독립변수에 대해 추정된 계수는 어떤 의미일까?

다변수 분석에서 각 독립변수에 대해 추정된 계수(beta)는 모형에 있는 다른 변수에 의한 영향을 보정한 상태에서 관심변수가 한 단위만큼 변할 때 결과변수 또한 얼마나 변하는지 나타낸다. 이때 계수는 양수와 음수 모두 가능하다. 추정하려는 결과변수에 따라 서로 다른 다변수 분석이 사용되며 계수에 대한 해석에도 차이가 있다[표 8-4].

정의

모형에서 독립변수에 대한 계수는 각 변수의 한 단위 변화에 따른 결과변수의 변화량을 의미한다.

10 이 검정은 편차 검정 통계량이라고도 한다. 편차 적합도 검정과 구분하기 위해 '가능도비'라는 용어를 사용하였다. 다음 웹사이트의 'Poisson Regression' 부분을 참고하기 바란다. https://www.statsdirect.com/help/Default.htm#regression_and_correlation/poisson.htm.

[표 8-4] 다변수 모형에서 추정된 계수의 의미

다변수 분석	모형의 추정값	해석	성질
다중 회귀분석	결과변수의 평균값	독립변수의 증가(감소)로 인해 결과변수의 평균이 계수의 크기에 비례하여 증가(감소)한다.	계수=독립변수와 결과변수의 관계를 설명하는 회귀직선의 기울기
다중 (이분형) 로지스틱 회귀분석	결과변수의 로그 오즈(로짓)	독립변수의 증가(감소)로 인해 결과변수의 로짓(logit)이 계수의 크기에 비례하여 증가(감소)한다.	자연 지수를 취한 계수=오즈비 ($e^{계수}$=오즈비) 오즈비는 결과가 발생하지 않을 가능도 대비 결과가 발생할 가능도를 의미한다.
비례오즈 회귀분석	결과변수의 누적 로짓	독립변수의 증가(감소)로 인해 결과변수의 한 수준이 다음 수준으로 변화할 로짓이 계수의 크기에 비례하여 증가(감소)한다.	자연 지수를 취한 계수=오즈비 ($e^{계수}$=오즈비) 오즈비는 결과변수의 한 수준이 다음 수준으로 변할 가능도를 의미한다.
다항 로지스틱 회귀분석	결과변수의 기준 범주에서 다른 범주에 속할 로짓	독립변수의 증가(감소)로 인해 결과변수가 기준 범주에서 다른 범주에 속할 로짓이 계수의 크기에 비례하여 증가(감소)한다.	자연 지수를 취한 계수=오즈비 ($e^{계수}$=오즈비) 오즈비는 결과변수가 기준 범주 대비 다른 범주에 속할 가능도를 의미한다.
비례위험 분석	비례위험의 로그 변환	독립변수의 증가(감소)로 인해 비교 위험도의 로그값이 계수의 크기에 비례하여 증가(감소)한다.	자연 지수를 취한 계수=상대위험도($e^{계수}$=비례위험) 비례위험은 위험요인이 없을 때 대비 위험요인이 있을 때 결과 발생에 대한 가능도의 비를 의미한다.
포아송 회귀분석과 음이항 회귀분석	결과변수의 로그 변환	독립변수의 증가(감소)로 인해 결과변수의 로그값이 계수의 크기에 비례하여 증가(감소)한다.	자연 지수를 취한 계수=상대위험도($e^{계수}$=상대위험도 또는 상대발생률) 상대위험도는 독립변수의 한 단위 변화로 인한 발생 빈도 또는 발생률이 변화하는 정도를 의미한다.

3-1 다중 선형 회귀분석의 계수[11]

다중 선형 회귀분석은 결과변수의 평균을 추정한다[표 8-4]. 독립변수이 값이 증가하거나 감소하면 결과변수의 평균 또한 계수의 크기에 비례하여 증가하거나 감소한다. 계수가 양수이면 독립변수와 결과변수가 증가하거나 감소하는 방향이 서로 같고, 계수가 음수이면 독립변수와 결과변수가 증가하거나 감소하는 방향이 서로 반대다.

예를 들어 식사에 의한 콜레스테롤 섭취량을 보정한 상태에서 독립변수인 나이와 결과변수인 콜레스테롤 수치(mg/dL) 사이의 연관성을 평가한다고 하자. 추정된 연령의 회귀계수가 0.2라면, 회귀계수의 단위는 mg/(dL year)가 된다. 이는 매년(나이가 1세 증가할 때마다) 콜레스테롤 수치가 0.2mg/dL만큼 증가한다는 것을 뜻한다. 이와 반대로 만약 계수가 –0.2라면 매년 평균 콜레스테롤 수치는 0.2mg/dL만큼 감소한다.

선형 회귀분석의 계수는 독립변수와 결과변수의 관계를 설명하는 회귀직선의 기울기와 동일하다. 따라서 기울기와 한 점이 주어지면 독립변수가 가질 수 있는 모든 가능한 값에 대한 최적의 추정값을 구하는 직선을 그릴 수 있다. 통계 프로그램은 자동으로 y절편(x값이 0일 때 y축에 있는 점)을 함께 계산해준다.

선형 회귀분석의 계수는 회귀직선의 기울기와 같다.

다중 선형 회귀분석에서 계산된 각 회귀계수에 대한 p값은 다음과 같이 t검정 통계량에 의해 계산된다.

$$t = \frac{\text{계수}}{\text{표준오차}}$$

11 엄밀하게 논하자면, 분산분석은 회귀계수를 산출하지 않으므로 소절의 제목에는 이를 넣지 않았다. 그러나 실제로 통계 프로그램을 이용해 분산분석을 실행해보면 출력 결과에 회귀계수가 포함되어 있을 것이나. 이 추정된 계수는 선형 회귀분석에 기반한 값이기 때문이다. 3장 2-4절에서 설명했던 것처럼 동일한 설정으로 실행된 분산분석과 회귀분석은 같은 통계량을 보여준다.

위 공식처럼 t검정 통계량은 직관적으로 계산할 수 있는데, 표준오차에 비해 계수가 큰 경우 t값은 커지고 p값이 작아지므로 통계적으로 유의해진다. 사실 t값이 2(계수가 표준오차의 두 배)만 되어도 통계적인 유의성을 판단한다는 전통적인 기준인 $p<0.05$를 만족하게 된다(단, 자유도가 60 이상인 경우). p값이 유의하면 두 변수 사이에 관계가 없고 회귀직선의 기울기가 0으로 수평을 보인다는 각 독립변수에 대한 귀무가설을 기각할 수 있다.

계수가 오차보다 매우 크면 t통계량은 커지고 p값은 작아지므로 통계적으로 유의해진다.

3-2 다중 이분형 로지스틱 회귀분석의 계수

로지스틱 회귀분석은 결과변수의 오즈에 자연로그를 취한 값인 로짓(logit)을 추정하기 때문에 계수의 의미가 선형 회귀분석에서와 다르다[표 8-4]. 따라서 로지스틱 회귀분석에서 계수는 독립변수 한 단위의 변화에 따른 결과변수의 로짓의 변화를 의미한다. 계수가 양수면 독립변수가 증가할 때 결과변수의 로짓이 증가하고, 음수면 독립변수가 증가할 때 결과변수의 로짓이 감소한다.

로지스틱 회귀분석의 계수를 제대로 해석하기 위해서는 모형이 결과변수의 어떤 값에 대한 로짓을 추정하는지 파악해야 한다. 변수의 코딩 방식에 따라 달라지지만, 일반적으로 결과변수가 가질 수 있는 값 중 작은 값에 대한 로짓을 계산한다. 그러나 경우에 따라 더 큰 값에 대한 로짓을 계산하도록 할 수도 있다. 어느 쪽이든 결과는 같으나 계수의 부호가 반대로 달라질 것이다. 따라서 통계 프로그램이 결과변수의 어떤 값에 대한 로짓을 추정하는지 반드시 확인해야 한다.

TIP

통계 프로그램이 결과변수가 가질 수 있는 어떤 값에 대한 로짓을 추정하는지 확인해야 한다.

로지스틱 회귀분석의 계수에는 특별한 의미가 있다. 계수의 값에 자연지수(역-자연로그)를 취하면 오즈비를 얻을 수 있는데, 다음과 같이 단순히 수학적 상수 e에 계수의 값만큼 거듭제곱을 하면 된다.

$$\text{오즈비} = e^{\text{계수}} = \exp(\text{계수})$$

많은 통계 프로그램에서 오즈비를 자동으로 계산해주기는 하지만 만약 직접 계산해야 하는 상황이라면 계수값을 전자계산기에 입력하고 (만약 음수일 경우 '–' 부호를 붙이고) 계산기에 있는 'e' 버튼을 누르면 오즈비를 구할 수 있다. 마이크로소프트 엑셀 프로그램에서는 함수 'exp'를 사용해서 계산할 수 있다.

오즈비를 이용하면 독립변수 값이 한 단위만큼 변할 때 사건 발생 가능성이 얼마나 변할지 알 수 있다. 오즈비 값이 1보다 크면 연속형인 독립변수의 값이 증가하거나 이분형인 독립변수 값이 '예/있음'일 때 결과 발생 위험이 증가한다(독립변수가 1=예/있음이고 0=아니오/없음으로 코딩한 경우). 오즈비가 1보다 작으면 연속형 독립변수가 증가하거나 이분형 독립변수가 '예/있음'일 때 사건이 발생할 위험은 감소한다. 오즈비 값이 1이면 독립변수 값이 변화하더라도 사건이 발생할 가능성이 변하지 않는다.

정의

오즈비는 로지스틱 회귀모형에서 추정된 계수에 자연 지수를 취한 값이다.

많은 문헌에서 위험, 위험비, 상대위험도 등과 같은 다양한 용어가 사용되고 있다. 그럼에도 오즈비라는 용어가 선호되는 이유는 통계량이 로지스틱 회귀분석으로부터 추정되었다는 것을 그 자체로 바로 알려주기 때문이다. 오즈비는 결과 발생의 빈도가 15% 미만으로 적은 경우에 한해서 상대위험도의 근사값으로 사용할 수 있다. 그러나 결과의 발생 빈도가 높다고 하더라도, 오즈비와 상대위험도가 서로 다르다는 사실만 숙지한다면 오즈비를 통계량으로 보고해도 문제가 없다.

추정한 오즈비가 얼마나 정확한지 평가하기 위해 95% 신뢰구간을 계산할 수도 있다. 일반적으로 통계 프로그램이 신뢰구간까지 자동으로 계산해주지만, 어떻게 계산하는지 알아두는 것도 좋다. 신뢰구간의 상한을 구하려면 아래 공식의 ±부호 중 +부호를 붙이고, 신뢰구간의 하한을 구하려면 –부호를 붙이면 된다. 표준오차는 통계 프로그램을 이용해 계수를 추정할 때 함께 구할 수 있다.

$$\text{오즈비에 대한 95\% 신뢰구간} = e^{\text{계수}\pm 1.96(\text{표준오차})} = \exp(\text{계수}\pm 1.96(\text{표준오차}))$$

위 수식에서 표준오차로 측정된 추정값의 정밀도가 어떻게 신뢰구간에 영향을 주는지 알 수 있다. 만약 표준오차가 크면 신뢰구간의 상한값과 하한값을 구하기 위해 계수에서 큰 값을 더하거나 뺄 것이다. 그 결과 각 값이 오즈비/상대위험도에 비해 매우 크거나 작은 값을 갖게 되어 신뢰구간 또한 넓어진다.

물론 항상 95% 신뢰구간을 사용해야 하는 것은 아니다. 탐색적 연구에서는 90% 신뢰구간을 사용할 수도 있고 정밀도가 매우 중요한 다른 연구에서는 99% 신뢰구간을 사용할 수도 있다. 이때 1.96 대신 90% 신뢰구간에서는 1.66을, 99% 신뢰구간에서는 2.576을 적용하면 각각의 신뢰구간을 계산할 수 있다.

오즈비를 비롯하여 모형에서 추정된 계수가 통계적으로 유의한지 확인하기 위해 왈드(Wald) 검정을 사용한다. 이는 카이제곱 분포 또는 z분포에 기반한 방법이다.

$$\text{카이제곱 분포} = \left(\frac{\text{계수}}{\text{표준오차}}\right)^2 \text{ 또는 z분포} = \frac{\text{계수}}{\text{표준오차}}$$

둘 중 어떤 공식을 사용하더라도 계수의 추정값이 표준오차의 2배 이상이면 *p*값이 0.05보다 작아 통계적으로 유의하다. 단, 왈드 검정은 80–100개 또는 그 이상의 큰 표본 크기일 때 적절하게 사용될 수 있다.

TIP

로지스틱 회귀분석에서 추정된 계수의 유의성을 확인하기 위해서는 왈드의 카이제곱 검정을 사용한다.

계수의 통계적 유의성을 검정하기 위한 다른 방법으로 가능도비 검정(likelihood ratio test)과 스코어 검정(score test)이 있다.[12] 가능도비 검정은 연구자가 관심을 가지는 특정 독립변수가 포함되어 있는 전체 모형의 가능도와, 그것을 제외한 나머지 변수만으로 이루어진 모형의 가능도를 비교하는 방법이다. 모형에 여러 개의 독립변수가 있다면 각각의 변수에 대해 돌아가며 1개씩 모형에서 제거하고 나머지 독립변수는 그대로 유지하여 통계량을 계산한다. 스코어 검정은 가능도비를 미분한 도함수를 이용하여 통계량을 계산한다.

가능도비 검정이 더 적절한 경우도 있지만[13] 왈드의 카이제곱 검정이 더 선호되는 편이다. 그러나 결국 모형과 분석이 견고하다면 이들 검정 결과는 서로 비슷하다.

[표 8-5]를 통해 로지스틱 회귀모형의 계수에 대해 보다 잘 이해할 수 있다. 물론, 비례오즈 회귀분석, 다중 회귀분석, 비례위험 분석, 포아송 및 음이항 회귀분석의 계수를 이해하는 데도 도움이 된다. 여기에 제시된 자료는 3장 3절에서 다룬 흉부압박 소생술(chest compression only CPR) 관찰 연구에 대한 것이다.[14]

회귀계수 중에는 양수인 것도 있고 음수인 것도 있다. 계수가 양수면 연속형 독립변수가 커지거나 이분형 독립변수가 '예/있음'일 때(예/있음=1, 아니오/없음=0으로 코딩한 경우) 결과 발생에 대한 로짓(좋은 신경학적 예후를 보이는 상태)이 증가한다. 따라서, 심장 원인의 심정지인 경우 그렇지 않은 경우에 비해 좋은 신경학적 예후를 보일 가능성이 높다(심장 원인의 심정지=1, 비심장 원인의 심정지=0으로 코딩한 경우). 계수가 음수이면 연속형 독립변수가 커지거나 이분형 독립변수 값이 '예/있음'일 때 결과 발생에 대한 로짓이 감소한다. 따라서 환자의 연령이 증가하면 좋은 신경학적 예후를 보일 가능성은 낮아진다.

자료를 정리할 때 나쁜 신경학적 예후 상태를 보이는 경우를 사건 발생(1)으로 코딩했다면 계수의 절대값은 그대로지만 부호가 반대로 바뀐다. 마찬가지로, 비심장 원인의 심정지를 1, 심장 원인의 심정지를 0으로 코딩하면 계수의 절대값은 그대로지만 부호가 서

12 8장 2-2절에서 적합된 모형이 우연에 의한 변동 이상으로 결과변수를 잘 설명하는지 확인하는 데 가능도비 검정이 사용된 걸 보았다. 여기에서 차이는 특정 변수가 제거된(나머지 변수는 그대로 유지한 채) 모형과 특정 변수가 포함된 모형을 비교하는 데 있다. 8장 2-2절에서 이 검정 방법은 모든 독립변수를 포함하는 모형과 아무 독립변수도 없는 모형을 비교하였다.

13 Hauck, W. W. and Donner, A. (1977). "Wald's test as applied to hypotheses in logit analysis." *J. Am. Stat. Assoc*, 72, 851–853.

14 SOS-Kanto Study Group. (2007). "Cardiopulmonary resuscitation by bystanders with chest compression only (SOS-Kanto): An observational study." *Lancet*, 369, 920–926.

[표 8-5] 심정지 환자에서 관찰되는 임상 특성과 좋은 신경학적 예후의 관계에 대한 다중 로지스틱 회귀분석 결과

	회귀계수	표준오차	왈드 카이제곱	*p*값	오즈비	95% 신뢰구간
환자의 연령 (1세당)	−0.020	0.005	16.32	0.0001	0.98	0.96–0.99
심장 원인의 심정지 vs. 비심장 원인의 심정지 (기준)	0.802	0.581	1.9	0.16	2.23	0.72–6.96
심정지 상태에서 처음으로 심폐소생술이 시행될 때까지 경과된 시간 (1분당)	−0.051	0.051	1.01	0.31	0.95	0.86–1.05
흉부압박 소생술 vs. 통상적 심폐소생술 (기준)	0.798	0.327	5.94	0.01	2.22	1.17–4.21
심폐소생술 시도부터 첫 자동제세동기(AED) 사용까지 걸린 시간 (1분당)	−0.287	0.076	14.43	0.0001	0.75	0.65–0.87
심실 세동 또는 무맥성 심실 빈맥 vs. 다른 심전도 소견 (기준)	2.079	0.425	23.9	0.0001	8	3.48–18.41

로 반대로 바뀐다. 7장 1절에서 변수를 코딩하는 방법에 대해 자세하게 설명한 이유가 바로 여기에 있다. 만약 변수가 어떻게 코딩되었는지 잘 알지 못한다면 분석 결과를 정반대로 해석할 수도 있다.

TIP

자료를 정리할 때, 결과변수에 대한 코딩을 반대로 하면 추정된 계수의 절대값은 그대로지만 부호가 반대로 바뀔 것이다. 만약 어떤 방식으로 코딩했는지 잘 기억하지 못한다면 분석 결과를 정반대로 해석하는 문제가 발생할 수 있다.

[표 8-5]에서 배울 수 있는 중요한 사실 중 하나는 모형 내에서 독립변수가 같은 단위나 같은 수준의 정밀도로 측정된 것이 아니라면 회귀계수가 가지는 값의 크기 그 자체로는 변수의 중요도나 결과변수와의 연관성 강도를 서로 비교할 수 없다는 것이다. 계수의 크기는 측정된 단위에 따라 달라지며 측정 방법의 정밀도 역시 계수의 표준오차에 영향을 주기 때문이다. 예를 들면 연령에 대한 계수값(−0.020)은 표에 제시된 수치 중 가장

작다. 그러나 그 수치가 작은 것은 환자의 연령과 신경학적 예후 사이에 연관성이 약하기 때문이 아니라 연령이 1년 단위로 측정되었기 때문이다. 만약 연령이 10년 단위로 측정되었다면 계수값은 10배만큼 커진 -0.20이 된다. 1년 단위에 대한 계수가 –0.02라면 10년에 해당하는 계수는 (–0.02)+(–0.02)+(–0.02)+(–0.02)+(–0.02)+(–0.02)+(–0.02)+(–0.02)+(–0.02)+(–0.02)=–0.20이 되기 때문이다. 다시 [표 8-5]로 돌아가 10년 단위로 연령을 계산한다면 그 계수가 다른 요인에 비해 그렇게 작다고 볼 수는 없을 것이다. 그러나 그렇다고 해서 변수의 중요성이 1년 단위로 측정하였을 때에 비하여 달라지는 것은 아니다.

TIP

계수는 측정 단위와 표준오차의 크기에 따라 달라지며 그 값만으로는 변수의 중요성을 판단할 수 없다.

연령 변수에 또 하나 흥미로운 점은 회귀계수의 크기에 비해 그 표준오차의 크기가 매우 작다는 것이다. 연령은 다른 변수에 비해 더 높은 정밀도로 측정되었으며 의무기록에도 환자의 나이가 정확하게 기록되어 있다. 이로 인해 표준오차 값이 매우 작아졌고, 연령 변수에 대한 회귀계수의 값이 작더라도 왈드 검정의 통계량 값은 매우 커지며 충분히 작은 p값을 얻을 수 있다. 심정지 이후 첫 심폐소생술까지 경과한 시간에 대한 변수를 보면, 연령 변수에 비해 계수값이 크지만 표준오차 값이 계수 자체와 비슷할 만큼 크다. 따라서 이 변수에 대한 계수는 왈드 검정 결과 통계학적으로 유의하지 않았다.

만약 계수가 양수라면 오즈비는 1보다 크고, 계수가 음수라면 오즈비는 1보다 작다. 이 연구에서 심폐소생술을 받은 환자 중 단 5%만이 좋은 신경학적 예후를 보였는데, 이처럼 사건 발생이 적은 경우 오즈비를 통해 독립변수가 한 단위 변화할 때 결과가 발생할 가능성이 얼마나 변하는지 알 수 있다. 따라서 연령이 1세 증가하는 것(오즈비 0.98)은 좋은 신경학적 예후를 보일 가능성이 2% 낮아진다고 해석할 수 있다. 반면 흉부압박 소생술을 받는 경우(오즈비 2.2) 좋은 신경학적 예후를 보일 가능성이 두 배 이상(2.2배) 증가한다고 볼 수 있다.

독립변수가 여러 단위만큼 변화했을 때의 영향을 확인하려면 변화된 단위만큼 오즈비를 거듭제곱하면 된다. 예를 들어 연령이 10세 증가할 때의 오즈비는 $(0.98)^{10}$, 즉 0.82가 된다. 여러 단위 변화에 대한 계수를 계산할 때 1단위 변화에 대한 계수값을 서로 더하거나, 오즈비를 구하기 위해서 그 값을 서로 곱하는 것이 선뜻 이해되지 않을 수 있다. 그러나 직접 계산을 해보면 연령의 10단위 변화에 해당하는 계수값 -0.20에 지수를 취했을 때 0.82가 나온다는 것을 알 수 있다.

오즈비의 95% 신뢰구간을 계산하는 공식을 다시 살펴보면, 계수에 비해 표준오차가 큰 경우 신뢰구간이 넓어진다는 것을 알 수 있다. 심장 원인으로 인한 심정지 여부 변수가 표준오차의 중요성을 확인할 수 있는 좋은 예다. 만약 추정된 계수의 신뢰구간이 너무 넓다면 변수 측정에 오류가 있지는 않은지, 표본크기가 너무 작지는 않은지, 혹은 변수의 분포가 심한 비대칭인 것은 아닌지 의심해볼 필요가 있다.

3-3 비례오즈 회귀분석의 계수

비례오즈 회귀분석은 로지스틱 회귀분석의 확장된 형태이므로 계수의 해석 또한 유사하다. 계수에 지수를 취하면 오즈비가 되고, 95% 신뢰구간과 p값도 같은 방식으로 계산할 수 있다. 둘 사이에 주된 차이점은 이분형 로지스틱 회귀분석은 결과변수에 대한 로짓을 추정하는 데 반하여 비례오즈 회귀분석에서는 결과변수에 대한 누적 로짓을 추정한다는 것이다[표 8-4]. 따라서 비례오즈 회귀분석의 오즈비는 독립변수 값이 한 단위 바뀔 때 결과변수가 기준 수준에서 다음으로 큰(높은) 수준으로 바뀔 가능도를 뜻한다.

> 비례오즈 회귀분석의 오즈비는 독립변수 값이 한 단위 변할 때 결과변수 또한 기준 수준에서 다음으로 높은 수준으로 속하게 될 가능도를 의미한다.

여기서도 마찬가지로 오즈비가 1보다 크면 연속형 독립변수가 커지거나 이분형 독립변수가 0(아니오/없음)일 때 대비 1(예/있음)일 때 결과변수가 기준 수준에서 다음 수준으로 속하게 될 가능도가 커진다. 오즈비가 1보다 작으면 연속형 독립변수가 커지거나 이분형 독립변수가 0(아니오/없음)일 때 대비 1(예/있음)일 때 기준 수준에서 다음 수준으로 속하게 될 가능도가 낮아진다. 이분형 로지스틱 회귀분석과 같이 비례오즈 회귀분석의 오즈비도 결과 발생이 드문 경우에는 이를 상대위험도의 근사값으로 볼 수 있다.

3-4 다항 로지스틱 회귀분석의 계수

다항 로지스틱 회귀분석에서 계산된 계수에 지수 변환을 하면 오즈비가 된다. 95% 신뢰구간과 p값은 이분형 로지스틱 회귀분석이나 비례오즈 회귀분석에서와 같은 방식으로 계산한다. 다항 로지스틱 회귀분석은 결과변수가 기준 범주 대비 다른 범주에 속할 로짓을 추정한다[표 8-4]. 따라서 다항 로지스틱 회귀분석의 오즈비는 독립변수가 한 단위 변화할 때 기준 범주에 속할 가능성 대비 다른 범주에 속하게 될 가능도를 뜻한다.

오즈비가 1보다 크면 연속형 독립변수가 커지거나 이분형 독립변수가 0(아니오/없음)일 때 대비 1(예/있음)일 때 기준 범주 대비 다른 범주에 속할 가능도가 높아진다. 오즈비가 1보다 작으면 연속형 독립변수가 커지거나 이분형 독립변수가 0(아니오/없음)일 때 대비 1(예/있음)일 때 기준 범주 대비 다른 범주에 속할 가능도가 낮아진다. 이분형 로지스틱 회귀분석이나 비례오즈 회귀분석에서와 마찬가지로 사건 발생이 드문 경우에 한해 오즈비를 상대위험도의 근사값으로 사용할 수 있다.

3-5 비례위험 모형의 계수

비례위험 회귀분석은 비례위험의 자연 로그값을 추정한다. 비례위험 모형에서 계수는 독립변수가 한 단위 변화할 때 비례위험의 로그값이 얼마나 변화하는지를 뜻한다.

비례위험 모형에서 계수의 부호는 로지스틱 회귀분석에서와 같은 방식으로 해석한다. 계수 부호가 양이면 독립변수가 증가할 때 비례위험의 로그값 또한 증가하고, 계수 부호가 음이면 독립변수가 증가할 때 비례위험의 로그값은 감소한다.

비례위험 모형의 계수에 지수를 취함으로써 비례위험을 구할 수 있다. 비례위험은 특정 시점에서 위험요인이 존재하지 않을 때 사건 발생의 위험 대비 위험요인이 존재할 때의 사건 발생의 위험을 의미한다.

정의

비례위험은 비례위험 모형에서 추정된 계수에 지수를 취한 값(계수를 역로그 변환한 값)이다.

문헌에서는 비례위험(relative hazard) 외에도 상대위험도(relative risk), 위험비(risk ratio), 비율비(rate ratio), 위험비(hazard ratio) 등의 다양한 용어가 사용된다. 그러나 비례위험(영어로는 hazard ratio가 선호됨)이 선호되는 표현인데, 이 용어 자체로 해당 통계량이 비례위험 회귀분석을 통해 추정되었다는 것을 보여주기 때문이다. 95% 신뢰구간과 p값 계산 방식은 로지스틱 회귀분석과 동일하다.

비례위험이 1보다 크면 연속형 독립변수가 커지거나 이분형 독립변수가 0(아니오/없음)일 때 대비 1(예/있음)일 때 사건 발생 위험이 증가한다. 비례위험이 1보다 작으면 연속형 독립변수가 커지거나 이분형 독립변수가 0(아니오/없음)일 때 대비 1(예/있음)일 때 사건 발생 위험이 감소한다.

3-6 포아송 회귀분석과 음이항 회귀분석의 회귀계수

포아송 회귀분석과 음이항 회귀분석 또한 결과변수의 로그값을 추정한다[표 8-4]. 이들 회귀 모형의 계수는 독립변수가 한 단위 변화할 때 결과변수의 로그값의 변화를 의미하는데, 계수의 부호가 의미하는 바는 앞서 언급한 다변수 모형에서와 유사하다. 계수가 양수면 독립변수가 커질 때 결과변수의 로그값 또한 커지고, 계수가 음수면 독립변수가 커질 때 결과변수의 로그값은 반대로 작아진다.

포아송 회귀분석과 음이항 회귀분석의 계수에 지수를 취하면 상대위험 혹은 상대발생률이 된다. 상대위험도가 1보다 크면 연속형 독립변수가 커지거나 이분형 독립변수가 0(아니오/없음)일 때 대비 1(예/있음)일 때 사건 발생 위험 또는 발생률이 증가한다. 상대위험도가 1보다 작으면 연속형 독립변수가 커지거나 이분형 독립변수가 0(아니오/없음)일 때 대비 1(예/있음)일 때 사건 발생 위험 또는 발생률이 감소한다.

상대위험 또는 상대발생률의 95% 신뢰구간 및 p값은 오즈비나 비례위험에서와 같은 방식으로 계산할 수 있다.

4 상호작용항은 어떻게 해석할까?

지금까지 다변수 모형에서 계산되는 다양한 계수의 의미에 대해 알아보았다. 이제 7장 3절에서 다루었던 상호작용을 나타내는 데 사용되는 곱셈항의 계수를 어떻게 해석하면 좋을지 살펴볼 차례다. 두 변수가 함께 작용할 때의 영향이 두 변수의 덧셈 효과(additive effect)보다 현저하게 크다면 상호작용항에 해당하는 계수는 양수가 되고 이에 해당하는 p값은 통계적으로 유의한 값을 가질 것이다. 반대로, 만약 두 변수가 함께 작용할 때의 영향이 두 변수의 덧셈 효과보다 매우 작은 경우 상호작용항의 계수는 음수가 되고 이에 해당하는 p값은 통계적으로 유의한 값을 갖게 된다. 그러나 두 변수가 함께 작용할 때의 효과가 두 변수의 덧셈 효과와 비교하여 별다른 차이가 없다면 상호작용항의 계수는 0에 가까워지고 p값 또한 통계적으로 유의하지 않을 것이다.

5 다변수 모형에서도 다중 비교 문제에 대한 보정을 해주어야 할까?

이는 답하기에 매우 복잡한 문제다. 먼저 간단한 단변수 분석의 예로, 분산분석을 통해 연령(40-59세, 60-79세, 80-99세)과 혈중 콜레스테롤 수치 사이의 연관성을 검증한다고 하자. 세 집단에서 콜레스테롤 수치에 차이가 존재하는지 여부를 확인하는 것도 중요하지만, 아마도 가장 나이가 많은 집단과 가장 나이가 적은 집단에서 콜레스테롤 수치가 얼마나 다르게 나타나는지 짝지은 비교를 해보고 싶을 것이다. 세 집단 중에는 콜레스테롤 수치가 가장 높은 집단과 낮은 집단이 필연적으로 존재할 수밖에 없다. 만약 연구자가 셋 중 가장 큰 집단과 가장 작은 집단을 단순히 하나씩 선택하여 짝지은 비교를 한다면 그 두 집단이 가지는 콜레스테롤 수치의 차이가 우연에 의한 것일 수 있음에도 그 차이를 과

대평가할 위험이 있다. 이 문제를 해결하기 위한 방법으로는 전체 F통계량 (세 집단의 비교에서 산출된) 값이 유의하지 않은 경우 아예 집단 간 짝 비교를 하지 않는 것이 있다. 아울러, 여러 집단 내에서 짝 비교를 할 때는 두 집단 간에 차이가 없다는 귀무가설을 기각하기 위해 단 두 집단만 존재할 때에 비해 더 엄격한 기준을 적용해야 한다. 일반적으로 의학 연구에서는 그 기준을 정하는 데 본페로니(Bonferroni) 교정 방식을 흔히 사용한다. 이 교정 방식은 짝 비교 결과에 의한 차이가 통계적으로 유의하다는 결론을 내리기 위해 필요한 p값의 기준값을 일반적인 경우보다 낮게 만드는 것이다. 즉, 집단의 개수가 많을 때, 여러 번의 짝 비교를 시행한 것에 대해 일종의 페널티를 부과한다. 교정된 p값의 기준은 일반적으로 사용되는 p값의 기준(예: 0.05)을 짝 비교 횟수로 나누어 정하면 된다. 만약 짝 비교를 3번 했다면 집단 간의 차이가 없다는 귀무가설을 기각하기 위해서 p값이 0.016 미만($0.05/3=0.016$)이 되어야 한다.

정의

본페로니 교정은 두 집단에 대한 짝 비교에서 발견한 차이가 통계적으로 유의하다는 결론을 내리기 위해 필요한 p값의 기준값을 평소보다 낮게 만듦으로써, 여러 번의 짝 비교를 시행한 것에 대한 페널티를 부과하는 방법이다.

일각에서는 단변수 분석에 대해서도 다중 비교 결과를 수정하도록 권하기도 한다. 두 집단을 20개의 변수에 대해 비교하는 경우를 가정해보자. 이 경우 $1/20=0.05$이므로 20개의 비교 결과 중 적어도 하나는 우연에 의해 $p<0.05$를 만족하여 유의한 결과를 얻게 될 것이므로 이러한 수정 작업이 필요하다는 주장이다. 그러나 대다수의 연구자는 단변수 분석뿐만 아니라 다변수 분석을 추가로 실시하게 되는데, 다변수 모형의 유의성을 검정(F검정 또는 가능도비 검정)할 때에는 다중 비교 문제에 대해 걱정할 필요가 없다. 그 이유는 모형에 투입된 독립변수 여러 개를 하나의 집단으로 취급하여 그들과 결과변수 사이에 연관성이 있는지에 대한 단 하나의 가설 검정만을 수행하기 때문이다.

그러나 다변수 모형에 있는 각각의 독립변수가 결과변수와 통계적으로 유의한 연관성을 가지는지 개별적으로 검정하는 문제라면 조금 이야기가 달라지는데, 이 경우에는 필연적으로 다중 비교를 하게 된다. 일부 통계학자는 단변수 비교에서처럼 모형에 투입된 독립변수의 수에 따라 통계적 유의성을 판단하는 기준 p값을 교정하는 것을 권장하기도 한다. 만약 모형에 10개의 독립변수가 있다면 개별 독립변수가 결과변수와 통계적으로 유의한 연관성이 있다는 결론을 내리기 위해서는 p값이 0.05/10=0.005보다 작아야 할 것이다.

그러나 다중 비교에 대한 교정 방법에는 몇 가지 문제점이 있다. 이 문제는 역학자인 케니스 로스먼(Kenneth Rothman)이 잘 설명하고 있는데,[15] 그는 다중 비교에 대한 교정이 필요한 근거로서 제시되는 '두 변수 사이에서 관찰될 수 있는 가장 흔한 연관성은 우연이다'라는 가정 자체에 문제가 있다고 주장한다. 우주는 자연(물리적)법칙의 지배를 받는다. 따라서 우주에서 관찰되는 연관성 역시 대부분 우연이라기보다는 실제 관계에 있을 가능성이 높다는 것이다(그렇다고 해서 실제 관계가 서로 인과적 관계에 있음을 의미하지는 않는다).

더구나 개별 비교 자체는 연구자가 그동안 얼마나 많은 다른 비교를 수행해왔는지 알 수 없다. 다시 말해서 그동안 연구자가 얼마나 많은 비교를 해왔는지에 따라서 개별 연관성이 우연에 의해 밝혀질 가능성이 더 높아지거나 더 낮아진다고 할 수 없다. 로스먼은 매우 엄격하게 다중 비교에 대한 보정을 시행하는 것이 부조리하다며 다음과 같은 질문을 던지기도 하였다. "만약 당신이 다중 비교의 보정을 그렇게나 선호한다면, 그 비교 횟수는 단일 논문에서 시행한 비교의 수로 정해야 하는가? 아니면 같은 자료를 분석하여 출판된 그동안의 모든 문헌에서 시행한 비교의 수를 통틀어서 정해야 하는가? 혹은 그동안 당신이 살아오면서 연구 커리어 내내 시행한 비교 횟수에 대해 보정이 필요한 것은 아닌가?"

필자 역시 로스먼의 주장에 동의하는 바이며, 다변수 모형에 대해서 다중 비교 보정을 하지 않는다. 그럼에도 불구하고, 다중 비교를 보정하지 않을 경우 발생할 수 있는 문제를 예방하기 위해 지켜야 할 몇 가지 원칙이 있다. 먼저, 논문에는 분석에서 얼마나 많은 수의 독립변수에 대한 검정이 이루어졌는지 제시해야 한다. 그리고 결과변수와 유의한 관계를 보이는 독립변수만을 선택적으로 제시해서는 안 된다. 통계적으로 유의하지 않은 결과는 비록 매력적이지 않더라도 그들 각각은 중요한 정보를 지닐 수 있다. 또한, 매 상황에서 $p<0.05$라는 기준의 노예가 되지 않아야 한다. 단지 p값이 0.06이라는 이유로 유의하지 않은 결과이고, p값이 0.04라는 이유로 유의한 결과라고 간주해서는 안 된다. 가능하다면 p값 대신 신뢰구간을 제시하는 것이 좋다(그렇지만 앞에서 언급했듯이 신뢰구간 역

15 Rothman, K. J. (1990). "No adjustments are needed for multiple comparisons." *Epidemiology*, 1, 43–46.

시 잠재적으로는 다중 비교 문제에서 자유로울 수 없다. 이 또한 모집단에서 반복 추출된 표본의 95%로부터 계산된 95% 신뢰구간이 참값을 포함하고 있을 확률에 기반한 수치이기 때문이다). 중요한 것은 이전의 연구와 생물학적 개연성에 비추어 자신의 연구 결과를 평가하는 것이다. 만약 위와 같은 노력에도 불구하고 논문의 심사위원이 당신의 연구 결과에 수긍하지 않는 것 같다면 로스먼의 논문을 인용해보자. 때로는 도움이 될 수도 있을 것이다.[16]

TIP

다중 비교로 인해 발생할 수 있는 문제를 최소화하려면 연구자가 분석에서 얼마나 많은 수의 변수에 대한 검정을 시행했는지 밝혀야 한다. 그리고 유의한 결과와 유의하지 않은 결과 모두를 제시해야 한다. 또한 $p<0.05$라는 기준의 노예가 되어서는 안 된다.

16 다중 비교 논쟁에 대한 더 자세한 내용은 다음 문헌을 참조하길 바란다.
Savitz, D. A. and Olshan, A. F. (1995). "Multiple comparisons and related issues in the interpretation of epidemiologic data." *Am. J. Epidemiol*, 142, 904–908; Thompson, J. (1997). "Re: 'Multiple comparisons and related issues in the interpretation of epidemiologic data.'" *Am. J. Epidemiol*, 147, 801–806; Goodman, S. N. (1997). "Multiple comparisons explained." *Am. J. Epidemiol*, 147, 807–812; Savitz, D. A. and Olshan, A. F. (1997). "Describing data requires no adjustment for multiple comparisons: A reply from Savitz and Olshan." *Am. J. Epidemiol*, 147, 813–814; Thompson, J. R. (1997). "A response to 'Describing data requires no adjustment for multiple comparisons.'" *Am. J. Epidemiol*, 147, 815.

chapter

9

기본 가정의 검토

1. 다변수 모형이 기본 가정을 만족하는지 어떻게 확인할까?
2. 잔차란 무엇이고, 잔차로 어떻게 모형의 적합도를 판단할까?
3. 정규분포와 등분산성을 어떻게 검정할까?
4. 선형성 가정을 어떻게 확인할까?
5. 이상점이란 무엇이고 어떻게 찾을 수 있을까?
6. 이상점을 찾은 후에는 무엇을 해야 할까?
7. 덧셈 가정이란 무엇이며, 이 가정을 만족하는지 어떻게 확인할까?
8. 비례오즈 가정을 어떻게 검정할까?
9. 비례위험 가정은 어떻게 검정할까?
10. 자료가 비례위험 가정을 만족하지 못한다면 어떻게 해야 할까?

1 다변수 모형이 기본 가정을 만족하는지 어떻게 확인할까?

앞서 다변수 모형의 적합도를 평가하는 여러 방법에 대해 알아보았다. 이번 장에서는 모형이 기본 가정을 만족하는지 검정하는 방법과 모형의 적합도를 향상시키기 위한 몇 가지 전략을 살펴볼 것이다. 이 장을 제대로 이해하려면 의학통계학자의 도움을 받아야 할 수도 있다. 몇몇 개념은 상당히 이해하기 어려울 뿐 아니라 앞에서 다룬 여러 개념에 대한 종합적 이해와 판단력을 필요로 한다. 또한 몇 가지 내용에 대해서는 각각의 상황에 어떤 기법을 적용하는 것이 가장 좋은지, 평가를 위해 어떤 측면에 높은 가치를 두는 것이 맞는지 학자들 사이에 이견이 있기도 하다.

이 장에서 다루는 내용은 회귀모형의 문제를 진단한다는 의미에서 회귀진단(regression diagnostics)이라고 말하기도 한다. 이를 위한 가장 유용한 도구 중 하나는 잔차분석(analysis of residuals)으로 이 장에서는 모형의 전반적인 적합도를 평가하기 위해 잔차를 어떻게 이용할 수 있는지 논의할 것이다. 또한 잔차를 이용해 다변수 모형의 기본 가정이 만족되었는지 평가하는 방법과 그 외 다른 기법에는 어떤 것이 더 있는지 살펴볼 것이다.

이 장을 제대로 이해하려면 의학통계학자의 도움이 필요할 수 있다.

2 잔차란 무엇이고, 잔차로 어떻게 모형의 적합도를 판단할까?

잔차란 실제 관측치와 모형에서 계산된 추정치의 차이로 추정에서의 오차(error)라고 볼 수 있다.

단순(raw) 잔차 외에도 다변수 모형에 따라 여러 가지 방법으로 잔차를 표현할 수 있다[표 9-1]. 특히, 표준화(standardized) 잔차와 스튜던트화(studentized) 잔차는 선형 회귀모형을 해석할 때 유용하다. 피어슨(Pearson) 잔차와 영향력 검정(influence test)은 다중 로지스틱 회귀모형을 해석할 때 사용한다. 콕스-스넬(Cox-Snell) 잔차, 마팅게일(Martingale) 잔차, 편차(deviance) 잔차와 숀펠드(Schoenfeld) 잔차는 비례위험 분석모형을 이해하는 데 유용하다. 이러한 다양한 종류의 잔차는 통계 프로그램으로 계산할 수 있는데 어떤 형태로 출력이 되는지, 어떤 목적으로 사용하는지 하나씩 살펴보자.

정의

잔차란 관측치와 모형에서 추정된 값의 차이로 추정에서의 오차라고 볼 수 있다.

잔차로 다중 선형 회귀모형이나 이분형 로지스틱 회귀모형의 전반적인 적합도를 평가하기 위해 모형으로 계산된 결과변수의 추정치를 x축, 단순 잔차를 y축으로 하는 도표를 그려볼 수 있다. 잘 적합된 모형에서는 잔차들이 0에 가깝게 분포할 것이다. 이는 결과변수의 관측값과 추정값 사이에 별 차이가 없다는 것을 의미한다. 관측값이 추정값보다 크면 잔차는 양수가 되고, 관측값이 추정값보다 작으면 잔차는 음수가 된다.

만약 특정 추정값에서의 잔차가 다른 지점에 비해 유독 큰 경우(예: 추정 범위의 양 끝에서 잔차가 커지는 경우)에는 정규분포(9장 3절)나 선형성(9장 4절)의 가정을 위반한 것은 아닌지, 모형에 중대한 실제상의 오류(예: 중요변수의 누락)가 있는 것은 아닌지 의심해야 한다. 만약 극단적으로 큰 잔차가 한두 개 정도 발견된다면 이는 이상점(outlier)으로 볼 수 있다(9장 5절).

[표 9-1] 이용 목적에 따른 잔차의 형태

잔차의 종류		사용 목적
다중 선형 회귀분석	단순(raw) 잔차	모형 적합도 평가 정규성과 등분산성 검정 선형성 검정
	표준화(standardized) 잔차	정규성과 등분산성 검정 이상점 찾기
	스튜던트화(studentized) 잔차	지렛점인 이상점 찾기
	지렛값(leverage)	지렛점인 이상점 찾기
	쿡의 거리(Cook's distance)	영향력이 강한 이상점 찾기
다중 로지스틱 회귀분석	단순 잔차	모형 적합도 평가
	특정 공변량 형태를 가지는 대상자를 제외했을 때 카이제곱 통계량 변화	모형 적합도 평가, 영향력이 강한 관측치 찾기
	특정 공변량 형태를 가지는 대상자를 제외했을 때 편차(deviance) 변화	모형 적합도 평가, 영향력이 강한 관측치 찾기
	표준화 피어슨 잔차	이상점 찾기
	특정 공변량 형태를 가지는 대상자를 제외했을 때 로지스틱 계수 변화	모형 적합도 평가, 영향력이 강한 관측치 찾기
비례위험 분석	콕스-스넬(Cox-Snell) 잔차	모형 적합도 평가
	마팅게일(Martingale) 잔차	선형성 가정 검정
	편차 잔차	이상점 찾기
	숀펠드(Schoenfeld) 잔차	비례위험 가정 검정
포아송 회귀분석	표준화 잔차	모형 적합도, 이상점 찾기
	표준화 편차 잔차	모형 적합도, 이상점 찾기

로지스틱 회귀모형의 적합도를 평가하기 위해 ① 결과변수의 추정확률을 x축으로 하고, 피어슨 잔차에 대한 피어슨 카이제곱 통계량을 y축으로 표시한 도표와 ② 결과변수의 추정확률을 x축으로 하고, 각 지점에서 특정 공변량을 가지는 대상자를 제거했을 때의 편차를 y축으로 표시한 도표를 그려볼 수 있다. 특정 공변량에서 적합도가 떨어진다면 도표에서 좌측과 우측 상단에 위치하는 점으로 나타날 것이다.[1] 이렇게 적합도가 떨어지

1 로지스틱 회귀모형의 잔차에 대해 보다 자세한 사항은 다음을 참조하길 바란다. Hosmer, D. W. and Lemeshow, S. (2000). *Applied Logistic Regression*. 2nd edn. New York, NY: Wiley, pp. 167–186.

는 공변량을 조사하면 모형 전체의 적합도가 낮은 이유를 찾을 수 있다.

TIP

모형이 자료를 적절하게 설명하지 못하는 특정 공변량을 찾아보자.

비례오즈 회귀모형이나 다항 회귀모형에서는 결과변수가 가질 수 있는 범주에 따라 다중 이분형 로지스틱 모형을 만들고, 각각에 대한 적합도를 확인한다.[2]

비례위험 회귀분석의 적합도는 콕스-스넬 잔차로 평가할 수 있는데 이는 0에서 무한대까지의 값을 가진다. 콕스-스넬 잔차를 시간 변수로 하여 결과변수에 대한 카플란-마이어 생존곡선을 그려보았을 때, 이 곡선이 결과변수의 단위 지수 분포에 대한 생존함수와 서로 겹친다면 비례위험 모형의 적합도가 우수한 것이다.[3]

포아송 회귀모형의 적합도는 결과변수에 대한 기대 확률(expected rate) 대비 표준화 잔차 또는 표준화 편차(deviance) 잔차를 그려서 평가한다. 잔차가 양수이든 음수이든, 그 절대값이 매우 큰 경우 잘 적합되지 않은 공변량, 즉 이상점이 있음을 시사한다. 적합도가 우수한 모형에서는 잔차의 95%가 2와 –2 사이에 존재한다. 이 잔차로 국소가중 평활곡선(lowess line)을 그리면 곡선은 0 근처에서 편평하게 그려진다. 만약 곡선이 특정 추정값에서 이 범위를 현저하게 벗어나는 경우 이는 모형이 해당 지점 근처에서 자료를 잘 설명하지 못하는 것이다.[4]

잔차분석은 정확한 기준이 있기보다는 경험과 감각이 중요하다. 적합된 모형이 필요한 가정을 잘 만족한다고 하더라도 잔차분석 결과는 비정상일 수 있다. 예를 들어 이분형 변수를 독립변수로 하는 로지스틱 회귀모형은 모형에 문제가 없더라도 비정상적인 잔차를 가질 수 있다. 이와 반대로 잔차에는 별 문제가 없어 보이지만 모형의 기본 가정이 위배

2 Hosmer, D. W. and Lemeshow, S. (2000). *Applied Logistic Regression*. 2nd edn. New York, NY: Wiley, pp. 280–287, 305–308.

3 이 분석 방법에 대한 그림과 자세한 설명, 그리고 콕스-스넬 잔차를 이용해 비례위험 모형의 적합도를 검정하는 다른 방법은 다음을 참조하길 바란다. Dupont, W. D. (2002). *Statistical Modeling for Biomedical Researchers: A Simple Introduction to the Analysis of Complex Data*. Cambridge: Cambridge University Press, pp. 239–241.

4 포아송 회귀모형의 잔차에 대한 논의와 함께 이러한 형태의 그림에 대한 좋은 사례로 다음을 참조하길 바란다. Dupont, W. D. (2002). *Statistical Modeling for Biomedical Researchers: A Simple Introduction to the Analysis of Complex Data*. Cambridge: Cambridge University Press, pp. 325–326.

되는 경우도 있다. 표본의 크기도 중요한데, 표본의 크기가 작은 경우 잔차분석에서 문제가 흔히 발생한다. 반면 표본의 크기가 큰 경우에는 다변수 모형 자체가 상당히 견고하여 모형이 기본 가정을 위배하더라도 잔차분석에서는 별다른 문제가 일어나지 않는 경우가 많다.

잔차분석은 명확한 기준보다는 경험과 감각에 의존한다.

3 정규분포와 등분산성을 어떻게 검정할까?

다중 선형 회귀분석이 만족해야 하는 기본 가정은 결과변수의 정규성과 평균값 주변에서의 등분산성이다(3장 2–3절).

각 독립변수와 결과변수의 추정값에 대한 단순 잔차를 그림으로 그려보면 정규성과 등분산성을 검정할 수 있다. 만약 이러한 가정을 만족한다면 잔차는 0에 가깝게 위치하고 위아래로 비슷하게 분포할 것이다. 그러나 만약 잔차가 0에서 멀리 떨어지고 분포가 비슷하지 않다면 기본 가정을 위배하는 것이다.[5]

정규성 가정을 검정하는 더 좋은 방법은 표준화 잔차에 대한 정규 확률도(normal probability plot)를 그려보는 것이다. 표준화 잔차는 잔차를 잔차의 표준편차로 나눈 값이다. 이 방법은 정규 확률도의 척도에서 잔차와 잔차의 누적 도수분포를 비교하는 방법이다. 정규성을 만족한다면 일직선의 도표가 그려진다. 만약 곡선이 그려진다면 정규성을 만족하지 못한다는 것이며, 선에서 매우 멀리 떨어진 점은 이상점을 의미한다(9장 5절).

TIP

정규 확률도를 이용하여 정규성 가정의 위배 여부를 확인할 수 있다.

5 여러 그래프를 통해 잔차분석을 더 자세히 설명하는 문헌으로 다음을 참조하길 바란다. Glantz, S. A. and Slinker, B. K. (1990). *Primer of Applied Regression and Analysis of Variance*. New York, NY: McGraw–Hill, pp. 110–180.

만약 정규성과 등분산성을 만족시키지 못한다고 해도 아직 포기하기는 이르다. 변수를 변환해보자(3장 2-3절). 독립변수 혹은 결과변수를 다른 형태로 변환하여 더 나은 모형을 만들 수 있다. 또한, 표본크기가 100보다 크다면 독립변수에 대한 정규성이 만족된다고 간주할 수 있다(3장 2-3절).

4 선형성 가정을 어떻게 확인할까?

다변수 모형에서 잔차는 연속형 독립변수의 선형성 가정을 확인하는 데도 사용할 수 있다. 선형 회귀분석 또는 이분형 로지스틱 회귀분석에서 독립변수가 결과변수와 선형 관계에 있는지 확인하려면 각각의 독립변수와 결과변수에 대한 추정값과 그에 대한 단순 잔차 그림을 그려본다. 만약 변수가 선형 관계에 있다면 점은 일직선 위아래에 대칭적으로 위치할 것이다. 반대로 독립변수 혹은 결과변수의 범위 양 끝(매우 작거나 큰 값)에서 잔차가 갑자기 커진다면, 이는 모형이 선형성 가정을 만족하지 못함을 뜻한다.[6]

비례위험 분석에서는 콕스-스넬 잔차의 선형 변환인 마팅게일 잔차를 이용해 연속형 변수의 선형성을 확인한다. 이 잔차는 $-\infty$에서 1 사이의 값을 가진다.[7] 연속형 변수를 x축으로, 마팅게일 잔차는 y축으로 그린 평활화된 곡선(smoothed curve)의 형태를 보고 그 관계가 선형인지 혹은 다른 형태인지 확인할 수 있다.[8] 이러한 정보는 선형성을 만족하기 위해 모형의 연속형 변수를 다른 형태로 변환하는 과정이 필요한지 결정할 때 도움이 된다.

6 여러 그래프를 통한 잔차분석의 자세한 논의에 대해 다음을 확인하길 바란다. Glantz, S. A. and Slinker, B. K. (2001). *Primer of Applied Regression and Analysis of Variance*. 2nd edn. New York, NY: McGraw-Hill, pp. 113–180.

7 다음은 비례위험 분석에서의 서로 다른 종류의 잔차에 대해 잘 설명한 문헌이다. Gillespie, B. (2006). "Checking assumptions in the Cox proportional hazards regression model." Center for Statistical Consultation and Research, University of Michigan. (www.lexjansen.com/mwsug/2006/Statistics_DataAnalysis/SD08.pdf)

8 Hosmer, D. W. and Lemeshow, S. (2000). *Applied Logistic Regression*. 2nd edn. New York, NY: Wiley, pp. 480–482.

TIP

마팅게일 잔차를 이용하여 비례위험 분석에서 연속형 변수의 선형성을 검정할 수 있다.

선형성 가정을 검정하는 또 다른 방법은 연속형 변수에 대해 일정한 간격을 두고 다중 이분형 변수를 만드는 것이다. 이 방법은 매우 유연하여 여러 상황에서 사용할 수 있다. 다중 로지스틱 회귀분석(이분형, 비례오즈 및 다항)과 포아송 회귀분석(음이항 회귀분석을 포함하여), 그리고 비례위험 회귀모형에서 사용할 수 있다(4장 3-3절). 다변수 분석에서 다른 혼란 변수에 의한 영향을 보정한 이후에 독립변수의 선형성 가정이 만족되는지 확인할 때도 이 방법을 사용할 수 있다. 이렇게 만든 연속 집단에서 추정된 계수의 차가 서로 비슷하다면 변수는 선형성을 가진다고 볼 수 있다.

마지막으로 연속형 독립변수를 다른 형태로 변환한 값이 선형성을 만족하는지 확인해보는 방법도 있다. 일반적으로 로그 혹은 제곱 변환을 이용하는데, 변환에 의해 추정계수가 커지고 모형의 적합도가 향상된다면 이는 해당 변수가 로그 또는 제곱 기울기로 더 잘 표현될 수 있음을 뜻한다.

5 이상점이란 무엇이고 어떻게 찾을 수 있을까?

이상점(outlier)이란 다른 관측치가 일반적으로 표현하고 있는 경향을 따르지 않는 관측치를 말한다. 예를 들어 [그림 9-1]은 독립변수가 커지면 결과변수 또한 커진다는 선형 연관성을 보여준다. 그런데 대다수 관측치가 이러한 선형 연관성을 따르고 있는 데 반해 유독 점 A와 B는 이러한 관계를 따르지 않고 있다. 점 A는 독립변수 값이 작을 때 기대되는 결과변수 추정값보다 매우 큰 관측값을 가지며, 점 B는 독립변수 값이 클 때 기대되는 결과변수 추정값보다 매우 작은 관측값을 가진다.

단순 잔차를 이용하는 것도 도움이 되지만 표준화 잔차, 스튜던트화 잔차, 지렛값, 쿡의 거리를 이용하면 이상점을 더 쉽게 찾아낼 수 있다.

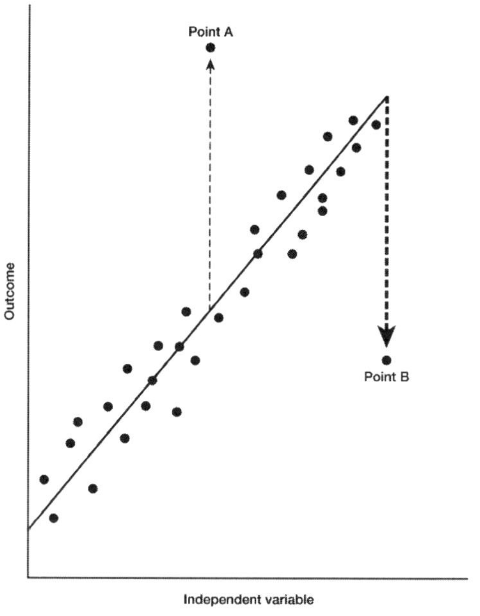

[그림 9-1] 선형 관계에 있는 독립변수와 결과변수 및 두 이상점(점 A와 B). 점 A에 비해 B의 영향력이 더 크기 때문에 더 굵은 점선으로 표시하였다.

TIP

표준화 잔차, 스튜던트화 잔차, 지렛값, 쿡의 거리를 이용하여 이상점을 찾을 수 있다.

표준화 잔차는 단순 잔차를 잔차의 표준편차로 나눈 값이다. 단순 잔차는 종속변수의 측정 단위에 따라 달라질 수 있어 그 값이 얼마나 커야 '큰 잔차'라고 할 수 있는지 기준을 일률적으로 정할 수 없다. 하지만 표준화 잔차에서는 표준화 덕분에 단위를 제거하고 '큰 잔차'라고 부를 수 있는 기준을 정할 수 있다.

표준화 잔차는 이상치를 보다 정확하게 찾을 수 있도록 해준다. 표준화 잔차값이 2이상인 경우는 전체 측정치의 5% 극단값에 해당하며, 3을 초과하는 경우는 1% 극단값에 해당한다.

TIP

표준화 잔차가 3을 초과하는 경우 전체 측정치의 1% 극단값에 해당된다.

스튜던트화 잔차는 각각의 잔차가 기준선 중심에서 떨어진 거리에 따라 다른 가중치를 가진다. 따라서 두 점이 직선으로부터 같은 거리만큼 떨어져 있어도 스튜던트화 잔차값은 서로 다를 수 있다. 직선의 극단에 있는 점은 중심에 가깝게 위치한 점보다 큰 스튜던트화 잔차값을 가진다. 극단에 있는 값은 그렇지 않은 값에 비해 직선의 기울기를 바꾸는 데 영향력이 더 크기 때문이다. 시소를 생각해보면 중심에 위치한 점은 받침에 해당하고 극단에 위치한 점은 판자의 끝에 해당된다. 판자의 끝부분에 힘을 주면 전체 시소의 기울기가 달라지게 되는데, 이러한 점을 지렛점(leverage point)이라고 한다. 따라서 스튜던트화 잔차에서 지렛점은 직선의 중앙에 위치한 이상점보다 큰 잔차값을 가지게 된다. [그림 9-1]에서도 마찬가지로 두 점이 직선으로부터 떨어진 거리는 같지만 점 B는 점 A보다 더 큰 스튜던트화 잔차값을 가진다. 점 B를 표현하는 데 굵은 점선을 사용한 것은 그 영향력이 A에 비해 더 크다는 사실을 표현하기 위한 것이다. 표준화 잔차와 마찬가지로 스튜던트화 잔차 또한 값이 2나 3 이상인 경우 극단값에 해당된다.

TIP

독립변수의 극단값에서 나타나는 이상점은 중심에 가까이 위치한 이상점에 비해 더욱 큰 영향력을 가진다.

지렛값(leverage)은 직선 위에 있는 개별 점의 영향력을 정량화한 값이다. 이상적으로 모든 관측값에 대한 지렛값은 예상값의 두 배 미만이어야 하는데, 예상값은 변수의 개수에 1을 더한 값을 표본의 크기로 나누어 계산한다. 만약 지렛값이 예상값의 두 배보다 큰 경우 모형에 문제가 있지 않은지 점검해보아야 한다.

영향력(influence)은 특정 관측치를 제외했을 때 모형에서 추정된 계수가 얼마나 변화하는지를 나타낸다. 영향력은 관측값의 이상점 여부와 관측값이 가지는 지렛값 모두에 영향을 받는다. 지렛값이 크고 이상점에 해당하는 관측값은 큰 영향력을 갖는다. 쿡의 거리(Cook's distance)는 각각의 관측값이 전체 모형에 주는 영향력을 평가하는 방법으로 특정 관측치가 제거되었을 때 회귀계수의 변화량을 그 값으로 갖는다. 만약 쿡의 거리가 4를 표본크기로 나눈 값(4/n, n은 표본크기)보다 큰 경우 모형에 문제가 있지 않은지 점검해볼 필요가 있다.

정의

영향력은 특정 관측값을 제외했을 때 모형에서 추정된 계수의 값이 얼마나 변하는지와 관련이 있다.

쿡의 거리가 4/n(n은 표본크기)보다 큰 경우 모형에 문제가 있지 않은지 점검해보아야 한다.

지렛값이 크면서 이상점에 해당하는 관측값은 큰 영향력을 가진다.

다변수 (이분형) 로지스틱 회귀분석에서 2보다 큰 표준화 피어슨 잔차가 존재한다면 모형에 문제가 있지 않은지 확인해보아야 한다. 표준화 피어슨 잔차 그림을 이용하면 결과변수의 특정 어떤 확률값에서 이상치가 많이 관찰되는지 알 수 있다. 단, 선형 회귀분석에서는 단일 관측값을 단위로 하여 분석하지만 로지스틱 회귀분석에서는 관측값이 가질 수 있는 특정 공변량을 단위로 하여 분석한다는 사실을 기억하자.

다중 로지스틱 회귀분석에서 강한 영향력을 가지는 공변량을 확인하는 방법은 세 가지가 있다. 다음 방법은 모두 특정 공변량을 제외할 경우 모형이 어떻게 변하는지 검사하기 위한 것이다.

① 카이제곱 통계량 값의 변화
② 편차(deviance) 값의 변화
③ 회귀계수 값의 변화[9]

만약 결과변수의 추정확률을 x축에, 해당 지점에서 위 통계량의 변화량을 y축에 나타내면 모형에 강한 영향력을 가지는 지점을 발견할 수 있다. 혹은 결과변수의 추정확률을 x축에, 해당 지점에서의 카이제곱 통계량의 변화량을 y축으로 하여 각 공변량의 형태에 대한 영향력 진단 매개변수(influence diagnostic parameter)를 크기로 하는 원을 그릴

9 공변량이 아닌 특정 관측값을 제외했을 때의 통계량을 Dfbeta 또는 dbeta라고 한다. 로지스틱 회귀분석에서는 결과에 큰 영향을 주는 관측값을 찾은 경우 단일 관측값이 아니라 특정 공변량 형태를 갖는 모든 관측값을 제거하는 방법이 더 적절하다.

수도 있다. 원의 크기가 클수록 해당 공변량이 결과에 미치는 영향력이 크다.[10]

비례위험 분석에서는 편차(deviance) 잔차를 이용해 이상치를 찾을 수 있다. 편차 잔차는 마팅게일 잔차가 0을 중심으로 대칭인 분포를 이루도록 변환한 값이다. 잔차값이 양수이면 생존시간이 기대값보다 짧다는 것이고, 음수이면 기대값보다 길다는 것을 의미한다.[11] 각 관측값에 대한 편차 잔차를 그림으로 나타내면 특별히 크거나 작은 잔차값을 가진 관측값을 확인할 수 있다.

포아송 회귀분석에서는 표준화 잔차 또는 표준화 편차 잔차를 이용해 이상점에 해당하는 공변량을 찾을 수 있다.

6 이상점을 찾은 후에는 무엇을 해야 할까?

잔차분석을 통해 몇몇 이상점을 발견했다면, 이제 어떻게 해야 할까? 먼저 그 자료를 기록할 때 문제가 없었는지 확인해보는 것이 좋다. 단변수 분석에서 이미 한 번 살펴본 자료를 다변수 분석에서 다시 한 번 확인한다는 것이 불필요해 보일 수도 있다. 그러나 다변수 분석에서도 이상점을 찾아내는 과정을 통해 단변수 분석 결과를 보완할 수 있다. 예를 들어 다변수 모형의 잔차분석을 통해 고지방 식품을 많이 섭취하는 비만의 당뇨병 환자이지만 콜레스테롤 수치가 140mg/dL으로 비정상적으로 낮은 환자를 찾아낼 수 있다. 이 환자의 실제 콜레스테롤 수치는 410mg/dL이었는데, 다변수 모형의 잔차분석을 통해 자료를 입력하는 과정에서 발생한 오류를 발견한 것이다. 하지만 단변수 분석의 잔차분석만 시행하였다면 140mg/dL의 콜레스테롤 수치는 극단값에 해당하지 않으므로 이 오류를 발견하지 못했을 것이다.

그러나 해당 환자의 콜레스테롤 수치가 정말로 140mg/dL이었다면 어떻게 해야 할

10 그러한 곡선 그림은 다음 책에서 볼 수 있다. Hosmer, D. W. and Lemeshow, S. (2000). *Applied Logistic Regression*. 2nd edn. New York, NY: Wiley, p. 180.

11 Gharibvand, L. A step-by-step guide to survival analysis. University of California, Riverside. (https://www.lexjansen.com/wuss/2008/tut/tut08.pdf)

까? 이 관측치를 제거해야 할까? 그렇지 않다. 만약 실험실 환경에서 분석 결과에 맞지 않는 잔차값을 얻게 되면 실험을 다시 한 번 해볼 수도 있다. 그러나 실제 임상 상황이나 임상시험에서 재실험이란 불가능하다. 우리가 알고자 하는 답을 얻는 데 방해가 되는 값을 발견한 경우 그 값을 제거하고 싶은 충동에 쉽게 휩싸인다. 하지만 이러한 행동은 정당화될 수 없는데, 특정 관측값이 이상점에 해당한다는 이유만으로 그 값이 정말 잘못되었다고 확정 지을 수 있는 근거는 없기 때문이다. 사실 자료에 몇몇 극단값이 나타나는 건 지극히 정상적인 일이기도 하다.

그러나 이러한 잔차가 지렛점에 해당한다면 분석에서 이 대상자를 제거하거나 실험을 다시 하여 결과가 달라지는지 확인하고 싶어질 것이다. 몇 개의 대상자를 제거하였다고 해서 분석 결과가 완전히 달라진다면 그 결과가 타당하다고 볼 수 없다. 일반적으로 자료의 크기가 커질수록 단지 한두 개의 케이스에 의해 분식 결과가 크게 달라질 가능성은 낮아진다. 따라서 자료 크기가 커질수록 모든 관측치의 잔차를 면밀하게 조사할 필요성 또한 줄어들게 된다.

잔차가 공변량에 의해 결정되는 경우 한두 개 이상의 다수의 이상점이 발견될 수 있다. 따라서 그 관측값을 모두 제거하는 것이 가장 좋은 해결 방법이라고 보기는 어렵다. 오히려 모형이 이러한 공변량에 대해서 성능이 떨어지는 이유를 살피고 이를 개선할 수 있는 방안에 대해 고민해보는 것이 더 합당하다. 즉, 자료를 제거하기보다는 이러한 공변량을 보이는 대상자에 대해 좀 더 살펴보는 것이 도움이 된다.

7 덧셈 가정이란 무엇이며, 이 가정을 만족하는지 어떻게 확인할까?

이 책에서 다루고 있는 모든 다변수 모형은 독립변수가 결과변수에 대해 덧셈 효과(additive effect)를 가진다는 것을 가정한다. 모형에 따라 서로 다른 결과변수를 추정하기 때문에 다변수 모형에서는 덧셈 효과의 의미를 이해하기가 쉽지 않다. 예를 들어 다중 선형 회귀분석은 독립변수의 합으로 결과변수 평균값을 추정한다. 로지스틱 회귀분석은 독립변수의 합으로 결과변수의 로그 오즈(logit)를 추정한다. 비례위험 분석은 독립변수의 합으로 결과변수의 로그 변환을 추정한다. 포아송 회귀분석은 독립변수의 합으로 결과변수의 로그 변환을 추정한다.

덧셈 가정을 만족한다면, 로지스틱 회귀모형, 비례위험 모형, 포아송 회귀모형에서 산출되는 오즈비, 상대위험, 상대위험도는 결과변수에 대해 덧셈이 아닌 곱셈 효과를 가진다. 통계학에서는 이러한 관계를 '곱셈 척도에서의 덧셈'이라는 다소 모호한 용어로 표현하기도 한다. 비록 앞에서 덧셈 가정이라는 용어로 설명하지는 않았지만, 이미 상호작용에 대한 논의(1장 4절, 7장 3절, 8장 4절)에서 이 개념에 대해 다루었다. 상호작용은 변수의 관계가 덧셈 효과에 의한 것보다 더 크거나 작은 상황일 때 존재한다.

TIP

오즈비, 비례위험 또는 상대위험도에 미치는 변수의 영향은 곱셈 효과로 작용한다.

1장 4절에서 다루었던 성별과 ST분절 상승의 사례로 돌아가보자. 이때 상호작용의 의미를 설명하기 위해 오즈비를 서로 곱하였다. 예를 들어 [표 1-7]에서 남성의 오즈비는 1.6이고 ST분절 상승의 오즈비는 8.1이었다. 모형은 '곱셈 척도에서 덧셈' 계산을 하므로 ST분절 상승이 있었던 남자에 대한 오즈비는 개별 오즈비의 곱인 13.0이 되어야 한다(1.6 ×8.1=13.0).

그러나 실제로 ST분절 상승이 있는 남성의 심근경색 발생 위험은 ST분절 상승이 없는 여성의 13배가 아니다. 오즈비의 곱과 실제 위험도 사이에 차이가 나타나는 것은 상호작용을 나타내는 곱셈항이 통계적으로 유의했기 때문이다. ST분절 상승이 있는 남성 환자의 심근경색 발생 위험을 계산하기 위해서는 오즈비가 0.6이었던 상호작용항까지 추가해야 한다. 따라서 상호작용에 의한 효과까지 반영하면 이들의 위험도는 13.0보다 작은 7.8(1.6×8.1×0.6=7.8)이 된다. 8장 3-2절을 읽어보면 상호작용항의 계수가 음수이면 전체 위험이 개별 위험의 영향을 더한 것보다 작아진다는 것을 알 수 있다.

왜 상호작용항을 고려해야 할까? 1장 4절에서 살펴본 것처럼, 임상적으로 ST분절 상승이 있는 환자에서는 성별의 차이로 인한 심근경색의 발생 위험도 차이가 작아진다. ST분절 상승이 있는 여성의 위험은 8.1(1.0×8.1×1.0=8.1)이고 ST분절 상승이 있는 남성의 위험은 7.8(1.6×8.1×0.6=7.8)로 이들 사이에서는 성별에 의한 영향이 그다지 관찰되지 않는다. 이 경우 덧셈 가정을 만족하지 않으므로 성별과 ST분절 상승의 상호작용항 없이는 부정확한 결과를 얻게 된다.

그렇다면 실제로는 ST분절 상승이 있는 남성과 ST분절 상승이 있는 여성의 위험이 유사함에도 불구하고, 상호작용을 고려하지 않은 모형에서 ST분절 상승이 있는 남성의 위험이 매우 높은 것으로 추정되는 이유는 무엇일까? 그 이유는 성별, ST분절 상승 여부 등의 변수는 각각 하나의 계수만을 가지기 때문이다. 표본 전체에 대해 추정된 최적의 계수가 특정 기준에 따라 분할된 각각의 소집단에 대해서도 항상 최적으로 작동하지는 않는다. 다시 말해 단지 남성이 여성보다 심근경색 위험이 높고 ST분절 상승이 있는 환자가 그렇지 않은 환자보다 심근경색 위험이 높다고 해서, ST분절 상승이 있는 남성의 심근경색 발생 위험이 ST분절 상승이 있는 여성의 위험보다 높은 것은 아니다. 이 사례를 통해 상호작용항 없이는 표본 내 특정 소집단에 대해 잘못된 결과를 추정할 수 있다는 것을 알 수 있다. 상호작용항은 표본 내 특정 소집단에 대한 모형의 적합도를 향상시킬 수 있는 또 하나의 변수가 되는 것이다.

TIP

표본 전체에 대해 추정된 최적의 계수가 표본에 있는 각각의 소집단에 대해서도 최적의 성능을 가지는 것은 아니다.

하지만 많은 경우 덧셈 가정을 만족하는지 확인하는 것은 매우 복잡한데, 고려해야 할 상호작용항이 매우 많기 때문이다. 예를 들어 독립변수가 10개라면 2개의 요인으로 이루어진 상호작용항을 45개 만들 수 있다. 뿐만 아니라 3개의 요인으로 이루어진 상호작용(예: 성별×ST분절 상승 여부×심근경색 병력) 효과 역시 생각해볼 수 있다. 통계적으로 모든 상호작용항을 고려하는 것은 불가능하므로 포함해야 할 중요한 상호작용이 있는지 면밀히 검토하는 작업은 매우 어렵다.

임상적으로는 결과변수에 중대한 영향을 줄 것으로 생각한 변수가 실제로 모형에서 그렇지 않은 경우, 상호작용항에 대한 단서를 얻을 수 있다. 특정 조건에 따라 그 변수가 가지는 중요도가 달라질 수 있기 때문이다. 자료가 모형의 기본 가정을 만족하는지 확인하는 과정에서도 상호작용항에 대한 단서를 얻을 수 있다. 예를 들어 정규 확률 도표에서 표준화 잔차가 직선을 그리지 않는다거나 로지스틱 회귀분석의 잔차가 매우 큰 경우 상호작용 효과가 존재할 수 있다.

상호작용 효과는 찾기 어렵다는 점 외에도 다른 문제가 더 있다. 통계적으로 유의하더라도 몇몇 상호작용 효과는 임상적으로 해석하기가 매우 어렵다. 특히 많은 상호작용을 검토하다 보면 그중 몇 개쯤은 통계적으로 유의한 결과를 보일 수 있다. 그러나 그렇다고 해서 이 상호작용 효과가 반드시 중요한 것이라고는 볼 수 없다.

상호작용에 대한 검정은 소집단 분석(subgroup analysis)을 하는 것과 유사한 측면이 있다. 표본 전체에 대해서는 신약이 위약에 비해 별다른 효과가 없다는 연구 결과가 있다고 하자. 그런데 표본에 있는 10개의 소집단 중 신약의 효과가 있는 한 집단(예: 당뇨가 있는 여성 고혈압 환자)을 발견했다면, 이를 가지고 신약이 당뇨가 있는 여성 고혈압 환자에게 효과가 있다고 결론 내릴 수 있을까?

신약이 당뇨가 있는 여성 고혈압 환자에게만 효과가 있을 것이라는 설득력 있는 근거에 따라 소집단 분석을 사전에 계획한 경우가 아니라면, 일반적으로 신약은 위약에 비교해 효과가 없으며 일부 소집단에서 발견된 효과는 우연에 의한 결과라고 결론을 내려야 한다. 즉, 일부 소집단에서는 신약이 위약에 비해 효과가 좋았으나 다른 소집단에서는 위약에 비해 효과가 나빴기 때문에 전체적으로 효과가 없는 결과를 보인 것이다. 이러한 고려 사항은 10개의 상호작용항에 대해 검정할 때에도 적용된다. 만약 주된 효과는 존재하지 않고 9개의 상호작용항은 유의하지 않은 상황에서 나머지 1개만 유의하다면, 이를 가지고 특정한 조건에서 약이 효과가 있다고 결론 내릴 수 있을까? 아마도 아닐 것이다.

이러한 문제 때문에 많은 임상 연구자가 상호작용 검정을 하지 않는다. 이와 대조적으로, 많은 역학지의 문헌에서는 2개의 항으로 이루어진 모든 가능한 상호작용을 검토한다. 만약 상호작용항이 통계적으로 유의하다면 통계적 측면에서 모형의 질을 향상하는 데 도움이 되므로 방법론적으로 정당화가 가능하다. 그러나 이러한 전략은 실제로 의학 문헌에서는 찾아보기 어려운데, 상호작용항에 대해 임상적인 의미를 부여하기 어렵기 때문이다.

이론적으로 중요하다고 알려진 상호작용에 대해서만 검증해보는 것도 좋은 전략이다. 이는 앞에서 언급한 심근경색 발생 위험에 대한 성별의 영향 연구에서도 사용된 전략이다. 이 연구는 성별과 연관될 수 있는 모든 가능한 상호작용에 대한 검정을 했는데 연구의 초점인 성별이 심근경색 위험의 차이와 연관된 변수로 잘 알려진 요인이었기 때문이다. 그러나 다른 변수와 관련된 상호작용을 평가하지는 않았다(예: 연령×인종).

상호작용을 평가하기 위해 어떤 전략을 채택하였든, 자신의 연구 결과를 읽는 독자에게 상호작용 효과를 검정했는지, 검정했다면 어떤 방법을 사용하였는지 제시해야 한다. 사용된 전략에 따라 다음과 같은 방식으로 요약할 수 있을 것이다.

- 2개의 항으로 이루어진 모든 일차 상호작용 효과를 검정했는가?
- 혹은 특정 상호작용에 대해 검정했는가? 했다면 어떤 변수를 검정했는가?
- 그것도 아니라면 상호작용 효과를 검정하지 않기로 했는가?

8 비례오즈 가정을 어떻게 검정할까?

비례오즈 회귀분석에서는 독립변수에 대한 계수가 결과변수의 구분점(cut point)에 관계없이 동일한 것으로 가정한다(3장 4절). 모형이 이 가정을 만족하는지 확인할 때는 스코어 검정(score test)을 사용한다. 검정 결과가 유의하지 않으면 결과변수의 구분점이 달라져도 그 전후에서 오즈비가 일정하다고 본다. 하지만 이 방법은 표본크기가 크면 지나치게 민감하다는 문제점이 있는데, 실제로는 구분점에 따라 그 전후에서 오즈비 값에 별 차이가 없더라도 스코어 검정에서 유의한 p-value를 얻을 수 있다. 따라서 스코어 검정 결과가 유의하더라도 포기하지 말고 결과변수의 각 구분점에 따라 여러 개의 로지스틱 회귀모형을 만들어보자.[12] 개별 로지스틱 회귀모형으로부터 독립변수에 대한 오즈비와 신뢰구간을 산출할 수 있을 것이다. 이들 각 구분점에서의 오즈비와 신뢰구간을 서로 비교해보고, 비례오즈 회귀모형의 누적 오즈비와 비교해보면 실제로 구분점에 따라 오즈비가 달라지는지 확인할 수 있다.

TIP

스코어 검정으로 비례오즈 가정을 확인한다.

스코어 검정은 표본크기가 크면 지나치게 민감하다는 문제가 있다.

TIP

스코어 검정 결과가 통계적으로 유의하더라도 결과변수에서 가능한 구분점을 이용해 여러 개의 로지스틱 회귀모형을 만들어보자. 각각에서 추정된 오즈비와 신뢰구간을 서로 비교하거나 비례오즈 모형의 누적 오즈비와 비교하여 오즈비가 구분점에 따라 달라지는지 확인할 수 있다.

9 비례위험 가정은 어떻게 검정할까?

비례위험 분석에서 타당한 분석 결과를 얻으려면 비례위험 가정이 반드시 만족되어야 한다고 설명하였다(3장 9절). 이 가정은 서로 다른 공변량을 가지는 개개인의 위험은 시간이 흐름에 따라 일정하다는 것이다. [그림 3-9]는 비례위험 가정의 위반 사례다. 이 그림에서는 2개의 카플란-마이어 생존곡선이 교차하고 있는데, 이는 두 집단에서 사망 위험이 관찰 기간 동안 일정하지 않았기 때문이다.

비례위험 가정을 검정하는 보다 정교한 방법이 있다. 일반적으로 자주 사용되는 네

12 Scott, S. C., Goldberg, M. S., and Mayo, N. E. (1997). "Statistical assessment of ordinal outcomes in comparative studies." *J. Clin. Epidemiol*, 50, 45–55.

가지 방법으로 log-log 생존 그림, 숀펠드의 부분 잔차, 시간의 범주화, 시간 의존(time-dependent) 공변량 사용[13]이 있다. 이 중 어떤 방법이 가장 좋은지 정해진 바는 없으며 두 가지 이상의 검정 방법을 함께 사용하는 것이 권장된다.

TIP

곡선이 서로 교차했다면 비례위험 가정이 위반된 것이다.

9-1 log-log 생존곡선

log-log 생존곡선은 [그림 9-2]와 같이 그릴 수 있다. 만약 두 곡선 사이의 수직 거리가 일정하면 독립변수 값에 따라 대상자가 가지는 위험의 비가 시간에 따라 일정하다는 것이다. 그러나 곡선이 서로 교차하거나, 특정 시점에서는 매우 가깝고 다른 시점에서는 멀리 떨어져 있다면 비례위험 가정이 만족되지 않는 것이다. 곡선 사이의 수직 거리가 완벽하게 일정할 필요는 없다. 특히 관측값의 수가 적은 곡선의 양끝에서는 서로 가까워지거나 더 멀어지는 경향이 있다.

log-log 생존곡선을 통해서 알 수 있는 것은 곡선이 나타내는 위험의 절대값에 대해서는 어떠한 가정도 필요로 하지 않는다는 것이다. 즉, 비례위험 분석은 오직 위험의 변화에 따라 두 곡선 사이의 거리가 일정하게 유지되는가에 대한 가정만을 필요로 한다.

13 다섯 번째 방법으로 콜모고로프(Kolmogorov) 형태의 슈프리멈(supremum) 검정이 문헌에서 자주 보이고 있다. 그러나 이 방법은 이 책에서 다루기엔 너무 복잡하고 상당수 의학통계학자는 이 방법을 아직 정립되지 않은 검정법으로 생각하고 있다. 이에 대해 관심 있는 독자는 다음을 찾아보길 바란다.
Lin, D. Y., Wei, L. J., Ying, Z. (1993). "Checking the Cox model with cumulative sums of Martingale-based residuals." *Biometrika*, 80, 557–572. (http://www.lexjansen.com/mwsug/2006/Statistics_DataAnalysis/SD08.pdf.)

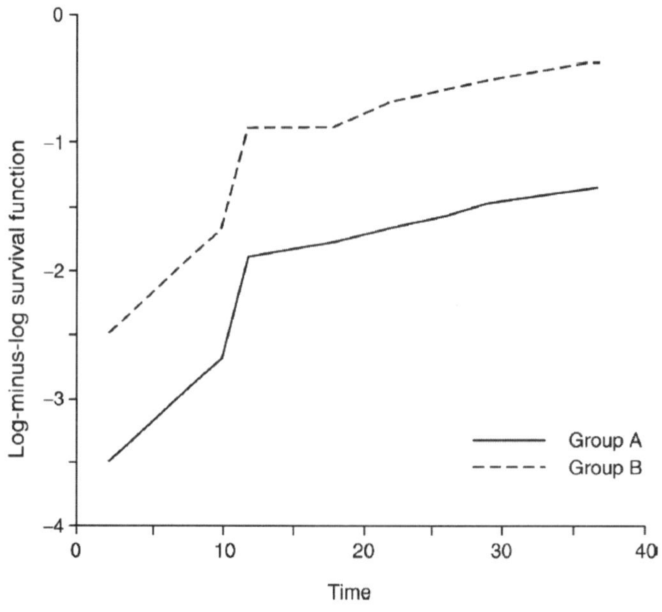

[그림 9-2] A 집단(실선)과 B 집단(점선)에서 일정한 차이를 보여주는 log-log 생존곡선
출처: Katz, M. H. and Hauck, W. W. (1993). "Proportional hazards (Cox) regression." *J. Gen. Intern. Med*, 8, 702–711.

9-2 숀펠드 잔차

비례위험 가정은 숀펠드(Schoenfeld) 부분 잔차를 사용해 검증할 수도 있다. 각 공변량에 대해 변환된 시간을 x축으로, 조정된 숀펠드 잔차를 y축으로 한 도표를 그렸을 때[14] 수평선에 가까운 곡선이 그려진다면 비례위험 가정이 만족되는 것이다. 몇몇 통계 프로그램(예: S-plus의 cox.zph)은 각 변수에 대한 카이제곱 통계량과 p값을 계산함으로써 변환된 생존시간과 조정된 숀펠드 잔차의 상관관계를 보여준다. 만약 p값이 유의하다면 해당 변수는 비례위험 가정을 만족하지 않는 것이다.

14 숀펠드 잔차를 이용하여 비례성 가정을 검토하는 더 자세한 내용은 다음 문헌을 참조하길 바란다.
Fox, J. Cox. (2002). Proportional–hazards regression for suvival data: Appendix to an R and S–Plus Companion to Applied Regression. (https://socialsciences.mcmaster.ca/jfox/Books/Companion/appendix/Appendix-Cox-Regression.pdf); Harrell, F. E. (2001). *Regression Modeling Strategies: With Application to Linear Models, Logistic Regression, and Survival Analysis*. New York: Springer, pp. 486–487.

9-3 시간의 범주화

비례위험 가정을 검토하는 직관적이면서도 쉬운 방법은 시간 변수를 여러 부분으로 나누어보는 것이다. 예를 들어 리우(Liou)와 동료들은 낭성 섬유증(cystic fibrosis)을 앓는 소아에서 폐 이식이 생존에 미치는 효과에 대해 조사했다.[15] 소아 환자는 폐 이식을 받기 위해 매우 오랫동안 수술 대기자 명단에 올라가 있는 상태였다. 환자는 매우 다양한 임상적 특징을 가지고 있었는데, 환자마다 다른 독립변수의 특성으로 인해 시간에 따른 사망의 비례위험에 차이가 발생하는지 확인하였다. 이 연구에서는 환자를 대기 연도에 따라 두 집단으로 나누었으며 두 집단의 크기가 서로 같아지도록 그 구간을 정하였다(1992-1998년에 대기 명단에 있던 환자 집단과 1999-2002년에 대기 명단에 있던 환자 집단). 그런 다음 각각의 집단에 내해 비례위험 모형을 적합시켰다. 만약 비례위험 기정을 만족하지 않으면 두 모형에서 각각의 독립변수에 대한 비례위험은 서로 다르게 나타났을 것이다. 그러나, 두 모형에서 각 변수에 대한 비례위험이 유사하게 추정되었기 때문에 전체적인 모형이 비례위험 가정을 만족한다는 것을 확인할 수 있었다.

9-4 시간 의존적 공변량

비례위험 가정을 검증하는 다른 방법으로는 시간에 따른 비례위험의 변화를 인정하는 상호작용항을 비례위험 모형에 추가하는 것이다. 이 상호작용항을 시간 의존적 공변량(time-dependent covariates)이라고 한다(13장 1절). 이러한 공변량을 만들기 위해서는 특별한 코딩 도구가 필요한데 세부적인 방법은 통계 프로그램마다 다르다. 이 방법을 사용하면 모형에서 비례위험의 로그 변환 값이 시간 혹은 로그 변환된 시간의 흐름에 따라 선형으로 변화하도록 할 수 있다. 비례위험 가정이 타당하다면 상호작용항의 위험비는 1.0(효과 없음)에 가깝고 통계적으로도 유의하지 않을 것이다. 만약 추정계수가 1.0보다 유의하게 크거나 작다면 이는 독립변수에 의한 효과가 시간에 따라 달라진다는 사실을 의

15 Liou, T. G., Adler, F. R., Cox, D. R., Cahill, B. C. (2007). "Lung transplantation and survival in children with cystic fibrosis." *N. Engl. J. Med*, 357, 2143–2152.

미하며, 비례위험 가정이 충족되지 않음을 뜻한다.

시간 의존적 공변량에서 독립변수에 대한 여러 상호작용항을 사용함으로써 이들에 대한 비례위험 가정을 동시에 검정할 수 있다. 그러나 표본크기에 비해 설명변수가 너무 많은 경우 모형에 이들에 대한 상호작용항을 모두 추가할 수는 없다. 따라서 이때는 상호작용항을 하나씩 모형에 개별적으로 추가하고, 다른 독립변수에 의한 영향이 보정된 상태에서도 각각의 상호작용항이 유의한지 확인할 수 있다. 반면, 시간 의존적 공변량은 표본크기가 큰 경우 통계량이 너무 민감해질 수 있다는 문제가 있다. 도표를 육안적으로 평가할 때는 비례위험 가정에서 크게 이탈하지 않았다 하더라도 공변량이 통계적으로 유의할 수 있다.

10 자료가 비례위험 가정을 만족하지 못한다면 어떻게 해야 할까?

이 경우 연구를 포기하는 것 외에도 몇 가지 대안이 있다. 특정 구간 내에서라도 비례위험을 만족하는지 확인하기 위해 관측 기간을 여러 개로 나누어보자. 만약 이 방법을 사용한다면 나눈 각각의 구간에 대해 비례위험 분석을 시행하게 될 것이다. 이때 자료에 따라서는 결과 발생에 영향을 미치는 위험요인이 각각의 구간에서 다르게 나타날 수 있다. 예를 들어 심장마비를 예측하는 모형에서 당뇨는 첫 3개월에 대한 모형에서는 위험을 높이는 요인이 되지만, 이후 3개월에 대한 모형에서는 오히려 위험을 낮추는 요인으로 나타날 수 있다.

두 번째 전략으로 층화 비례위험 분석을 시도해볼 수 있는데, 비례위험 가정을 만족하지 못하는 변수를 이용해 표본 자료를 층화(분할)하는 방법이다. 이와 같은 방법으로 나누어진 각 계층에는 각각 기저 위험(baseline risk)이 있다. 그러나 시간이 지남에 따라 각 계층의 위험이 차이를 보이게 된다면 그 원인이 되는 요소를 찾을 수 있을 것이다. 하지만 이 전략은 여타 층화분석과 유사한 한계점을 갖는다. 층화에 사용된 변수가 결과변수에 미치는 효과를 평가할 수 없다는 것이다. 또한 비례위험 가정을 만족하지 않는 변수가 여러 개 존재할 경우 이러한 층화 절차는 매우 번거로울 수 있다.

세 번째 전략은 로지스틱 회귀분석으로 분석 방법을 바꾸는 것이다. 로지스틱 회귀모형은 시간을 고려하지 않기 때문에 시간에 따른 위험이 일정할 필요가 없다. 뉴욕시의 후천성 면역 결핍증(AIDS) 환자의 생존과 연관된 요인을 조사한 연구(7장 5절)에서는 모형의 비례성 가정이 심각하게 위배되어 층화로도 해결할 수 없다는 사실을 발견하고는 분석 방법을 비례위험 분석에서 로지스틱 회귀분석으로 바꾸었다. 즉, 모형의 결과변수를 15개월 이상 생존하였는가 여부로 바꾸었고, 결과적으로 15개월 생존에 영향을 미치는 몇 가지 요인을 찾아낼 수 있었다. 이 방법을 이용하면 비례위험 가정의 위배를 피할 수 있으나 분석 결과가 결과 측정의 시점에 따라 달라진다는 문제가 있다. 즉, 만약 생존시간의 기준점을 15개월이 아닌 6개월 또는 24개월에서 나눈다면 생존과 관련된 다른 요인을 발견할 수 있다. 중요한 짐은 이 연구의 근본적인 질문이 '15개월 동안 생존하는 것과 연관된 요인은 무엇인가?'가 아니라 '환자의 생존과 연관된 요인은 무엇인가?'라는 것이다. 또한, 15개월이 경과하기 전에 추적관찰에서 이탈된 환자에 대해서는 결과 측정을 할 수 없으므로 분석에서 제외된다는 문제점이 있다. 그럼에도 불구하고 이 연구는 비례성 문제를 검정하였고 문제를 해결하기 위한 대안적 분석을 시행했다는 점에서 높이 평가받을 만하다. 대다수의 연구에서는 분석 모형이 비례위험 가정을 만족하는지, 비례위험 검정을 해보았는지 여부조차 보고하지 않기 때문이다.[16]

네 번째 전략이 가장 좋은 방법일 수도 있는데, 비례위험 가정의 위배를 충분히 설명할 수 있는 모형을 만드는 것이다. 다시 말해 처음 X 기간과 다음 Y 기간 동안 서로 다른 비례위험을 가지는 모형을 구축하는 것이다. 이는 연속형 독립변수(여기서는 발생시간)를 범주형 변수로 변환하는 것과 유사한 접근 방법이다.

TIP

기간을 구분하여 비례위험이 달라지도록 하는 모형을 만들어 비례위험 가정의 위반 문제에 대처할 수 있다.

16 Katz, M. H. and Hauck, W. W. (1993). "Proportional hazards (Cox) regression." *J. Gen. Intern. Med*, 8, 702–711; Concato, J., Feinstein, A. R., and Holford, T. R. (1993). "The risk of determining risk with multivariable models." *Ann. Intern. Med*, 118, 201–210.

이러한 접근을 시도한 사례로 AIDS 환자의 사회 경제적 수준이 생존에 미치는 영향에 대한 연구가 있다.[17] 이 연구에서 log–log 생존곡선으로 비례성 가정을 확인할 때 대다수의 생존곡선은 괜찮아 보였지만, 공변량 중 '크립토스포리디아증 이후 AIDS의 첫 진단 여부' 변수는 비례위험 가정을 위반하는 듯 보였다. 이에 대한 통계적 검정을 위해 크립토스포리디아증 여부라는 단일 변수를 사용하는 대신 시간 구간을 둘로 나누어 연구 초반에서의 크립토스포리디아증 여부와 나머지 기간에서의 크립토스포리디아증 여부를 의미하는 두 변수를 생성했다. 시간 구간을 나누는 기준점은 log–log 생존곡선에서 비례위험이 변하는 것으로 보이는 지점으로 정하였다.

이때 비례위험 분석을 이용해 이들 두 변수에 서로 유의한 차이가 있다는 가설을 검정하였는데, p값은 0.07로 유의성 판단의 경계선에 있었다. 비록 이 값은 통상적인 p값 기준인 0.05보다는 큰 값이었지만, $p<0.2$이라면 시간에 따른 중대한 위험 변화가 있을 가능성이 있다. 따라서 모형에는 크립토스포리디아증에 대한 단일 변수 대신 앞서 언급한 2개의 시간–구간 변수가 사용되었다. 그 결과 더 이상 비례위험 가정에는 문제가 발생하지 않았다. 그러나 이러한 형태의 모형을 설정하는 것은 복잡한 일이므로 먼저 의학통계학자의 자문을 받는 것이 좋다.

언급한 다양한 방법 중 어떤 분석 전략을 택하였든 모형의 기본 가정을 검토했는지, 그랬다면 기본 가정이 잘 충족되었는지 독자에게 분명하게 알려야 한다. 만약 가정을 충족하지 못한다고 해서 좌절할 필요는 없다. 우리가 추정하고자 하는 결과가 특정 조건에서는 시간에 따라 변화한다는 것을 알았고, 그 발견 자체가 매우 중요한 것일 수도 있기 때문이다.

17 Katz, M. H., Hsu, L., Lingo, M., et al. (1998). "Impact of socioeconomic status on survival with AIDS." *Am. J. Epidemiol*, 148, 282–291.

chapter 10

성향점수

1. 성향점수란 무엇이고 왜 사용해야 할까?

1 성향점수란 무엇이고 왜 사용해야 할까?

환자가 어떤 중재 집단에 배정되는 데 몇몇 독립변수의 영향을 받는다고 할 때, 그 대상자가 이러한 변수의 특성으로 인하여 특정 중재 집단에 속하게 될 가능도(likelihood)를 계산한 값을 성향점수(propensity score)라고 한다.[1] 성향점수는 무작위 배정되지 않은 두 집단 사이에 기저 특성의 차이를 보정하는 데 유용하며 주로 중재 방법을 비교하는 연구에서 사용한다.[2]

성향점수를 계산하기 위해서는 먼저 집단을 나누는 데 영향을 주는 독립변수에는 어떤 것이 있는지 확인해야 한다(예: 중재 방법을 결정하는 데 중요한 임상적 요인). 환자의 인구학적 특성, 질환의 중증도, 중재 방법의 특징(담당의사의 전문과목, 병원, 기타) 등이 이러한 변수에 해당된다. 이러한 변수를 이용하면 대상자가 특정 중재 집단에 배정될 가능성을 추정하는 모형(일반적으로 로지스틱 회귀모형)을 만들 수 있다. 이 모형은 한 대상자가 특정 중재 집단에 속할 가능도를 추정해주며 그 값이 바로 성향점수가 된다.

정의

성향점수는 중재 집단 배정에 영향을 주는 독립변수의 값에 따라 한 대상자가 특정 중재 집단에 속할 가능도가 된다.

계산된 성향점수는 다음 용도로 활용할 수 있다.

① 다변수 모형에서 하나의 독립변수로 사용
② 서로 다른 중재 집단에 속해 있지만 유사한 성향점수를 가진 대상자끼리의 짝짓기 변수로 사용
③ 성향점수의 각 분위수 구간에서 결과가 발생할 가능도를 평가하는 데 사용

1 Rubin, D. B. (1997). "Estimating causal effects from large data sets using propensity scores." *Ann. Intern. Med*, 127, 757–763; D'Agostino, R. B. (1998). "Propensity score methods for bias reduction in the comparison of a treatment to a non-randomized control group." *Statist. Med*, 17, 2265–2281.

2 성향점수를 비롯하여 비무작위 배정 집단을 비교하는 다른 두 방법(도구변수 분석과 민감도 분석)에 대한 좀 더 자세한 논의는 다음을 참고하길 바란다. Katz, M. H. (2010). *Evaluating Clinical and Public Health Interventions: A Practical Guide to Study Design and Statistics*. Cambridge: Cambridge University Press, pp. 101–127.

사실 이 세 가지 방법은 집단 간 기저 특성의 차이를 보정하는 세 방법인 다변수 모형, 짝짓기, 층화에 각각 해당된다. 드물지만 성향점수를 다변수 분석에서 각 관측치에 대한 가중치로 사용할 수도 있다.

중재 집단 배정에 영향을 주는 변수를 독립변수로 하여 로지스틱 회귀모형을 만들면 각 집단에 속하게 될 가능도를 추정한 값인 성향점수를 계산할 수 있다.

다변수 분석을 통해 무작위 배정되지 않은 집단 간의 기저 특성의 차이를 보정할 수 있는데(2장 3절), 왜 성향점수라는 복잡한 개념이 필요한 것일까? 여러 변수를 넣어 성향점수를 계산하지 않고 그 변수들을 단순히 다변수 분석에 포함시키면 되지 않을까?

성향점수를 사용하는 이유는 다변수 모형에 많은 수의 잠재적 교란변수를 추가할 때보다 성향점수를 이용할 때 각 집단이 지닌 기저 특성의 차이를 더 잘 보정할 수 있기 때문이다. 이러한 경향은 특히 결과 발생이 드물고 각 중재 집단에 속하는 대상자의 비율이 유사할 때 더욱 두드러진다.[3] 발생 빈도가 낮은 사건을 추정하는 경우 모든 잠재적 교란요인을 고려하는 충분한 표본크기를 확보하기 어렵다. 그렇다고 해서 중요한 변수를 제외하면 모형 자체가 부정확해진다. 한편 다변수 모형에 변수가 너무 많이 포함될 경우 모형의 신뢰도가 떨어질 수 있다(6장 4절). 그러나 여러 집단에서 대상자의 분포가 유사하다면 집단 배정에 영향을 주는 모든 예측변수를 고려하고도 충분한 표본크기를 확보할 수 있다. 그러므로 결과 추정을 위한 모형을 만들 때 여러 잠재적인 교란요인의 영향을 대표할 수 있는 성향점수를 계산하여 이를 대신 모형에 넣을 수도 있다.

성향점수는 ① 결과값을 추정하는 다변수 모형의 공변량, ② 비슷한 점수를 가진 각 대상자끼리의 짝짓기 변수, ③ 변수를 층화시키는 용도의 세 가지 방법으로 사용될 수 있다. 성향점수는 결과가 드물게 발생하고 각 중재 집단에 배정되는 대상자의 수가 비교적 같을 때 효과적이다.

3 Braitman, L. E. and Rosenbaum, P. R. (2002). "Rare outcomes, common treatments: Analytic strategies using propensity scores." *Ann. Intern. Med*, 137, 693–695.

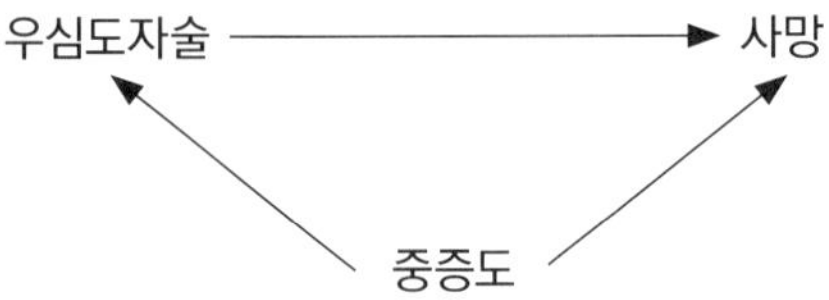

[그림 10-1] 우심도자술과 환자의 중증도, 사망 사이의 관계

성향점수는 교란요인과 결과변수가 갖는 관계에 아무런 가정도 필요로 하지 않는다는 장점도 갖는다. 물론 성향점수가 정확하려면 중재 집단 배정을 추정하는 모형 자체는 기본 가정을 만족해야 한다.

성향점수는 오래전 내과에서 매우 위독한 환자에게 널리 사용되었던 시술인 우심도자술이 실제로는 별 이득이 없으며 때로는 위해가 될 수 있다는 사실을 밝히는 데 중요한 역할을 했다.

우심도자술을 시행하기 위해서는 모니터링 도관(Swan-Ganz catheter)을 직접 우심장에 삽입해야 한다. 이 시술은 효능을 입증하는 어떤 연구도 없이 1970년대부터 널리 사용되기 시작했다. 많은 임상의는 이 방법이 심장을 모니터링하고 환자를 중재하는 데 큰 도움이 된다고 믿었다. 그 결과 많은 병원의 중환자실에서는 특정 상황에서 이 술기를 사용하는 것이 표준 진료지침이 되기도 하였다. 이후 몇몇 연구에서 우심도자술을 받은 환자의 사망률이 높다는 결과가 보고되기도 하였지만, 무작위 시험에 의한 결과가 아니었기 때문에 대중은 오히려 그러한 연구의 타당성에 대해 의문을 제기하였다. 왜냐하면, 일반적으로 우심도자술을 받은 환자는 받지 않은 환자에 비해 위독한 경우가 많았기 때문이다. 이는 관찰 연구에서 교란요인으로 작용하여 우심도자술을 받은 환자가 실제로는 기저질환 자체로 사망했음에도 시술 시행 때문에 사망률이 높은 것으로 나타났을 수도 있을 것이다. [그림 10-1]은 이러한 관계를 보여준다.

이에 대한 명확한 답을 얻기 위해 무작위 대조군 임상시험이 시도되기도 하였다. 하지만, 많은 의사가 위독한 환자에게 중재 방법을 무작위로 배정하는 것을 원치 않아 결국 시험은 중단되었다. 우심도자술이 좋은 중재 방법으로 생각되었기 때문에 무작위 시험을 위해 환자에게 이 우수한 중재 방법을 사용하지 않을 수는 없었던 것이다.

임상시험이 실패로 끝난 이후 코너스(Connors)와 동료들은 중환자실에 입원한 위중

한 5,735명 환자에 대한 전향적 추적관찰을 통해 우심도자술의 효과를 살펴보았다.[4] 이들 중 2,184명(38%)의 환자는 우심도자술을 받았고 3,551명(62%)은 받지 않았다. 우심도자술 시행 여부는 무작위 배정을 통해 정해진 것이 아니었기 때문에 성향점수를 산출하여 각 환자가 우심도자술을 받을 가능도를 평가했다. 이 연구에서는 시술 여부를 결정하는 데 중요한 요인을 찾아내기 위해 중환자 진료 전문의 7명으로 된 집단을 구성하였다. 그 결과 총 65개의 변수를 찾아냈고, 입원 후 첫 24시간 내에 우심도자술을 받을 성향점수를 추정하는 로지스틱 회귀모형을 만들었다. 우심도자술 시술 여부에 따른 사망 위험을 분석한 비례위험 모형에서 성향점수와 몇몇 잠재적 교란요인을 함께 보정한 결과, 우심도자술을 받았던 환자의 30일 내 사망 위험이 증가하는 것으로 나타났다(오즈비 1.21, 95% 신뢰구간 1.09 - 1.25).

연구 결과의 타당성을 높이기 위해 이 연구에서는 성향점수를 사용하여 짝지은(matched) 분석 또한 실시하였다. 우심도자술을 받은 환자와 받지 않은 환자는 각각이 가지고 있는 기저질환의 종류와 성향점수로 서로 짝지어졌다. 예를 들어 우심도자술을 받은 환자는 비슷한 성향점수 값(예: 0–1 값의 범위일 때 0.03 이내)을 가졌지만 우심도자술을 받지 않은 환자와 짝지어졌다. 이 절차를 통해 1,008개의 짝이 만들어졌다(우심도자술을 받은 2,184명의 환자 모두가 대응된 건 아니다). 그 결과 30일 내 생존 가능도는 우심도자술을 받지 않은 환자(67.2%)에서 받은 환자(62.5%)에 비해 오즈비가 1.24(95% 신뢰구간 1.03–1.49)로 높았다.

이 연구가 우심도자술 시술 효과에 대한 불확실성을 알림으로써 무작위배정 임상시험이 재개될 수 있었다.[5] 이 연구가 게재되고 7년이 지난 후 2003년에 게재된 무작위배정 임상시험에서 우심도자술은 폐색전증 발생률을 높이며 고위험 환자의 중재에 이점이 없다는 결론을 보여주었다.[6]

4 Connors, A. F., Speroff, T., Dawson, N. V., et al. (1996). "The effectiveness of right-heart catheterization in the initial care of critically ill patients." *JAMA*, 276, 889–897.

5 Dalen, J. E. and Bone, R. C. (1996). "Is it time to pull the pulmonary artery catheter?" *JAMA*, 276, 916–918.

6 Sandham, J. D., Hull, R. D., Brant, R. F. et al. (2003). "A randomized, controlled trial of the use of pulmonary-artery catheters in high-risk surgical patients." *N. Engl. J. Med*, 348, 5–14.

성향점수의 한계점은 다른 다변수 모형에서 시행하는 보정의 한계점과 거의 유사하다. 성향점수는 오직 측정된 교란요인에 대해서만 보정이 가능하기 때문이다.

성향점수는 오직 측정된 교란요인에 대해서만 보정할 수 있다.

비록 알려지지 않은 교란요인을 보정할 수는 없어도 잠재적으로 그러한 요인이 존재할 경우를 가정해 연구 결과가 얼마나 달라질지 평가할 수 있다. 우심도자술 연구에서는 민감도 분석을 실시하여 우심도자술로 인해 증가된 사망 위험(오즈비 1.21)이 오히려 사망 감소(오즈비 0.80)로 바뀌기 위해서는 측정되지는 않았지만 얼마나 강력한 교란요인이 필요한지 조사했다.[7] 그 결과 실제로 시술로 인한 사망의 상대위험도가 0.80이 되기 위해서는 우심도자술 시행의 가능도와 사망 위험을 6배만큼 높일 만한 측정되지 않은 교란요인이 추가로 필요하다는 것을 알게 되었다. 이러한 교란요인이 절대 없다고 증명할 수는 없겠지만, 아마도 이 정도로 강력하지만 측정되지 않은 요인은 없을 것이라고 짐작할 수 있다. 이러한 주장을 뒷받침하기 위해 우심도자술 시술을 결정하는 데 가장 큰 영향을 미친다고 알려진 교란요인 하나를 제외해보았고, 이때 사망의 상대위험이 고작 0.01만큼 달라진다는 사실을 보여주었다.

성향점수를 이용해 두 중재 집단이 가지는 기저 특성 차이를 효과적으로 보정하려면 이를 계산하는 데 사용한 독립변수가 두 집단에서 충분히 유사해야 한다. 이를 확인하는 한 가지 방법은 추정된 성향점수의 분포 형태를 살펴보는 것이다. 우심도자술 연구에서 시술을 받은 환자의 성향점수 평균은 0.577(95% 신뢰구간 0.108–0.943)이었고 시술을 받지 않은 환자의 평균 점수는 0.253(95% 신뢰구간 0.011–0.779)이었다.

7 민감도 분석에 대한 더 자세한 내용은 다음을 보라. Rosenbaum, P. R. and Rubin, D. B. (1983). "Assessing sensitivity to an unobserved binary covariate in an observational study with binary outcome." *J. R. Stat. Soc*, 45, 212–218.

두 번째 방법은 성향점수의 5분위수를 계산하여 집단을 층화하는 것이다.[8] 각 분위수 구간에서 성향점수 추정에 사용된 독립변수를 비교해보면 그 분포가 두 집단 사이에 서로 유사하다는 것을 알 수 있다(예: 만약 연령이 성향점수를 추정하는 변수 중 하나였다면 각 분위값에서 대상자의 연령대는 비슷할 것이다). 만약 그렇지 않다면 두 집단에서 성향점수의 분포가 서로 달라서 기저 특성의 차이를 충분히 보정할 수 없음을 의미한다. 이는 성향점수를 사용하지 않더라도 마찬가지인데, 일반적인 다변수 모형에서도 교란요인을 충분히 보정하려면 두 집단에서 교란요인의 값이 서로 유사하게 분포해야 한다(2장 2절).

> 성향점수 보정의 유효성을 검증하기 위해 성향점수의 각 분위 구간 내에서 독립변수의 분포를 비교할 수 있다.

우심도자술 연구에서도 시술을 시행한 집단과 시행하지 않은 집단의 성향점수 분위 구간 내에서 비교해보았는데 두 집단 사이에는 질환의 중증도, 평균 혈압, 심박수, 호흡수, pH, PaO_2/FiO_2, $PaCO_2$, 동반질환 범주 또는 예후에서 별 차이가 없었다.

위에서 언급한 몇 가지 한계점에도 불구하고 성향점수는 중재 방법에 대한 비무작위 연구에서 집단 사이 기저 특성의 차이를 보정하는 가장 좋은 방법 중 하나다.

8 5 분위값을 사용하는 이유는 W. G. Cochran의 연구에서 5–6개의 집단으로 층화한 경우 보정되지 않은 분석에서 나타나는 편향의 90%를 제거할 수 있다는 결과를 얻었기 때문이다. 더 자세한 설명은 다음을 확인하기 바란다. Rubin, D. B. (1997). "Estimating causal effects from large data sets using propensity scores." *Ann. Intern. Med*, 127, 757–763.

chapter

11

서로 연관된 관측값

1. 서로 연관된 관측값은 언제 생길까?
2. 연관되어 있는 관측값을 얻게 되는 연구 설계를 피해야 할까?
3. 자료를 어떻게 분석해야 할까?
4. 연관된 관측값이 있는 자료의 분석을 위한 표본크기는 어떻게 계산할까?

1 서로 연관된 관측값은 언제 생길까?

지금까지 논의했던 다변수 분석 방법은 각 대상자의 관측값이 서로 독립적이라는 것을 가정한다. 즉, 서로 다른 대상자가 가지는 결과값 사이에는 아무런 연관성이 없어야 한다. 그러나 점점 여러 관측값이 서로 연관된 자료, 군집화된 관측값(clustered observation)이나 군집(cluster)에 대해 분석하는 연구가 점차 늘어나고 있다.

[표 11-1]에서 볼 수 있듯이 다양한 경우에서 관측값 사이에 연관이 발생한다. 연관되어 있는 자료를 얻게 되는 가장 흔한 경우 중 하나는 경시적 연구(longitudinal study)로 연구 대상으로부터 자료를 반복적으로 측정하게 된다(예: 기준 시점과 그 이후 6개월마다). 동일 대상자의 특성이 여러 시점에서 관찰된 것이므로 이들은 서로 연관되어 있다. 다시 말해, 동일한 대상자에서 측정된 여러 값은 다른 대상자에서 측정된 값보다 서로 유사성을 지닐 가능성이 높다.

동일 대상자로부터 자료를 반복적으로 측정하는 경시적 연구에서는 관측값이 서로 연관되어 있다.

또한 교차 연구처럼 한 대상자가 두 가지 치료를 순차적으로 받는 경우를 생각해보자. 아무리 두 치료법이 서로 다르다고 해도 동일 대상자에서 치료 후 측정되는 관측치의 값은 다른 대상자에서 측정되는 관측치에 비해서 유사한 값을 가지게 될 것이다. 비슷한 예로 동일 대상자의 여러 신체 부위에서 나타나는 반응도 다른 대상자의 동일한 신체 부위의 반응과 비교했을 때보다는 유사하게 나타날 것이다. 예를 들어 대상자 A의 왼쪽 눈과 오른쪽 눈 사이의 반응의 유사성은 대상자 A의 왼쪽 눈과 대상자 B의 왼쪽 눈 사이의 유사성보다 클 것이다.

무작위 또는 비무작위 군집 연구에서 대상자가 유사한 집단이나 군집으로부터 모집된 경우에도 관측값들이 서로 연관될 수 있다(예: 가족, 동일한 진료 의사, 같은 병원, 같은 도시 등). 이 경우 같은 집단이나 군집에 속한 대상자의 응답 결과는 다른 집단이나 군집에 속한 대상자의 응답 결과보다 서로 유사할 가능성이 높으며 관측값이 연관관계에 놓이게 된다.

[표 11-1] 연관된 자료가 생기는 상황과 연구의 장점

연관된 자료가 만들어지는 경우	연구 설계	연관된 자료를 갖는 연구의 장점
같은 대상자에 대해 서로 다른 시점에서 **여러 관측값**이 존재	다중 추적관찰 평가를 위한 경시적 연구	검정력 증가, 인과성 강화
같은 대상자가 서로 **다른 치료를** 받은 이후 **여러 관측값**이 존재	교차 연구	필요한 연구 대상자 수 감소, 대상자 각각이 그 자신에 대한 대조군 역할을 할 수 있음
같은 대상자의 **신체 여러 부위**에 대한 **여러 관측값**	횡단 또는 경시적 연구	대상자의 추가 모집 없이 검정력 증대
연관된 개인(가족, 같은 진료의사, 같은 병원 등)의 무작위 또는 비무작위 집단(군집)에 참여된 대상자의 관측값	군집 무작위 또는 비무작위화 연구	개개인 단위보다는 집단 단위로 연구하는 것이 더 용이한 상황, 치료 또는 개입이 개인보다 집단의 행동에 영향을 미치는 경우 가치가 있음
서로 다른 기관에서 무작위화가 이루어진 대상자의 관측값	다기관 무작위배정 임상연구	결과 일반화가 더 용이
환자군과 대조군이 **개별적으로 대응된** 연구 설계	환자-대조군 연구	희귀한 질환에 대한 연구에 효율적, 무작위 연구가 불가능한 경우 활용 가능함

관측값이 연관된 관계에 있는데도 불구하고 흔히 그 중요성이 무시되는 대표적인 예로 다기관 무작위배정 임상연구가 있다.[1] 집단 단위(예: 병원)로 무작위로 선택이 이루어지는 군집 무작위 연구(clustered randomized study)와는 대조적으로, 다기관 무작위 연구의 참가자는 각 기관 내에서 무작위 배정이 이루어진다. 그러나 한 기관 내 참여자의 관측값은 다른 기관에 속한 참여자의 관측값보다는 서로 유사한 결과를 보일 것이므로 결국 관측값은 서로 짝지어진 관계에 있게 된다.

마지막으로 환자군과 대조군이 개별적으로 짝지어진 상황이다. 특정 환자의 관측값은 짝지어진 대조군의 관측값과 더욱 유사하게 나타날 것이다. 이러한 자료를 분석할 때는 환자군과 그에 짝지어진 대조군 사이의 연관성을 반드시 고려해야만 한다.

1 Localio, A. R., Berlin, J. A., Ten Have, T. R., Kimmel, S. E. (2001). "Adjustments for center in multicenter studies: an overview." *Ann. Intern. Med*, 135, 112–123.

2 연관되어 있는 관측값을 얻게 되는 연구 설계를 피해야 할까?

그렇지 않다. 비록 분석 방법이 다소 복잡할 수는 있겠지만 이러한 형태의 연구 설계는 자료를 수집하는 과정에서 여러 가지 중요한 장점을 가진다[표 11-1].

첫째로, 동일한 사람에게서 반복측정된 관측값을 수집하면 연구 참가자의 수를 늘리지 않고도 연구의 검정력을 상승시킬 수 있다. 예를 들어 거스키위츠(Guskiewicz)와 동료들은 대학 미식축구 선수로부터 얻은 반복측정 자료를 이용해 반복적인 뇌진탕이 신경기능에 미치는 영향을 평가하였다.[2] 이 연구에서는 2,905명의 선수를 전체 4,251 선수-시즌에 걸쳐 추적관찰하여 24만 951건의 노출 결과를 얻었다. 예상했겠지만 관측이 여러 번 이루어졌으므로 결과 발생에 대해서도 더 많이 측정할 수 있었을 것이다. 그럼에도 불구하고 24만 951건의 노출 중 184명의 선수에게서만 뇌진탕이 발생하였으며 그중에서도 12명에게서만 한 시즌 내 여러 번의 뇌진탕이 있었다.

TIP

반복측정 자료는 연구의 검정력을 높인다.

대상자에 대한 반복측정 자료를 얻는 두 번째 이유는 측정값이 가지는 시간적 경향성을 평가할 수 있기 때문이다. 예를 들어 콘터(Conter) 등은 임신 기간 중 산모의 흡연으로 인한 영향에 대해 조사하였다.[3] 이 연구에서는 흡연 산모로부터 태어난 신생아의 체중이 두드러지게 낮았으나, 출산 직후부터 6개월까지의 성장 속도는 비흡연 산모에게서 태어난 아이보다 빠르다는 사실을 발견하였다. 결국, 흡연 산모에게서 태어난 아이의 생후 6개월 체중은 비흡연 산모에게서 태어난 아이의 생후 6개월 체중과 같아졌다. 특정 치료

2 Guskiewicz, K. M., McCrea, M., Marshall, S. W., et al. (2003). "Cumulative effects associated with recurrent concussion in collegiate football players." *JAMA*, 290, 2549–2555.

3 Conter, V., Cortinovis, I., Rogari, P., et al. (1995). "Weight growth in infants born to mothers who smoked during pregnancy." *BMJ*, 310, 768–771.

나 중재 방법에 노출이 반복될수록 그 효과가 점점 커지는 경우 경시적 관찰(longitudinal observations)은 인과관계를 확립하는 데 도움이 된다.

TIP

반복측정을 통해 관측값의 시간적 경향성을 평가할 수 있다.

동일한 대상자에서 여러 번 관측을 한다면 표본크기를 늘리지 않고도 연구의 검정력을 상승시킬 수 있다. 예를 들어 파즈(Paz)와 동료들은 비대형 폐쇄성 심근병증(hypertrophic obstructive cardiomyopathy) 환자에서 에탄올 섭취가 좌심실 유출로 폐쇄(left ventricular outflow tract obstruction)에 미치는 영향에 대해 조사하였다.[4] 이 연구에서는 36명의 환자에서 에탄올 또는 위약 섭취 진후의 심징 초음파 김사를 실시하였다. 그 결과 연구진은 위약과 비교하여 소량의 에탄올을 섭취하는 것만으로도 좌심실 유출로의 폐쇄가 증가된다는 점을 발견하였는데, 이 연구는 술을 좋아하는 비대형 폐쇄성 심근병증 환자에게 중요한 결과가 되었다.

이와 마찬가지로 짝을 이루거나(눈, 관절 등) 여러 개(치아, 손가락 등)로 이루어진 사람의 신체 부위에 대해 연구할 때도 가용한 모든 신체 부위로부터 관측값을 얻는 경우 전체적인 표본크기를 증가시킬 수 있다. 그 예로 매컬린든(McAlindon)과 동료들은 프레이밍햄 연구(Framingham study)의 자료를 이용하여 비타민 D와 무릎 관절의 골관절염(osteoarthritis) 발생 관계에 대해 조사하였다.[5] 이 연구 코호트에는 5,000명 이상의 참여자가 포함되어 있음에도 불구하고 단 556명에서만 무릎 X선 촬영 기록과 비타민 D 섭취와 혈청 수치에 대한 측정값을 얻을 수 있었다. 따라서 한정된 표본크기로 연구의 통계적 검정력을 극대화해야만 했다. 결국 양쪽 무릎의 관측치를 모두 이용한 결과, 비타민 D의 낮은 섭취량이 무릎 관절염 진행과 연관성이 있다는 결과를 보고했다.

4 Paz, R., Jortner, R., Tunick, P. A., et al. (1996). "The effect of the ingestion of ethanol on obstruction of the left ventricular outflow tract in hypertrophic cardiomyopathy." *N. Engl. J. Med*, 335, 938–941.

5 McAlindon, T. E., Felson, D. T., Zhang, Y., et al. (1996). "Relation of dietary intake and serum levels of vitamin D to progression of osteoarthritis of the knee among participants in the Framingham study." *Ann. Intern. Med*, 125, 353–359.

TIP

여러 개 존재하는 신체 부위를 연구할 때는 모든 관측값을 이용함으로써 표본크기를 증가시킬 수 있다.

만약 특정 치료 혹은 중재의 효과가 개인 수준보다는 지역사회 수준에서 어떻게 나타나는지에 대해 관심이 있다면, 연구자는 무작위 배정 역시 개인 수준보다는 집단 수준(특정 의원이나 특정 지역 단위)에서 시행하게 될 것이다.[6] 예를 들어 교통량 감소 전략이 보행자 부상에 미치는 영향에 대한 연구가 이에 해당한다. 또한, 어떤 중재 방법은 전체 집단에 영향을 미치기 때문에 집단 내에서 개인 수준의 무작위 배정이 거의 불가능한 경우도 있다. 예를 들어 젠슨(Jensen)과 동료들은 낙상을 줄이기 위한 다학제 프로그램 혹은 표준 프로그램을 9개의 주거형 보호기관에 무작위로 배정하였다.[7] 이 과정에서 환경 위해요인의 제거, 종사자 교육 및 이송 기술의 발전 등 많은 기관 수준의 변화가 발생하므로 각 기관에 속한 모든 구성원이 변화로 인한 혜택을 받게 될 것이다. 이 연구에서는 기관 단위로 군집을 보정한 분석을 통해 낙상 발생 방지를 위한 중재가 적용된 기관에 거주하고 있는 사람이 유의하게 적은 낙상 사고를 겪었다는 결과를 보고했다(오즈비 0.49, 95% 신뢰구간 0.37 – 0.65).

집단 단위의 무작위화가 불가능한 경우에도 비무작위 집단에서 참가자를 모집할 수 있다. 예를 들어 대기의 질이 천식(asthma)의 유병률에 미치는 영향을 알아본다고 가정해 보자. 연구자는 참여자가 서로 다른 대기질 상태에 노출되도록 무작위 배정할 수 있을까? 혹은 참여자가 거주하고 있는 도시가 서로 다른 대기질 상태에 노출되도록 무작위 배정할 수 있을까? 대신 연구자는 서로 다른 대기질을 가진 서로 다른 도시에 거주하는 연구 참여자를 무작위 또는 비무작위 방법으로 모집하여 천식의 유병률 혹은 입원율을 비교할 수 있을 것이다. 단, 이 경우 무작위화의 목적은 연구 결과의 일반화를 위한 것이며 도시별 편향을 제거하기 위한 것은 아니다. 이때 같은 도시에 거주하는 연구 참여자가 가지는 연관성을 고려해야 할 것이다.

6 Murray, D. M., Varnell, S. P., and Blitstein, J. L. (2004). "Design and analysis of group-randomized trials: A review of recent methodological developments." *Am. J. Public Health*, 94, 423–432.

7 Jensen, J., Lundin-Olsson, L., Nyberg, L., et al. (2002). "Fall and injury prevention in older people living in residential care facilities: A clustered randomized trial." *Ann. Intern. Med*, 136, 733–741.

이미 모집이 완료된 집단으로부터 자료를 수집하는 것은 비교적 간단하게 연구를 수행할 수 있는 장점이 있다. 그러한 사례로, 간디(Gandhi)와 동료들은 24명의 의사에게서 진료받은 661명 환자의 약물 부작용 사례를 조사했다.[8] 의사의 진료 스타일이 약물 처방에 영향을 주었을 것이므로 의사의 특성에 따른 군집 보정이 필요했다. 그러나 만약 의사가 24명이 아니라 661명이었다면 모든 의무기록을 검토하는 것은 거의 불가능했을 것이다. 그렇다면 왜 한 명의 의사에게 진료받은 환자만을 연구하면 될 일을 이렇게 복잡하게 만드는 것일까? 그렇게 하면 모두 동일한 의사에게 진료를 받았으므로 군집에 대해 보정할 필요도 없고 자료를 수집하는 일도 훨씬 편했을 텐데 말이다. 하지만 한 의사에게서 나온 자료만을 이용할 경우 그 결과를 일반화하기는 어렵다.

일반화가 가능하다는 점은 다기관 무작위배정 임상시험(randomized multicenter trials)이 갖는 강력한 장점이기도 하다. 단일 기관보다는 여러 기관의 환자를 무작위 배정함으로써 연구 결과가 더 넓고 다양한 집단의 환자에게 적용될 수 있다고 자신 있게 주장할 수 있을 것이다. 그렇지만 이 경우 동일 기관에 속하는 참여자가 가지는 연관성에 대해서는 반드시 보정을 해주어야 한다.

마지막으로, 개인 수준에서 짝짓기 된 연구를 수행하는 이유는 교란을 줄이기 위해서다(여기서 핵심 단어는 '개인 수준의 짝짓기'다. 환자 전체에 대한 집단으로서 대조군을 뽑는 경우는 대응 연구 설계에 해당되지 않는다). 잠재적인 교란요인에 대해 환자와 대조군을 짝지으면 보다 작은 수의 표본으로도 같은 연구 질문에 대한 답을 얻을 수 있다. 짝지어진 변수에 대해서는 환자군과 대조군 사이의 차이를 추가로 보정할 필요가 없기 때문이다.

8 Gandhi, T. K., Weingart, S. N., Borus, J., et al. (2003). "Adverse drug events in ambulatory care." *N. Engl. J. Med*, 348, 1556–1564.

3 자료를 어떻게 분석해야 할까?

어떤 이유든 연관된 자료를 얻게 되었다면, 이 연관성을 보정할 수 있는 다변수 분석 방법을 사용해야 한다[표 11-2].[9] 만약 연관성에 대한 보정이 이루어지지 않는다면 표준오차를 부정확하게 추정하게 되고 결국 부정확한 *p*값과 신뢰구간을 얻게 된다.

관측값의 상관관계를 고려하지 않고 분석을 수행하면 부정확한 표준오차, *p*값과 신뢰구간을 얻게 된다.

이러한 분석 방법에는 몇 가지 차이점이 있지만, 한 가지 공통점은 관측값이 반복측정되었는지, 서로 연관성을 가지는지 식별하는 변수가 필요하다는 것이다. 이 변수를 지정하지 않으면 통계 패키지는 관측값이 반복측정된 것인지, 혹은 서로 상관관계에 있는 것인지 알 수 없다. 이 변수는 동일한 대상자로부터 반복측정된 관측값에 대해서는 대상자 식별번호가 된다. 군집화된 집단에서 얻은 관측값의 경우 이는 추출된 집단의 식별번호가 된다(예: 의료진 또는 병원 번호). 개별적으로 짝지어진 자료에서는 각 관측값의 대응쌍에 대한 식별번호가 필요하다(예: 이 변수에 match라는 이름이 붙었다고 하면 첫 번째 짝은 1, 두 번째 짝은 2, 세 번째 짝은 3 이런 식이 된다).

TIP

연관되어 있는 관측 자료를 분석할 때는 관측값이 반복측정되었거나 연관되었는지 알려주는 변수를 지정해야 한다.

9 상관관계에 있는 관측값을 분석하는 단변수 통계 방법에 대한 자세한 내용은 다음 문헌을 참고하길 바란다. Katz, M. H. (2006). *Study Design and Statistical Analysis: A Practical Guide for Clinicians.* Cambridge: Cambridge University Press, pp. 107–119.

[표 11-2] 서로 연관된 관측값을 분석하기 위한 방법

방법	특성
단일 값으로 변환 변화량 점수 기울기	같은 대상자에서 반복측정한 연속형 결과변수에 대해 적용이 가능하다. 변화량 점수는 두 측정 시점만 존재할 때 유용하다. 기울기는 여러 관측값이 존재하는 경우, 군집별로 관측값 수가 다른 경우, 관측 시간 간격이 일정치 않은 경우도 사용 가능하나 선형 경향성만 볼 수 있다.
일반화 추정 방정식 (주변 모형 또는 집단 평균화 모형)	군집 내 및 군집 간 중재/노출의 효과를 모형화한다. 위험요인과 결과 사이 여러 연관성에 대해 모형화할 수 있다(보정된 결과에서 신뢰구간은 넓어질 수 있지만 점 추정값이 달라지지는 않는다). 대상자별 관측 횟수가 서로 다르거나 관측 간격이 일정하지 않더라도 분석 가능하다.
혼합효과 모형 (다수준 모형, 임의효과 회귀모형, 임의 계수 모형, 위계적 모형)	중재/노출에 대한 개인 수준의 효과를 모형화한다(군집 내 효과). 위험요인과 결과에 대한 여러 연관성을 모형화할 수 있다(점 추정값과 신뢰구간 모두에 대해 영향을 준다). 대상자별 관측 횟수가 서로 다르거나 관측 간격이 일정하지 않더라도 분석 가능하다.
반복측정 분산분석	연속형 결과변수에 대해서만 사용할 수 있다. 대상자별 관측 횟수와 그 간격이 모두 동일해야 한다.
조건부 로지스틱 회귀분석	이분형 결과변수에서만 사용할 수 있다. 대상자별 관측 횟수와 그 간격이 모두 동일해야 한다.
비례위험 분석의 앤더슨-길(Anderson-Gill) 계수 과정	반복측정된 발생-시간 변수에 대한 비례위험 모형
비례위험 분석의 주변 모형화 접근법	반복측정된 발생-시간 변수에 대한 비례위험 모형

연관되어 있는 관측값에 대해 공통의 식별자를 만들었다면 그들이 가지는 연관성의 강도를 측정할 차례다. 언뜻 보기에 상관계수를 구함으로써 그 강도를 평가할 수 있다고 생각할 수도 있지만, 상관계수는 두 변수 사이의 상관성을 측정하는 것이지 연관된 관측값에 대한 연관성의 크기를 평가하는 방법은 아니다. 그 대신 급내 상관계수(intraclass correlation)가 연관된 관측값이 가지는 연관성이 얼마나 큰지 알려준다. 이 계수가 클수록 관측값의 연관성이 강해지고, 연관성 보정이 결과에 미치는 영향도 커진다.

자료의 연관성을 보정하는 주요 방법에 대해 하나씩 살펴보자.

정의

급내 상관계수는 연관된 관측값이 가지는 연관성의 강도를 알려준다.

3-1 반복측정 관측값을 단일 값으로 변환하기

동일 대상자에 대한 반복측정 관측값을 분석하는 직관적인 방법 중 하나는 반복측정 관측값을 하나의 값으로 변환하는 것이다. 변화량 점수(change score)가 그 예이다. 변화량 점수란 연구 기간 동안 결과변수 값의 절대 차이 또는 상대 차이를 의미한다.

정의

변화량 점수란 연구 기간 중 결과변수 값의 절대 차이 또는 상대 차이를 말한다.

펜닉스(Penninx)와 동료들은 노년층에서의 우울증이 신체기능 저하에 영향을 미치는지 조사하였다.[10] 이 연구에서는 1,286명의 노인에게서 기준 시점과 4년 후 신체활동 능력을 조사했다. 신체능력의 절대 변화량을 결정하기 위해 추적관찰 시점의 신체활동 점수에서 기준 시점의 점수를 빼서 이 점수의 차이를 결과변수로 사용하였다. 연관되어 있는 두 측정값이 아닌 하나의 변환값을 사용하였기 때문에 관측값이 가지는 연관성에 대한 추가적인 보정 없이 다중 선형회귀모형을 적용할 수 있었다. 그 결과 우울증 증상을 호소한 노인에게서 신체기능의 저하 위험이 높다는 사실을 발견했다.

변화량 점수는 절대적 변화뿐만 아니라 상대적 변화를 측정하는 데도 적용할 수 있다. 변화량 점수를 기준 시점의 측정값으로 나누는 것이다. 예를 들어 CD4 림프구 수치가 6개월간 100 cell만큼 변화했을 때, 세포 수가 200 cell에서 100 cell로 감소한 경우가 1200 cell에서 1100 cell로 감소한 경우에 비해 질환의 진행과 더 밀접한 관련이 있을 것이다. 두 결과 모두 절대적으로는 100 cell만큼 감소했지만 상대적 변화량은 전자(100/200=0.5)가 후자(100/1200=0.08)에 비해 매우 크다는 점에서 차이가 있다.

단, 변화량 점수는 동일 대상자에서 관측값이 3개 이상일 때는 사용하기 어렵다. 그러나 연구 기간 중의 변화를 나타낼 수 있는 다른 값을 만들어볼 수 있다. 이는 한 대상자에 대해 반복측정된 각 측정값을 그 시점에 따라 그래프에 표시하고, 그 변화의 기울기를 구하는 방법이다. 이렇게 계산한 기울기를 연속형 결과변수로 사용할 수 있다. 이 방법은

10 Penninx, B. W. J. H., Guralnik, J. M., Ferrucci, L., et al. (1998). "Depressive symptoms and physical decline in community-dwelling older persons." *JAMA*, 279, 1720–1726.

시간에 따라 선형으로 증가하거나 감소하는 변수에 적합한 방법이다. 다시 CD4 림프구 수치 사례로 돌아가보면, CD4 수치의 기울기는 HIV 질환의 진행률을 나타내는 척도로 자주 사용된다. 이 수치는 질환을 치료하지 않는다면 선형으로 감소하는 경향이 있기 때문이다.[11]

TIP

기울기는 시간에 따라 많은 측정값이 있는 경우 이들을 하나의 값으로 통합하기 위한 방법으로 사용할 수 있다.

변화량 점수를 기준 시점의 값으로 나누었던 것처럼, 계산한 기울기를 절편으로 나눈 값을 사용할 수도 있다. 이 경우 높은 절편값을 가진 대상자에서 나타나는 차이는 낮은 절편값을 가진 대상자의 차이에 비해 낮게 평가된다. 이 방법은 리그스(Riggs)와 동료들이 수행한 골다공증에 대한 플루오린화물 치료에 대한 연구에서 골밀도의 변화를 측정하는 데 사용되었다.[12]

기울기를 이용할 때의 또 다른 장점은 군집 사이에 관측 횟수가 동일하지 않을 때(어느 한쪽에서는 동일 대상자에 대해 4번의 관측값이 있고, 다른 한쪽에서는 동일 대상자에 대해 6번의 관측값이 있는 경우)나, 관측의 시간 간격이 일정하지 않을 때(어느 한쪽에서는 동일 대상자에 대한 3, 6, 18개월 차 측정값이 있고, 다른 한쪽에서는 동일 대상자에 대한 6, 12, 24개월 차 측정값이 있는 경우)에도 적용할 수 있다는 점이다.

기울기를 계산하기 위해서는 이론적으로는 두 지점만 있으면 된다. 그러나 일반적으로는 일정 개수 이상의 측정값을 가지는 대상자에 대해서만 분석을 하기도 한다. 예를 들어 필립스(Phillips)와 동료들은 그들의 CD4 수치에 대해 최소 5개의 측정값을 가진 대상자만 분석에 포함하였다. 설정한 최소 측정값 수에 미치지 못한 대상자는 분석 대상에서 제외하였다.

11 Phillips, A. N., Lee, C. A., Elford, J., et al. (1991). "Serial CD4 lymphocyte counts and development of AIDS." *Lancet*, 337, 389–392.

12 Riggs, B. L., Hodgson, S. F., O'Fallon, W. M., et al. (1990). "Effect of fluoride treatment on the fracture rate in postmenopausal women with osteoporosis." *N. Engl. J. Med*, 322, 802–809.

변화량 점수나 기울기를 사용하는 방법이 지나치게 단순해 보일 수도 있지만 이는 반복측정된 관측값을 분석하는 매우 강력한 방법이다. 다미코(D'Amico)와 동료들은 전립선암 환자의 전립샘특이항원(prostate-specific antigen, PSA) 수치의 변화를 기술하기 위한 방법으로 기울기를 사용하여 'PSA 속도'를 계산하였다.[13] 평균 5년 동안 수천 명의 환자를 추적관찰하면서 PSA 수치는 6개월마다 측정된 자료를 사용하였는데, 이 연구를 통해 PSA 속도가 연간 2.0ng/mL 이상인 남성은 그보다 낮은 속도를 가진 남성에 비해 전립선암으로 사망할 가능성이 유의하게 높다는 사실을 보고하였다.

기울기의 단점은 결과변수가 시간에 따라 선형성을 보이는 경우에만 사용할 수 있다는 것이다. 시간에 따라 선형성을 보이지 않는 관측값에 대해 이 방법을 적용하면 부정확한 추정을 하게 된다. 두 지점 사이에 나타나는 어떠한 형태의 변화도 선형으로 간주하기 때문이다.

> 경시적 관측을 통해 얻은 관측값이 갖는 연관성을 보정하기 위해 변화량 점수나 기울기를 사용할 수 있다.

3-2 일반화 추정 방정식

일반화 추정 방정식(generalized estimating equations, GEE)은 관측값의 연관성을 보정할 수 있는 매우 유연하고 좋은 방법이다.[14] 이 방법은 위험요인과 결과변수가 가지는 다양한 관계를 모형화하는 데 사용할 수 있는데 이러한 관계에는 선형, 로지스틱, 로그함수 관계가 모두 해당된다. 뿐만 아니라 일반화 추정 방정식은 연속형, 이분형, 순서형, 범주형

13 D'Amico, A. V., Chen M-H., Roehl, K. A., et al. (2004). "Preoperative PSA velocity and the risk of death from prostate cancer aft er radical prostatectomy." *N. Engl. J. Med*, 351, 125–135.

14 일반화 추정 방정식에 대해 매우 자세히 기술한 서적으로는 다음을 보라. Hardin, J. W. and Hilbe, J. M. (2003). *Generalized Estimating Equations*. Boca Raton, FL: Chapman & Hall.
이 방법을 개발한 원래 문헌은 다음과 같다. Zeger, S. L. and Liang, K.-Y. (1986). "Longitudinal data analysis using generalized linear models." *Biometrika*, 73, 13–22; Zeger, S. L. and Liang, K.-Y. (1986). "Longitudinal data analysis for discrete and continuous outcomes." *Biometrics*, 42, 121–130.

결과변수에 대해 모두 사용할 수 있다.[15] 이러한 방정식에는 시간에 따라 변하지 않는 독립변수(예: 인종과 같이 고정된 변수)와 개별 관측값마다 변하는 독립변수(예: 혈압 등)가 모두 포함될 수 있다.

일반화 추정 방정식은 인구집단-평균화 모형(population-averaged model)이다(주변화 모형이라고도 한다). 이 모형에서는 종속변수의 분산을 평균의 함수로 표현할 수 있다고 가정하고 독립변수를 이용해 종속변수의 평균을 추정한다.[16] 일반화 추정 방정식은 개별 자료가 어느 군집에 속하는지와 관계없이 효과 자체만을 추정한다는 측면에서 비조건부 모형으로 분류된다. 따라서 일반화 추정 방정식을 통해 중재 또는 노출의 군집 내/군집 사이의 효과가 모두 고려된 추정값을 얻을 수 있다.

일반화 추정 방정식은 인구집단-평균화 모형이다.

일반화 추정 방정식은 군집마다 관측 횟수가 다른 경우에도 적용할 수 있다(예: 어떤 대상자에 대해서는 2개의 관측값이 있고 다른 대상자에 대해서는 4개의 관측값이 있는 경우, 어떤 병원에는 환자 20명이 있고 다른 병원에는 환자 40명이 있는 경우). 이는 일반화 추정 방정식의 주요 장점이다.

일반화 추정 방정식은 군집 내/군집 사이의 노출의 효과 또는 치료 효과를 추정한다.

각 대상자 혹은 군집에 대한 관측 횟수가 서로 다른 이유가 결측에 의한 경우라면, 이 결측값이 무시해서는 안 되는 정보를 갖고 있는(informative) 결측 자료에 해당하는 '비무작위 결측(missing not at random, MNAR)'인지, 혹은 반대로 무시할 수 있는 결측 자료

15 순서형 결과변수에서 일반화 추정 방정식에 기반한 모형은 비례오즈 로지스틱 회귀모형이 될 것이다. 그러한 모형을 설정하는 방법에 대한 유용한 사례로는 다음을 보라. Tishler, P. V., Larkin, E. K., Schluchter, M. D., et al. (2003). "Incidence of sleep-disordered breathing in an urban adult population." *JAMA*, 289, 2230–2237.

16 Murray, D. M., Varnell, S. P., and Blitstein, J. L. (2004). "Design and analysis of group-randomized trials: A review of recent methodological developments." *Am. J. Public Health*, 94, 423–432.

에 해당하는 '무작위 결측(missing at random, MAR)'인지 구분해야 한다.[17] 무시할 수 없는 결측 사례로는 ① 결측값 발생이 이전의 측정값에 의해 예측 가능한 경우(만약 환자의 CD4 수치가 결측인 경우 이전에 측정된 CD4 수치는 낮을 가능성이 높음), ② 특정 집단의 환자에서 다른 집단의 환자에 비해 결측 빈도가 높은 경우(백인 여성은 다른 인종 여성에 비해 골밀도 측정값이 결측인 경우가 많음) 등이 있다.

관측값의 결측이 무작위로 발생한 것인지 확인하기 위해 각 대상자의 결과변수에 결측값이 있는지 여부를 1 혹은 0으로 코딩하는 변수를 만들어 다변수 로지스틱 회귀분석으로 이 코딩변수와 독립변수 및 결측 발생 이전의 결과변수 사이의 연관성을 검정해볼 수 있다. 만약 결측값이 무작위로 발생했다면 독립변수와 결과변수, 그리고 결측값 여부 사이에는 어떠한 연관성도 없을 것이다.

TIP

로지스틱 회귀분석을 이용하여 결측 발생 여부를 코딩한 변수, 독립변수 및 결측 이전의 결과변수 값 사이에 연관성을 검정하여 발생한 결측이 무작위로 발생한 것인지 혹은 아닌지 평가할 수 있다.

무작위로 발생한 결측값이라면 일반화 추정 방정식을 이용할 수 있다.[18] 몇몇 연구자는 결과변수가 연속형이면(이분형인 경우는 해당 없음) 일반화 추정 방정식은 결측 패턴이 무작위가 아니어도 사용할 수 있다고 주장하기도 한다.[19] 하지만 결측 빈도가 높거나 무작위 결측이 아닌 경우 편향된 분석 결과를 얻을 수 있다는 점은 항상 경계해야 한다. 반면, 결측값의 빈도가 적거나 발생한 결측이 무시할 만하다는 것을 경험적으로 보여줄 수 있다면 일반화 추정 방정식의 분석 결과에는 큰 문제가 없을 것이다.

17 이와 관련된 고전적 텍스트는 다음과 같다. Little, R. J. A. and Rubin, D. B. (1987). *Statistical Analysis with Missing Data*. New York, NY: John Wiley and Sons.
이 책에서는 결측 자료를 세 종류로 분류한다. data missing completely at random(MCAR), data missing at random(MAR), data not missing at random(NMAR)이 그것이다. 그러나 실제 상황에서 상당수 연구자들은 missing at random 또는 not missing at random의 두 집단으로만 분류한다.

18 Diggle, P. J., Heagerty, P., Liang, K-Y., and Zeger, S. L. (2002). *Analysis of Longitudinal Data*. 2nd edn. Oxford: Oxford University Press, p. 284.

19 Twisk, J. W. R. (2003). *Applied Longitudinal Data Analysis for Epidemiology: A Practical Guide*. Cambridge University Press, pp. 208–212.

일반화 추정 방정식의 또 다른 장점은 관측 시점의 간격이 일정하지 않은 경우도 사용할 수 있다는 데 있다.

일반화 추정 방정식은 관측값 사이의 측정 간격이 일정치 않은 경우에도 사용 가능하다.

일반화 추정 방정식을 이용하면 군집된 관측값이 가지는 연관성을 반영한 결과 점 추정값의 표준오차가 커지고 따라서 신뢰구간 또한 넓어진다. 그러나 일반화 추정 방정식에 의해서 점 추정값(회귀계수, 오즈비 등) 자체가 바뀌지는 않는다.

일반화 추정 방정식에서 관측값이 가지는 상관관계를 보정하면 표준오차와 신뢰구간은 변화하지만 점 추정값 자체는 변화하지 않는다.

이 장의 서두에서 언급했던 사례와 유사한 연구로 맥크레(McCrea)와 동료들은 일반화 추정 방정식을 사용하여 대학 미식축구 선수에게서 뇌진탕이 인지능력에 미치는 영향을 분석하였다.[20] 부상을 입은 선수와 그렇지 않은 대조군에 대해 반복적인 조사가 이루어졌기 때문에 관측값의 연관성을 보정하기 위한 일반화 추정 방정식이 사용되었다. 모형에는 기준 시점의 신경정신학적 기능, 학년, 이전 뇌진탕 발생 횟수, 학습장애에 대한 병력, 대학 종별과 같은 잠재적 교란요인이 포함되었다. 그 결과 뇌진탕을 겪은 선수는 부상이 없었던 대조군에 비해 부상 2일과 7일 후 인지 능력에 경미한 장애가 관찰되는 점을 확인할 수 있었다.

일반화 추정 방정식을 사용하려면 다음 세 가지 사항을 지정해야 한다.

① 연결함수(link function)
② 가상관행렬(working correlation matrix)
③ 분산-공분산 행렬의 추정법

20 McCrea, M., Guskiewicz, K. M., Marshall, S. W., et al. (2003). "Acute eff ects and recovery time following concussion in collegiate football players." *JAMA*, 290, 2556–2563.

[표 11-3] 일반화 추정 방정식에 사용되는 가상관행렬의 형태

형태	설명	활용
교환가능 가상관행렬 또는 복합 대칭 가상관행렬	군집 내 어느 두 관측값은 동일한 상관관계에 있다고 가정함	독립이 아닌 관측값을 분석하기 위해 가장 흔히 사용되는 방법
M 의존 가상관행렬	군집 내에서 같은 간격에 있는 두 관측값은 동일한 상관관계에 있다고 가정함	측정 간격이 길어짐에 따라 반복 측정된 관측값이 가지는 상관성이 감소하는 경우 사용을 고려함
1차 자기회귀 가상관행렬 (지수적 상관 모형)	관측 간격이 멀어짐에 따라 군집 내의 상관성이 지수적으로 감소한다고 가정함	시간이 흐름에 따라 반복측정된 관측값이 가지는 상관성이 감소하는 경우 사용을 고려함(예: 경시적 연구)
독립구조 가상관행렬	군집 내 반복측정된 관측값의 독립성(상관성이 없음)을 가정함	전체 군집수에 비해 군집 내에서 반복측정된 측정값의 개수가 작은 경우 사용을 고려함
비구조화 가상관행렬	군집 내 관측값의 상관 구조에 대해 아무런 가정을 하지 않음	군집 내 관측값의 수가 적지만 균형이 잘 잡힌 경우 사용을 고려함. 그 외의 경우 계산에 어려움이 있음

연결함수는 자료를 적합하기 위해 사용하는 모형의 형태를 말한다. 일반적으로 선형, 로짓, 또는 로그함수가 많이 사용된다. 이들 모형의 무작위 요소(random component)는 각각 정규분포, 이항분포 또는 포아송 분포에 대응된다.

가상관행렬(working correlation matrix)은 각 군집의 관측값이 서로 어떤 형태로 연관되어 있는지를 나타낸다. [표 11-3]에서 여러 종류의 가상관행렬을 살펴볼 수 있다. 가장 흔히 사용되는 것은 교환가능(exchangeable) 가상관행렬[또는 복합 대칭성(compound symmetric) 가상관행렬]이다. 이 구조는 두 관측값이 가지는 상관관계가 모든 짝에서 동일하게 나타나는 것으로 가정한다. 예를 들면 한 대상자 내에서 첫 번째와 세 번째 관측값 사이의 관계는 동일 개체 내 첫 번째와 두 번째 관측값 사이의 관계와 같고, 다른 대상자의 관측값과는 연관이 없다. 예를 들어 한 가족에 속하는 첫째와 셋째 아이는 첫째와 둘째 아이와 같은 상관관계를 갖고 있지만, 다른 집의 아이와는 상관관계가 없다.

교환가능 가상관행렬은 군집 내 두 관측값이 가지는 상관관계는 모두 동일하다고 가정한다.

하지만, 군집 내 상관관계가 항상 동등하다는 가정이 성립하지 않을 수 있다. 어떤 관측값의 쌍은 다른 관측값의 쌍에 비해 상관성이 높을 수 있다. 예를 들어 동일한 사람에서 반복측정된 경우 두 관측 사이의 시간 간격이 짧은 경우에는 서로 먼 시점의 관측값보다 더 높은 상관성을 가질 것이다. 형제자매 관계를 살펴보자면 나이 차이가 심한 둘에 비해서는 그 차이가 적은 둘에서 유사한 반응을 보일 것이다. 또한, 서로 다른 대상자 집단 사이의 상관행렬은 서로 다를 수 있다. 예를 들어 작은 병원 환자의 관측값은 큰 병원의 환자에 대한 관측값에 비해 상관성이 높을 것이다.

M 의존(M-dependent) 가상관행렬은 군집 내 같은 간격을 두고 측정된 관측값은 모두 동일한 상관관계에 있다고 가정한다. 다시 말해서 같은 군집 내에서 6개월의 측정 기간을 두고 얻은 임의의 두 측정값은 모두 같은 상관관계에 있고, 마찬가지로 1년의 측정 기간을 두고 얻은 임의의 두 측정값은 모두 같은 상관관계에 있다고 가정하는 것이다. M 의존 구조의 행렬에서는 매우 긴 간격(시간=M)을 두고 얻어진 관측값 사이의 상관계수는 0이라고 규정할 수 있다.

1차 자기회귀(first order autoregressive) 가상관행렬(또는 지수적 가상관행렬)은 군집 내에서 반복측정 간격이 멀어짐에 따라 관측값의 상관관계 또한 지수적 관계로 낮아진다고 가정한다. 이러한 구조는 경시적 연구에서 자주 볼 수 있다.

독립구조 가상관행렬은 군집 내 반복측정된 관측값이 독립적이라고 가정한다. 상관관계에 있는 결과변수를 분석하기 위한 방법을 알아보던 중 왜 갑자기 독립성을 가정하는 행렬이 등장했을까? 그 이유는 반복측정된 관측값의 수에 비해 군집의 개수가 많은 경우 반복측정 값이 가지는 상관성에 의한 영향은 무시할 수 있을 만큼 작아지기 때문이다. 연속형 결과변수가 정규분포를 따른다면 독립구조 가상관행렬을 사용한 일반화 추정방정식의 적합 결과는 선형 회귀분석 적합 결과와 일치한다.[21]

비구조화 가상관행렬(unstructured working correlation matrix)은 군집 내에 있는 관측값 사이의 연관성에 대해 어떠한 가정도 필요로 하지 않는다. 이는 실제 상관구조를 정확히 알 수는 없다는 측면에서 볼 때 큰 장점이라고 볼 수도 있다. 그러나 비구조화 가상관행렬은 관측값 수가 많거나, 군집별로 관측값의 수가 일정하지 않은 경우에는 이용하

21 Davis, C. S. (2003). *Statistical Methods for the Analysis of Repeated Measurements.* New York, NY: Springer-Verlag, p. 297.

기 어려우며 부정확한 추정을 하게 될 가능성이 높다.

결론적으로는 연구자가 가진 자료에 가장 적합한 가상관행렬 구조를 선택해야 하겠지만, 자료가 가지는 실제 상관구조에 대한 매우 대략적인 추정만으로도 일반화 추정 방정식에 의한 분석을 수행하는 데 무리가 없다고 알려져 있다. 최종 모수 추정값은 가상관행렬의 종류에 따라 생각보다 크게 달라지지는 않기 때문이다.[22] 따라서 가상관행렬을 선택할 때는 이에 따른 계산의 난이도를 고려해야 한다. 이러한 이유로 교환가능 가상관행렬이 M 의존 구조나 자기회귀형태 또는 비구조화 가상관행렬과 같이 계산이 어려운 방법에 비해서 자주 이용된다.

TIP

교환가능 가상관행렬이 가장 많이 사용된다.

분산-공분산 구조(variance-covariance structure)는 가상관행렬과 연결함수 사이의 함수에 해당한다. 이를 추정하는 두 가지 일반적인 방법은 후버-화이트 샌드위치 추정량(Huber-White sandwich estimator)과 모형 기반 추정량(model-based estimate)이다. 이 중 후버-화이트 샌드위치 추정량이 분산모형에 대해 아무런 가정도 필요로 하지 않기 때문에 일반적으로 더 선호된다. 즉, 가상관행렬을 잘못 선택했다 하더라도 모형을 정확하게 추론할 수 있기 때문에 표준오차가 견고하고 신뢰할 만하다(robust)고 말할 수 있다. 하지만 불행히도 군집의 수가 작을 경우(<40)에는 표준오차가 실제보다 적게 추정되어 결과의 통계적 유의성이 과장될 수 있다.[23] 따라서 특히 군집수가 20개 미만으로 적은 경우에는 모형 기반 추정량을 사용하는 것이 좋다.[24]

TIP

군집 개수가 작은 경우를 제외하면 후버-화이트 샌드위치 추정량을 사용하는 것이 일반적이다.

22 Dupont, W. D. (2002). *Statistical Modeling for Biomedical Researchers: A Simple Introduction to the Analysis of Complex Data*. Cambridge: Cambridge University Press, pp. 356–367.

23 Murray, D. M., Varnell, S. P., and Blitstein, J. L. (2004). "Design and analysis of group-randomized trials: A review of recent methodological developments." *Am. J. Pub. Health*, 94, 423–432.

24 Horton, N. J. and Lipsitz, S. R. (1999). "Review of soft ware to fit generalized estimating equation regression models." *American Statistician*, 53, 160–169.

연결함수와 가상관행렬, 분산-공분산 행렬의 추정 방법을 선택하고 나면 드디어 분석을 실행할 수 있다. 분석 결과로는 선형 회귀분석, 로지스틱 회귀분석, 포아송 회귀분석과 같은 일반적인 분석 방법에서 볼 수 있는 통계량인 회귀계수, 표준오차, p값 등을 얻을 수 있다. 이때 표준오차는 군집 내 상관성에 대해 보정된 결과다.

3-3 혼합효과 모형

혼합효과 모형(mixed-effects model)의 가장 혼란스러운 점은 문헌마다 이 기법에 대해 혼합모형, 임의효과 회귀모형, 임의 계수모형, 임의 회귀모형, 다수준 모형, 위계적 모형과 같이 서로 다른 이름으로 부르고 있다는 점이다. 일부에서는 비선형 혼합모형과 구분하기 위해 선형 혼합모형 또는 위계적 선형모형과 같이 선형이라는 단어를 붙이기도 한다.

위에서 나열한 다양한 이름은 혼합효과 모형이 지닌 여러 특성을 나타내고 있다. 혼합효과 모형이 '혼합(mixed)'으로 불리는 이유는 한 모형에 고정효과와 임의효과가 함께 포함되어 있기 때문이다. 이 모형은 각 개체의 결과변수 값이 평균(고정효과) 값으로부터 임의적으로(randomly) 떨어져 있다고 가정한다. 추정의 기반이 되는 고정효과 모형은 선형, 로지스틱, 포아송 회귀분석 등이 해당된다. 임의효과가 있기 때문에 각 개체가 가지는 기울기와 절편은 서로 다를 것이다.[25]

이 모형은 위아래 계층이 2개 이상의 수준으로 존재하기 때문에 '다수준' 또는 '위계적'이라 불리기도 한다. 예를 들어 1,000명의 환자(1 수준)는 100명의 의사(2 수준) 중 한 사람에게 진료를 받고 이 의사는 10개 병원(3 수준) 중 한 곳에 근무한다고 가정해보자. 관측값은 이들 각각의 수준별로 연관성(군집성)을 가진다.

이 같은 설명에 따르면 동일 개체 내에서 반복측정된 자료를 분석하는 데는 이 모형을 사용할 수 없을 것이라 생각할 수도 있지만 그렇지 않다. 반복측정된 관측값(1 수준)은 더 높은 수준인 개체(2 수준)에 대해 군집화되어 있기 때문이다. 마찬가지로 한 사람 신체의 두 부위에 대한 관측값(1 수준)은 그 개체(2 수준) 내에서 군집화된다.

25 Ker, H.-W., Wardrop, J., and Anderson, C. Applicaton of linear mixed-effects models in longitudinal data: A case study. (http://www. hiceducation.org/ edu_proceedings/ hsiang-wei%20ker.pdf)

위계적 모형을 사용할 수 없는 군집 자료의 예로는 여러 병원에서 파트타임으로 일하는 의사의 수술 합병증 발생률을 들 수 있다. 파트타임 의사는 어느 한 병원에서만 근무하지 않으므로 상위 수준인 병원 단위에서 군집화가 불가능하다. 다수준 비위계적 혼합효과 모형을 이용해 분석할 수도 있으나 계산이 복잡하고 이 모형의 사용이 적절한지에 대해서는 이견이 존재한다.[26]

비조건부 모형인 일반화 추정 방정식과 달리 혼합효과 모형은 조건부 모형에 해당한다. 따라서 이 모형은 특정 군집에서 중재/노출이 개별 대상자 수준에서 끼치는 영향인 집단 내 효과만을 추정한다.

> 혼합효과 모형과 같은 조건부 모형은 특정 군집 내에서 중재/노출이 개별 대상자 수준에서 미치는 영향을 추정한다(집단 내 효과).

혼합효과 모형은 일반화 추정 방정식처럼 연속형, 이분형, 순서형, 범주형 결과변수와 각 관측값에서 일정하거나 변화하는 독립변수를 모형에 포함할 수 있다.

그러나 상관구조를 지정해야 하는 일반화 추정 방정식과 달리, 혼합효과 모형에서는 군집 내 연관성이 군집의 공통된 임의 효과로부터 나오는 것으로 가정한다. 물론 분산과 상관구조를 지정하여 모수를 추정할 수도 있다.[27]

일반화 추정 방정식과 마찬가지로 혼합효과 모형은 관측 사이의 기간이 일정하지 않거나 군집마다 관측 횟수가 다르고 무작위로 발생한 결측값이 포함된 자료를 다룰 수 있다. 일반화 추정 방정식에서와 마찬가지로 일부 학자는 연속형 결과변수에서는 무작위 결측이 아니라 하더라도 혼합효과 모형을 적용할 수 있다고 주장하기도 한다.[28] 그러나 자료에 결측값이 너무 많거나, 결측의 무작위성을 확신할 수 없다면 혼합모형을 적용할 때 주의가 필요하다.

26 Panageas, S. S., Schrag, D., Riedel, E., et al. (2003). "The effect of clustering of outcomes on the association of procedure volume and surgical outcomes." *Ann. Intern. Med*, 139, 658–665.

27 Gueorguieva, R. and Krystal, J. H. (2004). "Move over ANOVA: Progress in analyzing repeated-measures data and its reflection in papers published in the Archives of General Psychiatry." *Arch. Gen. Psychiatry*, 61, 310–317.

28 Twisk, J. W. R. (2003) *Applied Longitudinal Data Analysis for Epidemiology: A Practical Guide*. Cambridge University Press, pp. 208–212.

결과변수가 이분형인 경우, 일반화 추정 방정식과 혼합효과 모형에서 추정된 계수의 의미는 서로 다르다. 일반화 추정 방정식에서 한 대상자에게는 중재가 이루어지고 다른 대상자에게는 중재가 이루어지지 않았을 때, 그들 사이에 나타나는 결과 발생에 대한 로그 오즈(log odds)의 차이를 계수로 추정한다(between-person difference). 즉, 서로 다른 두 사람에게 중재 혹은 집단의 배정이 서로 달리 이루어졌을 때 효과의 차이를 의미한다. 반면, 혼합효과 모형에서는 동일한 사람에서 중재가 시행되었을 때와 그렇지 않았을 때의 차이를 결과변수의 로그 오즈로 계수를 추정한다(within-person change).[29] 아울러 상관성 보정에 의해 일반화 추정 방정식에서 신뢰구간만 바뀌는 것과 달리 혼합효과 모형은 점 추정값까지도 달라진다는 차이가 있다.

캔델(Kandel)과 동료들은 인종별, 민족별 청소년 흡연의 차이를 조사하기 위해 혼합효과 모형을 사용했다.[30] 자료는 연구에 적절하게 대표성을 지닌 90,118명의 청소년이었다. 이 연구에서는 청소년(1수준), 학교(2수준), 학교가 속한 주(3수준) 세 가지 수준의 위계적 모형을 사용하였다. 같은 학교에 속한 청소년의 관측값은 각 학교별 특성(교장, 설비 등)으로 인해 연관성이 있을 것이고, 같은 주에 있는 학교에 대한 관측값은 해당 주에 속하는 모든 학교에 적용되는 공통된 교육 정책으로 인해 연관성이 있을 것이다. 이 사례의 경우 각 학교는 한 주에만 속하고 청소년은 한 학교에만 다니므로 위계적 구조 모형을 적용할 수 있다. 연구 결과, 매일 흡연자로 발전하는 비율이 흑인 청소년에 비해 백인과 히스패닉 청소년에서 유의하게 높다는 사실을 발견하였다.

일반화 추정 방정식과 달리 혼합효과 모형에서는 특정 집단에 대해 필요한 최소 표본 크기의 제한이 없다는 장점이 있다.[31]

29 Murray, D. M., Varnell, S. P., and Blitstein, J. L. (2004). "Design and analysis of group-randomized trials: A review of recent methodological developments." *Am. J. Public Health,* 94, 423–432.

30 Kandel, D. B., Kiros, G.-E., Schaffran, C., et al. (2004). "Racial/ethnic differences in cigarette smoking initiation and progression to daily smoking: A multilevel analysis." *Am. J. Public Health*, 94, 128–135.

31 Christiansen, C. L. and Morris, C. N. (1997). "Improving the statistical approach to health care provider profiling." *Ann. Intern. Med*, 127, 764–768.

게다가 연구 주제가 집단이 가지는 어떤 평균값이 아니라 개별 단위(사람, 클리닉, 병원 등)에서 나타나는 값의 변화를 예측하는 데 초점이 맞추어져 있다면 혼합효과 모형이 일반화 추정 방정식보다 적절한 선택이다.[32] 예를 들어 흡연과 음주 기록이 있는 66세 백인 여성의 골밀도를 예측하려고 한다면 혼합효과 모형이 적절한 방법이고 고령자 집단의 표본에서 연령, 흡연, 음주가 골밀도에 미치는 영향을 추정하려고 한다면 일반화 추정 방정식을 사용하는 것이 더 적절하다.

TIP

군집수가 작거나 특정 개인의 결과를 예측하는 데 연구의 초점이 있을 경우 일반화 추정 방정식보다는 혼합효과 모형이 적절한 방법이다.

결과변수가 연속형인 경우 혼합효과 모형이나 일반화 추정 방정식의 결과가 서로 비슷하다. 흥미롭게도 같은 학술지에 '심장질환 환자에서 시술량이 사망률에 미치는 영향'이라는 동일한 주제에 서로 다른 분석 기법을 이용한 두 논문이 실린 적이 있다. 매기드(Magid)와 동료들은 일반화 추정 방정식으로 병원별 군집을 보정하였고, 맥그래스(McGrath)와 동료들은 혼합모형을 사용하여 의사에 대한 군집성을 보정하였다.[33]

연속형 결과변수에서는 일반화 추정 방정식과 혼합효과 모형의 결과가 유사하다.

32 Diggle, P. J., Heagerty, P., Liang, K. Y., et al. (2002). *Analysis of Longitudinal Data*. 2nd edn. Oxford: Oxford University Press, p. 130; Davis, C. S. (2003). *Statistical Methods for the Analysis of Repeated Measurements*. New York, NY: Springer-Verlag, pp. 294–298.

33 Magid, D. J., Calonge, B. N., Rumsfeld, J. S., et al. (2000). "Relation between hospital primary angioplasty volume and mortality for patients with acute MI treated with primary angioplasty vs thrombolytic therapy." *JAMA*, 284, 3131–3138; McGrath, P. D., Wennberg, D. E., Dickens, J. D., et al. (2000). "Relation between operator and hospital volume and outcomes following percutaneous coronary interventions in the era of the coronary stent." *JAMA*, 284, 3139–3144.

3-4 반복측정 분산분석과 반복측정 공분산분석

반복측정 분산분석(repeated measures analysis of variance)은 분산분석의 특화된 형태로 중재 또는 특성(예: 민족)으로 정의된 2개 이상의 집단에서 반복측정된 연속형 결과변수(예: 콜레스테롤 수치)의 평균을 비교하는 데 사용된다. 범주형 독립변수(예: 직업) 또한 반복측정 분산분석의 모형에 추가할 수 있다.

정의

반복측정 분산분석은 둘 이상의 집단에서 반복측정된 연속형 변수값을 비교하는 데 사용한다.

일반화 추정 방정식이나 혼합효과 모형과 달리 반복측정 분산분석은 연속형 결과변수만 분석할 수 있고 모형의 독립변수 또한 고정되어 있어 연구 기간 동안 변하지 않아야 한다.

반복측정 분산분석의 또 다른 단점으로는 각 대상자에 대한 관측 횟수와 관측 시점이 모두 동일해야 한다는 것이다. 이러한 이유로 반복측정 분산분석과 공분산분석은 대규모 관찰 연구보다 소규모 실험 연구에서 자주 사용된다. 관측 자료에서 흔히 접하게 되는 상황으로, 자료에 결측이 있으면 결측 직전의 값으로 채워 넣거나 분석에서 해당 케이스 전체를 제외해야 한다. 둘 중 어느 방법을 선택하더라도 분석 결과는 편향될 가능성이 높다는 문제가 있다.

> 반복측정 분산분석을 위해서는 자료가 동일 시점에 측정되고, 각 대상자의 관측 횟수가 모두 같아야 한다.

일반적으로 반복측정 분산분석 모형에서는 대상자별 관측 횟수가 같아야 하지만, 관측 횟수가 다른 경우에도 반복측정 분산분석을 적용할 수 있는 방법(불균형 설계)이 존재한다.[34] 그러나 이 분석 방법은 복잡해서 의학통계학자와 논의가 필요하다. 따라서 군집

34 Jennrich, R. I. and Schluchter, M. D. (1986). "Unbalanced repeated-measures models with structured covariance matrices." *Biometrics*, 42, 805–820.

마다 관측값 수가 다른 경우 보통 일반화 추정 방정식이나 혼합효과 모형을 사용하는 게 더 낫다.

TIP

군집마다 관측 횟수가 동일하지 않으면 일반화 추정 방정식이나 혼합효과 모형을 사용하라.

이러한 한계에도 불구하고, 각 군집에서 동일한 시점에 동일한 횟수만큼 관측이 시행된 작은 규모의 실험 연구라면 반복측정 분산분석은 매우 좋은 분석 방법이다. 슈미트(Schmidt)와 동료들은 반복측정 분산분석을 사용하여 월경전 증후군(premenstrual syndrome)의 원인을 밝히고자 했다.[35] 이 연구에서는 월경전 증후군을 앓고 있는 10명의 환자와 15명의 정상 대조군에서 루프롤라이드(leuprolide, 생식샘자극호르몬분비호르몬 작용제의 일종) 단일 치료 혹은 루프롤라이드와 호르몬 대체의 병용 치료에 따른 반응을 비교하였다. 연구자는 치료군의 배정, 월경전 증후군의 유무, 경과 시간(주) 사이에 유의한 상호작용이 존재한다는 사실을 발견했는데, 월경전 증후군을 앓는 환자의 경우 단독 치료에 비해 병용 치료를 시행했을 때 치료 3주차 때 더 큰 슬픔과 불안감을 경험했다. 또한, 동일하게 병용 치료를 시행받은 환자라 하더라도 정상 대조군에 비해 월경전 증후군 환자에서 치료 3주차에 더 큰 슬픔과 불안감이 나타났다. 이러한 결과는 월경전 증후군을 앓는 여성은 정상적인 호르몬 변화에 노출되었을 때도 비정상적인 반응을 보인다는 점을 시사한다.

반복측정 공분산분석은 반복측정 분산분석과 비슷하나 연속형 독립변수를 함께 분석할 수 있다는 점이 다르다. 바스키(Barsky)와 어헌(Ahern)의 건강염려증에 대한 인지행동 치료의 효능에 대한 연구[36]에서는 환자를 인지행동 치료 혹은 일반적인 치료에 무작위로 배정하였다. 치료 효과는 휘틀리 지수(Whiteley index, 건강염려증 척도)로 측정되었다. 휘틀리 지수의 시간에 따른 변화는 [표 11-4]에 제시되어 있다.

35 Schmidt, P. J., Nieman, L. K., and Danaceau, M. A. (1998). "Differential behavioral effects of gonadal steroids in women with and in those without premenstrual syndrome." *N. Engl. J. Med*, 338, 209–216.

36 Barsky, A. J. and Ahern, D. K. (2004). "Cognitive behavior therapy for hypochondriasis: A randomized controlled trial." *JAMA*, 291, 1464–1470.

[표 11-4] 건강염려증 환자를 대상으로 한 통상적 치료법(대조군) 대비 인지행동 치료(실험군)의 효과

	실험군(n=102) 평균(95% 신뢰구간)	대조군(n=85) 평균(95% 신뢰구간)	p값
기준 시점의 휘틀리 지수	3.58 (3.47–3.68)	3.51 (3.38–3.62)	<0.001
6개월 관찰 결과	2.82 (2.68–2.97)	3.21 (3.05–3.38)	
12개월 관찰 결과	2.65 (2.48–2.81)	3.02 (2.85–3.21)	

출처: Barsky, A. J. and Ahern, D. K. (2004). "Cognitive behavior therapy for hypochondriasis: A randomized controlled trial." *JAMA*, 291, 1464–1470.

표에서 증상의 중증도를 나타내는 휘틀리 지수의 평균이 시간이 지남에 따라 두 집단에서 모두 감소하고 있다. 시간에 따른 휘틀리 지수의 감소량이 대조군(일반 치료)에 비해 치료군(인지행동 치료)에서 더 크게 나타나는지 검정하기 위한 방법으로 정신과적 동반질환뿐 아니라 연속형으로 측정된 여러 변수를 보정하기 위해 반복측정 공분산분석이 사용되었다. 그 결과 시간과 집단은 유의한 상호작용 효과가 있었다(즉, 시간에 따른 휘트니 점수의 감소는 집단에 따라 유의한 차이가 있었다).

반복측정 분산분석과 반복측정 공분산분석은 분산분석의 기본 가정 외에도(3장 2-3절) 자료의 구형성(sphericity)을 가정한다. 경시적 연구에서 구형성이란 서로 다른 시점의 두 측정값이 가지는 상관관계가 동일하고, 동일 대상자 내에서 측정값의 분산 역시 동일하다는 성질을 지칭한다(전자는 일반화 추정 방정식의 교환가능 가상관행렬과 비슷하다). 구형성 가정은 두 측정값만 있을 때는 항상 만족하지만 관측값이 3개 이상인 경우라면 종종 성립하지 않는 경우가 있다. 시간적으로 가까운 시점에 측정된 관측값은 서로 멀리 떨어진 시점에 있는 관측값에 비해 상관성이 높은 경향을 보이기 때문이다. 측정값의 변동은 시간에 따라 증가하는 경향이 있다.

반복측정 분산분석과 반복측정 공분산분석을 위해서는 자료가 구형성 가정을 만족해야 한다.

자료가 구형성 가정을 만족하는지 확인하기 위해 모클리 검정(Mauchly test)을 사용할 수 있다. 이 검정은 대부분의 통계 프로그램에서 수행할 수 있는데, 검정의 영가설은 자료가 구형성 가정을 만족한다는 것이다. 검정 결과 p값이 0.05보다 작은 경우 영가설을 기각하여 자료가 구형성 가정을 만족시키지 못한다고 해석한다. 불행하게도 모클리 검정

결과는 표본크기에 민감해서 크기가 매우 큰 표본에서는 구형성 가정에서 조금이라도 이탈하면 유의한 검정 결과가 나오는 반면, 작은 크기의 표본에서는 가정을 크게 이탈하더라도 검정 결과가 유의하지 않을 수 있다.[37]

TIP

자료가 구형성 가정을 만족하는지 모클리 검정으로 검증한다.

만약 가지고 있는 자료가 구형성 가정을 만족하지 못하는 경우에는 그린하우스-가이저(Greenhouse-Geisser) 수정법을 사용할 수 있다. 이 수정 절차는 분자의 자유도를 감소시키고 그 결과 p값이 커지는 효과가 있다. 따라서 이는 보수적인 보정 방법으로 집단 사이에 나타나는 차이를 포착하기 어렵게 한다. 그러므로, 이러한 보정 이후에도 여전히 유의한 차이가 발견된다면 구형성 가정 위반에도 불구하고 분석 결과가 확고하다고 자신있게 주장할 수 있게 된다. 예를 들어 앞에 나온 건강염려증 환자에 대한 인지행동 요법 시험에서 [표 11-4]를 포함한 결과에 그린하우스-가이저 수정법을 적용했다.

TIP

자료가 구형성 가정을 만족하지 못할 경우 그린하우스-가이저 수정법을 사용한다.

결과변수가 여러 개인 경우 다변량 반복측정 분산분석과 다변량 반복측정 공분산분석을 사용해야 한다. 이 분석 방법에 의한 결과가 통계적으로 유의하다면 다음으로 각 결과변수를 개별적으로 살펴보면 된다.

결과변수가 여러 개인 경우 다변량 반복측정 분산분석 또는 다변량 반복측정 공분산분석을 사용한다.

37 Twisk, J. W. R. (2003). *Applied Longitudinal Data Analysis for Epidemiology: A Practical Guide*. Cambridge University Press, pp. 25–26.

[표 11-5] 일반화 추정 방정식, 혼합효과 모형, 반복측정 분산분석 비교

방법	허용되는 결과변수의 형태	관찰 도중 값이 변하는 공변량	개체마다 다른 관측 횟수	결측값 허용	불규칙한 관측 간격
일반화 추정 방정식	연속형, 순서형, 이분형, 범주형	가능	가능	결측 발생이 무작위인 경우 가능	가능
혼합효과 모형	연속형, 순서형, 이분형, 범주형	가능	가능	결측 발생이 무작위인 경우 가능	가능
반복측정 분산분석	연속형만 가능	불가능	불가능	불가능	불가능

다변량 접근법의 한 가지 장점은 구형성 가정을 필요로 하지 않는다는 것이다. 그러나 위험요인이 각각의 결과변수에 미치는 효과를 발견하기 위해서는 결국 구형성 가정에 대해 검정해야 하고 가정에 위배되는 경우 적절한 보정을 해야 한다. 다변량 설계의 단점은 결과변수가 하나 늘어남에 따라 자유도가 한 단계씩 줄어들게 되고 결국 분석의 검정력 또한 줄어든다는 점이다.

[표 11-5]에서 볼 수 있듯이, 일반적으로 반복측정 분산분석은 일반화 추정 방정식이나 혼합효과 모형에 비해 사용에 제한점이 많다. 이러한 이유로 반복측정 분산분석의 사용 빈도는 점차 줄어드는 추세다.[38]

3-5 조건부 로지스틱 회귀분석

이분형 결과변수를 가지는 군집화 자료는 조건부 로지스틱 회귀모형(conditional logistic regression)으로 분석할 수 있다. 이 방법은 일반적인 로지스틱 회귀모형과 매우 유사하다. 따라서 회귀계수, 표준오차, 오즈비와 같은 친숙한 지표를 얻을 수 있으며 모형의 적합도

38 Gueorguieva, R. and Krystal, J. H. (2004). "Move over ANOVA: Progress in analyzing repeated-measures data and its reflection in papers published in the Archives of General Psychiatry." *Arch. Gen. Psychiatry*, 61, 310–317. 이 논문에서는 반복측정 자료에 대하여 분산분석 사용 빈도가 감소하는 경향 외에도 군집된 자료의 분석에 대한 여러 측면에 대해 명쾌하게 설명하고 있다.

를 검사하기 위한 진단 방법도 유사하다.[39] 사실 '표준' 로지스틱 회귀모형은 비조건부 로지스틱 회귀모형이라고 부를 수도 있다. 두 분석 방법의 차이는 조건부 로지스틱 회귀모형은 관측값이 가지는 상관관계를 고려한다는 데 있다.

이분형 형태의 군집화된 결과변수는 조건부 로지스틱 회귀모형으로 분석할 수 있다.

조건부 로지스틱 회귀모형은 표준 로지스틱 회귀모형처럼 연구 기간 동안 값이 변화하는 변수에서는 적용할 수 없다. 이름에서 암시하듯이 이는 조건부 추정법으로, 한 군집에 속한 조건에서 개인 수준 효과의 추정값을 계산한다. 다만 조건부 로지스틱 회귀모형은 혼합효과 모형과는 달리, 짝짓기나 군집의 한 가지 요인 외의 여러 가지 연관성에 대해서는 보정이 불가능하다. 그러나 결과변수가 이분형 변수이고 관측값이 단 한 가지 요인으로 연관되었을 때는 조건부 로지스틱 회귀분석이 일반화 추정 방정식이나 혼합효과 모형에 비해 분석하거나 설명하기 쉽다.

여러 요인으로 연관성을 지니게 된 관측값에 대해서는 조건부 로지스틱 회귀분석으로 보정할 수 없다.

아벤하임(Abenhaim)과 동료들은 식욕억제제가 원발성 폐동맥고혈압(primary pulmonary hypertension)을 유발하는지 조사하기 위해 조건부 로지스틱 회귀분석을 사용하였다.[40] 원발성 폐동맥고혈압은 드물게 발생하며, 다양한 잠재적 위험요인이 제시되고 있으나 실제로 증명된 바는 별로 없는 질환이다. 이 연구에서는 대응 설계(matched design) 방법을 사용하여 원발성 폐동맥 고혈압으로 진단받은 95명의 환자를 연령(5세 이내 차이), 성별, 연간 진료 횟수에 따라 335명의 대조군과 개별적으로 짝지었다. 그러나 환자군과 대조군을 짝짓기 위해 사용된 변수 외에도 전신 고혈압, 코카인 사용, 흡연 상태와

39 Hosmer, D. W. and Lemeshow, S. (2000). *Applied Logistic Regression*. 2nd edn. New York, NY: Wiley, pp. 223–259.

40 Abenhaim, C., Moride, Y., Brenot, F., et al. (1996). "Appetite-suppressant drugs and the risk of primary pulmonary hypertension." *N. Engl. J. Med*, 335, 609–616.

같은 다른 잠재적 교란요인을 보정할 필요가 있어 다변수 모형을 함께 사용했다. 이 연구에서는 조건부 로지스틱 회귀모형을 사용하여 잠재적 교란요인을 보정했을 때 식욕억제제 복용이 원발성 폐동맥고혈압의 발생 위험 증가와 유의한 관계에 있음을 확인하였다(오즈비 6.3, 95% 신뢰구간 3.0 - 13.2). 뿐만 아니라 3개월 이상 식욕억제제를 복용한 환자에게서 고혈압 발생 위험이 식욕억제제를 복용하지 않은 환자보다 23배 높다는 용량-반응 관계도 함께 제시했다(오즈비 23.1, 95% 신뢰구간 6.9 - 77.7).

연관된 관계에 있는 자료를 분석하기 위해 여러 방법을 고려할 수 있는 상황이라면, 다수의 방법으로 자료를 분석하여 결과가 서로 유사한지 확인해볼 수도 있다. 그러한 사례로 세티(Sethi)와 동료들은 박테리아 병원체 새 균주의 분리와 만성폐쇄성폐질환(chronic obstructive pulmonary disease, COPD) 악화와의 연관성에 대해 살펴보았다.[41] 환자는 여러 번 병원에 방문하므로(81명의 환자가 1,975번 진료를 받음) 연구자는 환사 군십 내에서 관찰되는 연관성을 보정할 필요가 있었다. 결과변수는 COPD 급성 악화 발생/그렇지 않음의 이분형으로 측정되었다. 이 연구에서는 조건부 로지스틱 회귀모형과 일반화 추정 방정식 두 가지가 모두 이용되었고, 두 분석 결과의 유사함이 보고되었다.

3-6 앤더슨-길 비례위험 모형

중도절단된 자료(3장 6절)에서 관찰 기간 중 각 대상자에서 사건이 두 번 이상 발생할 수 있는 경우라면 비례위험 모형(proportional hazards model)의 특화된 형태인 앤더슨-길(Andersen-Gill) 계수 과정(counting process) 모형을 사용할 수 있다.[42] 이 모형에서는 연구 시작 기준 시점에서 첫 번째 사건 발생 시점까지는 대상자가 첫 번째 사건에 대한 위험에 노출된 것(at risk)으로 가정한다. 그리고 첫 번째 사건 발생 이후 두 번째 사건이 발생할 때까지의 기간 동안은 두 번째 사건이 발생할 위험에 노출된 것으로 가정하는 방식으로 반복하게 된다. 이 기법으로 모든 형태의 인-시간(person-time)과 결과변수를 분석할

41 Sethi, S., Evans, N., Grant, B. J. B., et al. (2002). "New strains of bacteria and exacerbations of chronic obstructive pulmonary disease." *N. Engl. J. Med*, 347, 465–471.

42 Anderson, P. K. and Gill, R. D. (1982). "Cox's regression model for counting processes: a large sample study." *Ann. Stat*, 10, 1100–1120.

수 있지만, 같은 대상자 내에서 발생하는 사건이 가지는 연관관계를 반드시 고려해야 한다. 이를 위해서 견고한 분산 추정(robust variance estimate)을 사용한다.[43]

베를(Berl)과 동료들은 이르베사르탄(irbesartan, 안지오텐신 수용체 차단제)이나 위약을 복용한 당뇨성 신병증 환자에게서 울혈성 심부전증(congestive heart failure)의 발생률을 비교했다.[44] 울혈성 심부전증은 동일한 환자에게 여러 번 발생할 수 있으므로 견고한 분산 추정에 의한 앤더슨-길 비례위험 모형을 이용하였다. 이 연구에서는 이르베사르탄을 처방받은 환자가 위약을 처방받은 환자에 비해 울혈성 심부전증 발생률이 유의하게 낮다는 사실을 발견했다(위험비=0.72, 95% 신뢰구간=0.52-1.00, p값=0.048).

3-7 비례위험 모형의 주변화 접근법

관찰 기간 동안 동일 사건이 두 번 이상 발생할 수 있는 중도절단 자료를 분석하는 또 다른 방법은, 비례위험 분석을 통해 사건 발생까지 각각의 시간을 주변 분포로 모형화하는 것이다.[45] 이 접근법의 장점은 관측값의 상관성이 특정 관계에 의존하지 않는다는 점이다.

예를 들어 가브리엘(Gabriel)과 동료들은 유방성형수술 후 합병증에 대한 연구에서 비례위험 분석의 주변화 접근법(marginal approach)을 사용했다.[46] 연구에 참여한 대부분의 여성은 양측 유방에 보형물을 지니고 있었고, 그중 일부는 같은 유방에 여러 개의 보형물을 지니고 있었다. 따라서 각각의 보형물에 대해 합병증이 발생하거나, 보형물이 제거되었거나, 추적관찰이 끝날 때까지 관측을 수행했다. 여러 보형물을 지닌 여성에서 보형물과 관련된 합병증이 발생할 때까지의 시간적 상관성을 보정하기 위해 주변화 접근법을 사용하였고, 그 결과 이 연구에서는 암 또는 암 예방을 위해 보형물을 삽입한 여성의 보

43 Lin, D. Y. and Wei, L. J. (1989). "The robust inference for the Cox proportional hazards model." *J. Am. Stat. Assoc*, 84, 1074–1078.

44 Berl, R., Unsicker, L. G., Lewis, J. B. et al. (2003). "Cardiovascular outcomes in the irbesartan diabetic nephropathy trial of patients with type 2 diabetes and overt nephropathy." *Ann. Intern. Med*, 138, 542–549.

45 Wei, L. J., Lin, D. Y. and Weissfeld, L. (1989). "Regression analysis of multivariate incomplete failure time data by modeling marginal distributions." *J. Am. Stat. Assoc*, 84, 1065–1073.

46 Gabriel, S. E., Woods, J. E., O'Fallon, W. M., et al. (1997). "Complications leading to surgery after breast implantation." *N. Engl. J. Med*, 336, 677–682.

형물 관련 합병증 발생률이 미용상의 이유로 보형물을 넣은 여성에 비해 높다는 사실을 발견했다.

4 연관된 관측값이 있는 자료의 분석을 위한 표본크기는 어떻게 계산할까?

6장 4절에서 다루었던 표본크기 계산은 관측값이 서로 독립인 상태를 가정한다. 군집화된 자료의 다변수 분석을 위한 표본크기를 계산하기 위해서는 특별한 방법이 필요하다. 이 방법은 이 책의 범위에서 벗어나는 내용이므로 본문에는 싣지 않았지만, 연관된 관측치가 있는 자료를 분석하기 위해 표본크기를 계산하는 방법을 담은 설명서와 프로그램이 있으니 각주의 문헌을 참조하기 바란다.[47]

47 Delucchi, K. L. (2004). "Sample size estimation in research with dependent measures and dichotomous outcomes." *Am. J. Public Health*, 94, 372–377; Twisk, J. W. R. (2003). *Applied Longitudinal Data Analysis for Epidemiology: A Practical Guide*. Cambridge University Press, pp. 280–285.

chapter

12

타당성 검증

1. 모형의 타당성을 어떻게 검증할까?

1 모형의 타당성을 어떻게 검증할까?

모형으로 얻은 추론이 참이라면 그 모형은 타당하다고 말할 수 있다. 모형의 타당성(validity)을 떨어트리는 여러 요인에는 낮은 정밀도 부정확한 측정, 연구 설계나 표본 추출에서의 편향, 그리고 모형의 잘못된 구축 등이 있다.

모형은 모형 개발에 사용된 원자료를 기반으로 결과변수를 추정하므로 이를 새로운 자료에 적용했을 때에는 이전만큼 성능을 보여주기 어렵다. 이 문제는 정확한 진단 및 예후 예측을 필요로 하는 질병 분야에서 특히 중요하게 다루어진다.

타당한 모형이란 그로부터 얻은 추론 결과가 참인 모형이다.

TIP

모형을 개발하기 위해 사용된 원자료에 비하여 모형을 새로운 자료에 적용하였을 때 동일한 성능을 발휘하기는 어렵다.

새로운 자료에 대해서 원자료만큼의 정확도나 성능을 보이지 못하는 것은 모든 모형이 마찬가지이지만, 중요한 것은 성능 저하의 정도이다. 만약 성능 저하의 정도가 작다면 그래도 모형이 타당하다고 할 수 있을 것이다.

모형의 타당도를 검증하는 방법은 다음과 같다.

① 새로운 자료 수집

② 기존 자료 분할

a. 집단 분할(split-group)

b. 잭나이프 방법(jack-knife procedure)

c. 부트스트랩(bootstrap)

모형을 평가하는 최고의 방법은 완전히 새로운 자료를 추가로 수집한 후 그 자료로 기존 모형의 성능을 검증하는 것이다. 이러한 사례 중 하나로 원발성 흑색종(primary melanoma) 환자의 생존율을 예측하는 예후 모형의 개발을 들 수 있다(2장 5절). 이 연구에서는 기존 환자의 74%에서 생존 상태(생존 또는 사망)를 정확히 분류할 수 있는 네 가지 요인을 찾았다. 모형의 타당성을 평가하기 위해 이후 2년 동안 같은 병원에서 원발성 흑색종으로 새롭게 진단된 142명의 환자를 추가 모집하여 모형에 사용된 네 가지 변수로 생존율을 예측했다. 새로운 환자군에 모형을 적용한 결과 69%가 정확히 분류되었는데, 이는 원자료에 비해 크게 저하되지 않은 결과이다.

비록 이 연구에서는 새롭게 확보한 환자군으로 검증하여 모형의 타당도를 높였지만, 다른 기관에 내원한 환자의 자료를 사용하는 것만큼 강력한 검증은 아니다. 그 이유는 상이한 환경(예: 유병률, 선원 형태, 환자 구성 및 인구학적 특성, 진단 및 치료 방법, 시간적 차이)에서는 모형이 동일한 성능을 발휘하기 어렵기 때문이다. 흑색종 예측 모형 사례에서 원자료와 새로운 자료가 가지는 환경의 유일한 차이점은 진단 연도였다. 이러한 검증 방식은 다른 기관에서 수집한 환자의 자료를 이용한 검증에 비해 다소 엄밀성이 떨어진다.

집단 분할에 의한 평가 방법은 전체 자료를 임의로 훈련 세트(training set)와 검증 세트(validation set)의 두 집단으로 나누는 것이다. 이때 두 집단의 크기를 동등하게 할 수도 있고, 훈련 세트의 크기를 검증 세트에 비해 크게 잡을 수도 있다. 훈련 세트를 이용하여 모형을 개발하고 이후 검증 세트를 이용하여 모형의 타당성을 검증한다.

정의

집단 분할에 의한 평가에서는 전체 자료를 훈련 세트와 검증 세트 두 부분으로 나눈다.

예를 들어 간질 발작 환자에서 재발 예측 모형의 타당도를 검증하기 위해 집단 분할 평가를 사용한 연구가 있다.[1] 표본은 적어도 2년 동안 약을 복용하고 있으며 발작이 없었던 1,013명의 환자로 구성되었다. 이 연구는 후향적 연구로 모형을 검증하기 위한 추가 자료 수집은 현실적으로 불가능했다. 따라서 기존 표본을 무작위로 두 부분으로 나누고 표

1 Medical Research Council Antiepileptic Drug Withdrawal Study Group. (1993). "Prognostic index for recurrence of seizures after remission of epilepsy." *Br. Med. J*, 306, 1374–1378.

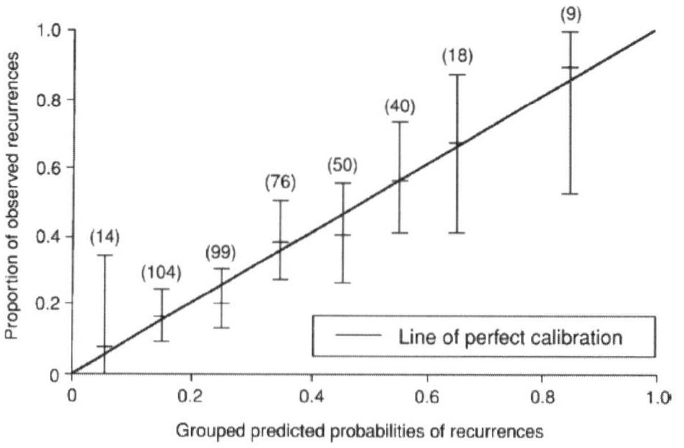

[그림 12-] 검증 세트에서 발작 재발률에 대한 추정값과 관측값 비교. 직선 위 막대는 추정값에 대한 신뢰구간을, 가로선은 추정값의 평균을 의미한다.

출처: Medical Research Council Antiepileptic Drug Withdrawal Study Group. (1993). "Prognostic index for recurrence of seizures after remission of epilepsy." *Br. Med. J*, 306, 1374–1378. Copyright BMJ Publishing Group.

본의 60%를 훈련 세트로, 나머지 40%를 검증 세트로 사용하였다.

이 연구에서는 훈련 세트를 이용해 8가지 예후 인자에 대한 비례위험 모형을 개발했다. 모형의 타당도를 평가하기 위해 검증 세트에 속한 환자의 발작 재발 확률을 추정했다. 검증 세트의 환자로부터 추정된 발작 확률을 재발 가능성의 정도에 따라 총 8개 집단으로 분할했는데, [그림 12-1]은 각 집단에서 모형에 의한 예측값과 실제 재발률을 비교한 것이다. 그림의 막대는 예측값의 신뢰구간을, 직선 가운데에 있는 가로선은 추정값의 평균을 의미한다. 만약 모형이 완벽하다면 모든 가로선은 대각선상에 위치할 것이다. 비록 대부분의 가로선이 대각선에 가까이 위치하긴 했지만 환자 수(괄호 안의 값)가 적은 집단의 신뢰구간은 넓게 나타났다.

[그림 12-1]은 사실상 [그림 8-1]에서 본 것과 동일한 기법을 사용한 것이다. [그림 8-1] 또한 관측값과 추정값을 비교한 것이기 때문이다. 차이점이 있다면 [그림 8-1]의 예측값과 실제값은 동일 자료에서 비교한 것이고, [그림 12-1]의 예측값은 다른 환자 집단의 자료를 이용해 만들어진 모형으로 추정된 값이라는 것이다.

이러한 방법을 이용하여 일단 모형의 타당도를 검증하였다면, 2개로 나뉘어 있는 자료를 다시 통합하여 최종 모형을 만드는 데 사용하기도 한다. 이렇게 하면 최대한 많은 수의 표본으로 모형을 구축할 수 있으므로 신뢰구간을 좁게 만들 수 있다.

위 두 가지 방법을 사용하기 어려운 경우 잭나이프 방법을 이용할 수 있다. 이 방법은 교차검증(cross-validation)의 일종이다. 잭나이프 방법을 사용하면 전체 자료에서 개체를 한 번에 한 개씩 교대로 제거해가면서 나머지 자료에 대해 모형을 적합한다. 이를 통해 두 가지를 평가할 수 있다. 첫째, 가지고 있는 자료에서 어느 한 개체가 결과에 얼마나 큰 영향을 미치는지 평가할 수 있다. 만약 어떤 한 개체를 삭제한다고 해서 결과가 크게 달라진다면 그 모형은 타당하지 않은 모형일 것이다. 둘째, 한 개체를 제거한 후 남은 자료를 이용해 제외하였던 그 개체의 결과를 예측할 수 있다. 이 과정은 각각의 개체를 제외할 때마다 나머지 자료를 이용하여 수행한다. 이러한 측면에서 잭나이프 방법은 집단 분할에 의한 평가 방법과 유사하다. 이때 하나의 개체를 제외한 나머지 표본이 훈련 세트, 제외된 하나의 개체는 검증 세트에 해당한다. 표본크기가 비교적 작은 경우에는 집단 분할에 의한 평가 방법보다 잭나이프 방법이 더 적절하다. 잭나이프 방법은 다중 선형 회귀분석에서는 쉽게 수행할 수 있지만, 로지스틱 회귀분석과 비례위험 모형에서는 계산 시간이 매우 오래 걸릴 수 있다는 점에 주의해야 한다.

정의

잭나이프 방법은 전체 자료에서 개체를 하나씩 교대로 제거해가면서 나머지 자료만으로 모형을 계산해가는 방법이다.

제한적이지만 부트스트랩 방법도 모형의 타당도를 평가하는 데 도움이 된다. 부트스트랩 방법은 전체 자료에서 중복을 허용(즉, 이미 뽑힌 관측값이 다시 뽑힐 수 있음)하여 무작위 표본을 추출한다. 그 결과 어떤 관측값은 여러 번 추출될 수도 있고, 어떤 관측값은 전혀 추출되지 않을 수도 있다. 이러한 방법으로 추출된 무작위 표본에 대해 전체 자료를 이용해 만든 모형이 얼마나 잘 작동하는지 시험해볼 수 있다. 이 표본에 모형을 적용시켜 얻은 전체 결과에서 2.5백분위와 97.5백분위에 있는 극단값을 제외하여 95% 신뢰구간을 구할 수 있는데, 만약 신뢰구간이 비교적 좁다면 분석 결과가 정확하다고 보다 자신 있게 말할 수 있다.

정의

부트스트랩 방법은 자료에서 중복을 허용한 무작위 추출을 통해 만들어진 표본으로부터 평균 결과를 얻는 방법이다.

부트스트랩을 사용한 사례 중 하나로 함버그(Hamberg)와 동료들은 로지스틱 회귀분석을 사용하여 303명의 남성 알코올중독 환자에서 임상적 정보 및 실험실 검사 결과를 기반으로 간경변증(cirrhosis) 예측 모형을 만들었다.[2] 만약 이 모형으로 간경변을 정확히 예측할 수 있다면 간생검을 대체할 수 있으므로 임상적 가치가 있을 것이다. 간경변증이 있을 확률이 10%인 지점을 구분점(cut-off)으로 하였을 때 간경변증 진단에 대한 모형의 민감도와 특이도는 88%였다. 이 연구에서는 부트스트랩 방법으로 추출한 1,000개의 임의 추출 표본 자료에서 동일한 기준을 사용하여 모형의 성능을 시험하였고, 민감도와 특이도의 95% 신뢰구간이 각각 85-91%, 85-95%임을 확인하였다.

부트스트랩 방법으로 신뢰구간 외에도 계수와 표준오차의 평균값 또한 계산할 수 있다. 이렇게 얻은 신뢰구간과 표준오차는 단순히 하나의 모형에서 얻은 값에 비해 더 타당하고 신뢰할 수 있다고 말할 수 있다.[3]

그러나 부트스트랩은 집단 분할이나 잭나이프 방법에 비해 모형의 타당도를 평가하는 데에는 약한 검증 방법이다. 그 이유는 303개의 관측값에서 추출된 1,000개의 부트스트랩 표본에 서로 공통으로 가지는 관측값이 존재하기 때문이다. 이와 대조적으로 집단 분할이나 잭나이프 방법에서는 서로 공유하는 공통된 관측값이 없다. 따라서 엄밀한 관점에서 보자면 부트스트랩 방법은 타당도 검증이라는 정의에 부합하지 않는다.

타당도 평가의 중요성은 연구 목적에 따라 다르다. 타당도 평가는 질병의 위험요인을 찾기 위한 관찰 연구에서는 잘 수행되지 않는다(2장 2절). 질병의 위험요인을 찾기 위한 연구의 결과는 사용된 분석 방법의 장단점, 결과에 대한 생물학적 개연성, 그리고 이 분야의 이전 연구 결과를 기준으로 평가하는 것이 일반적이다. 물론 다른 연구자가 그 연구를 재현하거나 반박하기 위해 추가 분석을 해볼 수는 있을 것이다. 마찬가지로 임상시험에서

2 Hamberg, K. J., Carstensen, B., Sorensen, T. I., et al. (1996). "Accuracy of clinical diagnosis of cirrhosis among alcohol-abusing men." *J. Clin. Epidemiol*, 49, 11, 1295-1301.

3 부트스트랩 방법에 대해 더 알고 싶은 독자는 다음을 참조하길 바란다. Efron, B. and Tibshirani, R. J. (1993). *An Introduction to the Bootstrap*. New York, NY: Chapman & Hall.

도 모형의 검증은 그다지 중요하게 다루어지지 않는데, 임상시험은 다른 인구 집단에서도 충분히 재현 가능한 결과라는 것을 가정하기 때문이다. 이에 반해 질환의 진단이나 예후를 예측하기 위한 모형의 경우(2장 4절과 5절)는 타당도 평가 없이는 연구가 제대로 수행된 것으로 볼 수 없다.

모형의 목적에 따라 타당성 검증의 필요성에 차이가 있는 이유는 특정 결과에 연관된 요인을 규명하기 위한 모형에서는 매우 높은 정확도가 요구되지는 않기 때문이다. 예를 들어 운동과 사망 사이에 유의한 연관성이 있다고 하더라도 운동에 의해 사망률이 감소하는 정도는 비교적 적을 것이다. 우리는 어떤 사람의 운동량을 안다고 해서 그 정보만으로 그 사람의 수명을 예측하려 하지는 않는다. 문제의 핵심은 인구 집단에서 운동이란 요인이 집단 전체로 볼 때 수명을 증가시킬 수 있다는 데 있다. 개인에서 각 위험요인이 독립적으로 미치는 절대 효과는 비록 작다고 하더라도 인구 집단 전체로 보았을 때는 질병 발생에 상당한 영향을 미칠 수 있을 것이다. 이러한 사실은 유병률이 높고 위험요인도 흔한 경우에 특히 그렇다.

반면에 질병의 진단이나 예후를 예측하기 위해 설계된 연구에서는 개발된 모형을 이용해 개별 환자의 상태를 예측해야 하므로 높은 수준의 확실성이 요구된다. 임상의사는 타당도 평가가 이루어지지 않은 진단 모형과 예후 모형을 신뢰하지 않는다.

TIP

임상의사는 타당도 평가를 거치지 않은 진단 모형과 예후 모형을 신뢰하지 않는다.

chapter

13

특수한 주제

1. 추적관찰 중 독립변수 값이 변한다면 어떻게 할까?
2. 시간 의존적 공변량의 장단점은 무엇일까?
3. 분류와 회귀나무 모형이란 무엇일까?
4. 의학통계학자와의 협업
5. 어떤 통계 패키지를 사용할 것인가?

1 추적관찰 중 독립변수 값이 변한다면 어떻게 할까?

경시적 연구에서는 관찰 기간 동안 한 대상자 내에서 독립변수 값이 변하기도 한다. 이러한 상황은 환자가 흡연이나 약 복용을 시작하거나 중단하는 경우, 증상이 발생하거나 질환이 진행하는 경우 등 다양한 상황에서 발생할 수 있다. 그렇다면 이러한 자료를 분석하려면 어떤 방법을 사용해야 할까? 비례위험 모형에는 시간 의존적 변수(time dependent variables)를 만드는 방법이 있다. 이 변수는 특정 시점에서 그 값이 바뀐다. 따라서 연구 시작 기준 시점에서의 흡연 여부(예/아니오) 같은 변수를 사용하는 대신, 생존시간의 특정 시점에서 각 대상자가 0(비흡연자) 또는 1(흡연자)이 되는 시간 의존적 변수를 만든다.

정의

관찰 기간 동안 독립변수 값이 변한다면 시간 의존적 공변량을 사용한다.

가장 간단한 사례로 오직 한 번 값이 바뀌는 시간 의존적 변수가 있다. 예를 들어 비흡연자가 흡연을 시작하는 경우 대상자가 흡연하기 전 시점에서 변수값은 0이 되고 흡연을 일단 시작하게 되면 나머지 추적관찰 기간에서 이 변수의 값은 1이 된다. 물론 여러 시점에서 값이 여러 번 바뀌는 시간 의존적 변수를 설정할 수도 있다. 예컨대 흡연자가 금연을 시도한 뒤 실패하는 경우가 그렇다. 시간 의존적 변수는 이분형뿐만 아니라 각 시점에서 측정되는 혈압처럼 연속형 변수도 가능하다.

시간 의존적 변수는 해석하기에 다소 복잡하기는 하지만, 변수를 만드는 일 자체는 쉽다. 통계 패키지에 따라 조금씩 방법이 다르지만 대부분의 프로그램에는 시간 의존적 변수를 설정하기 위한 별도의 도구가 있다. 이 도구를 이용해 각 대상자에서 해당 변수의 값이 언제 바뀌는지를 컴퓨터에 입력해주기만 하면 된다.

2 시간 의존적 공변량의 장단점은 무엇일까?

시간 의존적 공변량(time-dependent covariates)을 사용하면 연구 진행 과정에서 일어나는 중요한 사건을 분석에 포함시킬 수 있다. 예를 들어 메인(Mayne)과 동료들은 HIV에 감염된 남성 환자에게 발생한 우울증이 생존시간을 감소시키는지 확인하였다.[1] 이 연구에 포함된 대상자는 1984년에 시작되어 7년 이상의 추적관찰을 거친 경시적 연구의 대상자 중 일부였다. 이 질문에 답하기 위한 가장 간단한 설계 방법으로는 1984년의 우울증 여부를 조사하고 환자의 사망 여부를 추적관찰하는 것이다. 그러나 이 설계의 문제점은 우울증이 기준 시점인 1984년에는 없다가 시간이 지남에 따라 발생할 수 있다는 데 있다. 기준 시점의 우울증 여부만을 분석에 사용한다면 연구의 설득력이 떨어질 것이다. 왜냐하면 기준 시점으로부터 6개월 경과 후 우울증이 발생한 환자가 있다고 하면, 이것이 분명히 생존율에 영향을 줄 것임에도 불구하고 우울증이 없는 것으로 간주되기 때문이다. 또한 기준 시점에 이미 존재했던 우울증만을 분석에 포함하는 경우 우울증이 있는 환자의 수가 더 적어지므로 통계적 검정력 또한 감소한다. 뿐만 아니라 기준 시점의 우울증 여부는 단 한 번의 우울 삽화일 수도 있으며 이 때문에 만성 질환으로서의 우울증이 사망률에 미치는 영향을 정확하게 평가할 수 없다는 문제가 있다.

이 연구에서는 위 문제를 해결하기 위해 각 방문 때 대상자가 지닌 우울감에 대한 시간 의존적 변수를 만들었다. 따라서 각 방문(참가자는 6개월에 한 번씩 면담을 가졌다) 때마다 이 변수는 각 환자의 우울감에 대해 0–100%의 값을 가지게 되었다. 분석 결과 우울증이 사망 위험과 연관되어 있다는 사실을 발견했다. 이 연구에서는 우울증 평가 도구를 이용해 측정된 점수로도 시간 의존적 변수를 만들어서 분석을 하였는데, 이에 대한 분석 결과 역시 유사했다.

이 연구에서 시간에 따라 값이 달라지는 변수는 우울증 여부 말고도 여러 가지가 있었다. 환자의 면역 기능 또한 추적관찰 중 계속해서 그 값이 변했다. 따라서 피험자의

1 Mayne, T. J., Vittinghoff, E., Chesney, M. A., et al. (1996). "Depressive effect and survival among gay and bisexual men infected with HIV." *Arch. Intern. Med*, 156, 2233–2238.

CD4 세포 개수 등 면역 기능을 나타내는 변수에 대해서도 역시 시간 의존적 공변량을 만들었다. 그 결과 면역 기능의 변화를 보정한 후에도 여전히 우울증이 사망 위험을 증가시킨다는 사실을 발견했다. 이 결과는 HIV 환자에게서 우울증에 의한 사망률의 증가가 적어도 급격한 면역 기능의 감소에 의해 일어나는 것은 아니라는 주장을 뒷받침한다. 또한 이 분석은 CD4 수치 보정을 통해 환자가 자신의 CD4 수치를 알게 됨으로써 우울감에 빠진다는 '효과-원인' 가설을 약화시킬 수 있었다.

시간 의존적 공변량의 또 다른 장점은 비례위험 가정을 만족하지 않아도 된다는 것이다(3장 6절). 이 변수는 그 자체로 시간 개념을 포함하기 때문에 '시간에 독립적'이라는 가정이 필요하지 않다.

시간 의존적 공변량에는 많은 장점이 있지만, 과대보정(overadjustment)과 임상적 활용도가 다소 떨어질 수 있다는 두 가지 주요 단점이 있다.

시간 의존적 공변량을 사용할 때 병인의 주요 과정에 해당하는 위험요인을 보정해버리면 정작 주요 관심요인이 결과 발생에 주는 영향을 확인하지 못할 수 있다(과대보정). 다시 HIV 감염 환자의 우울증과 사망에 대한 연구 사례를 살펴보자. 이 연구는 우울증이 사망률을 증가시킨다고 결론 지었는데, 그 기전이 '우울증이 면역을 감소시키고 결국 기회 감염과 사망을 증가시키는' 이른바 면역 기능의 변화가 우울증과 사망률 사이의 중개변수로 작용한다고 가정해보자. 만약 이 기전이 사실이라면 연구자가 면역 기능에 대한 시간 의존 변수를 분석에 포함할 경우 우울증을 포함한 다른 요인에 의한 효과를 발견하지 못하게 된다. 즉, 면역 기능의 변화를 보정하게 되면 우울증에 의한 효과는 소실되고 결국 우울증은 사망률과 어떠한 관계도 없다는 결론을 내리게 된다. 반면, 만약 단순히 기준 시점의 면역 기능에 대해서만 보정한다면 우울증에 의한 효과는 제거되지 않을 것이다.

시간 의존적 공변량을 이용해 만들어진 모형을 실제로 임상의사가 사용하기에는 그 유용성이 떨어질 수도 있다. 의사와 환자 사이에 이루어지는 상담은 그 시점에 가지고 있는 정보에 의존하기 때문이다. 의사는 상담 중인 환자의 위험요인이 미래에 어떻게 변할지 알 수 없다. 그러므로 미래의 한 시점에 환자에게 고혈압이 발생할 것을 전제로 하고 심장질환이 발생할 위험에 대하여 상담을 하는 것은 자연스럽지 못한 일이다.

시간 의존적 모형의 경우 결과 발생 전에 일어난 사건만 포함하는 것이 중요하다. 종단 연구 설계가 횡단면 연구에 비해 가지는 장점은 인과성을 좀더 강하게 설명할 수 있다는 것이다. 만약 결과가 현재 시점에서 아직 발생하지 않았다면 '결과'가 '위험요인'의 원인이 될 가능성(효과-원인, 즉 원인-효과가 잘못 역전된 관계)은 아주 희박하다(횡단면 연구에서는 위험요인과 결과가 동시에 측정된다는 점이 크게 다르다). 시간 의존적 변수를 사용한다면 위험요인을 기준 시점에서만 측정하는 것에 비해 측정된 요인과 결과 발생 사이의 시간적 차이가 줄어든다. 따라서 앞서 언급한 효과-원인의 위험이 더 커지게 된다. 이에 대한 해결방법 중 하나는 결과 발생 앞에 시간 차이(lag)를 두고 시간 의존적 변수를 적당히 앞선 시점에서 평가하는 것이다.

위 연구에서는 우울증에 대한 평가를 결과 발생으로부터 1, 2, 3년 이전에 평가하여도 여전히 우울증과 사망 사이에 연관성이 있는지 확인해보았다. 이러한 시간 차이를 둔 변수를 사용했음에도 우울증은 사망률과 연관성이 있는 것으로 나타났다. 따라서 건강상태가 악화되기 때문에 우울증이 발생하는 것이 아니라 우울증 그 자체가 사망률을 증가시킨다는 가설을 지지할 수 있었다.

TIP

시간 의존적 공변량은 결과 이전에 발생한 사건만 포함해야 한다.

3 분류와 회귀나무 모형이란 무엇일까?

분류와 회귀나무(classification and regression trees, CART) 또는 반복 분할(recursive partitioning)로 알려진 이 방법은 결과 값에 따라 대상자를 몇몇 소집단으로 나누는 기법이다.[2]

이 기법은 시각적으로 매우 직관적이고 쉽게 이해할 수 있다.[3] [그림 13-1]은 CART

2 CART의 원전으로 다음 문헌을 참고하길 바란다. Breiman, L., Friedman, J. H., Olshen, R. A., et al. (1984). *Classification and Regression Trees*. Pacific Grove, CA: Wadsworth & Brooks, p. 189.

3 Goldman, L., Cook, E. F., Brand, D. A., et al. (1988). "A computer protocol to predict myocardial infarction in emergency department patients with chest pain." *N. Engl. J. Med*, 318, 797–803.

를 사용하여 개발된 심근경색의 위험 평가 알고리즘이다. 이 알고리즘은 환자 1,379명의 자료에 기반한 것으로 이 중 259명(19%)에서 심정지가 있었다. 여기서는 환자의 병력, 검진 결과 및 심전도 결과를 포함한 50가지 변수로 심정지를 예측할 수 있는 모형을 개발하고 그 성능을 평가했다.

CART는 표본을 결과 발생(예: 심정지)이 발생한 환자가 가능한 한 많이 포함된 집단(고위험군)과 그렇지 않은 다른 집단(저위험군)으로 나누는 일을 반복한다. [그림 13-1]을 보면 첫 분기점에서 심정지 발생 확률이 각각 80%와 9%로 매우 차이가 큰 두 환자 집단으로 나누어진다. 다음 분기점에서는 첫 분기점에 비해 그 차이가 크지는 않지만, 결과 발생 확률이 각각 10%와 3%로 서로 다른 두 환자 집단으로 다시 나누어진다. 이처럼 CART는 모형에 포함된 여러 변수를 이용하여 표본을 나누게 되는데, 이러한 절차는 표본 분할로 유의미한 위험도의 차이를 얻을 수 없을 때까지 반복된다. 만약 모형에 위험도를 충분히 구별하지 못하는 분기점이 생긴다면 모형의 가지를 정리하는 가지치기 작업을 한다.

다른 다변수 분석과 비교하여 CART에는 어떤 장점이 있을까? 이 방법은 다중 로지스틱 회귀분석에서 결과변수에 대한 설명력이 강한 위험요인부터 순차적으로 선택하는 전진 선택법과 유사한 측면이 있다. 하지만, 가장 큰 차이점은 CART의 한 가지(branch)는 나머지 가지와 구별되는 위험요인을 가질 수 있다는 점이다. 반면 다중 로지스틱 회귀분석에서는 위험요인이 어떤 한 특정 집단에 국한된 것이 아니라 전체 자료에 적용된다. CART는 이러한 이유로 상호작용이 존재하는 자료에서 더 잘 사용할 수 있다. 상호작용은 전체 표본이 아니라 그중 일부 대상자에서 더욱 두드러지는 영향을 보이기 때문이다(1장 4절, 7장 3절, 8장 4절, 9장 7절 참조).

> 전진선택 로지스틱 회귀분석과 달리, CART 모형에서 한 분기점의 한 가지(branch)는 나머지 가지와 서로 다른 위험요인을 가질 수 있다.

다중 로지스틱 회귀분석과 비교하여 진단 나무(diagnostic trees)가 가지는 장점은 이 방법이 임상의사가 의사결정을 내리는 방식과 매우 비슷하다는 것이다. 의사는 나무에 포함된 정보를 바탕으로 진단 경로를 따라가게 되고, 스스로가 올바른 경로를 선택하고 있는지 확인하기 위해 필요한 정보를 계속해서 찾을 것이다.

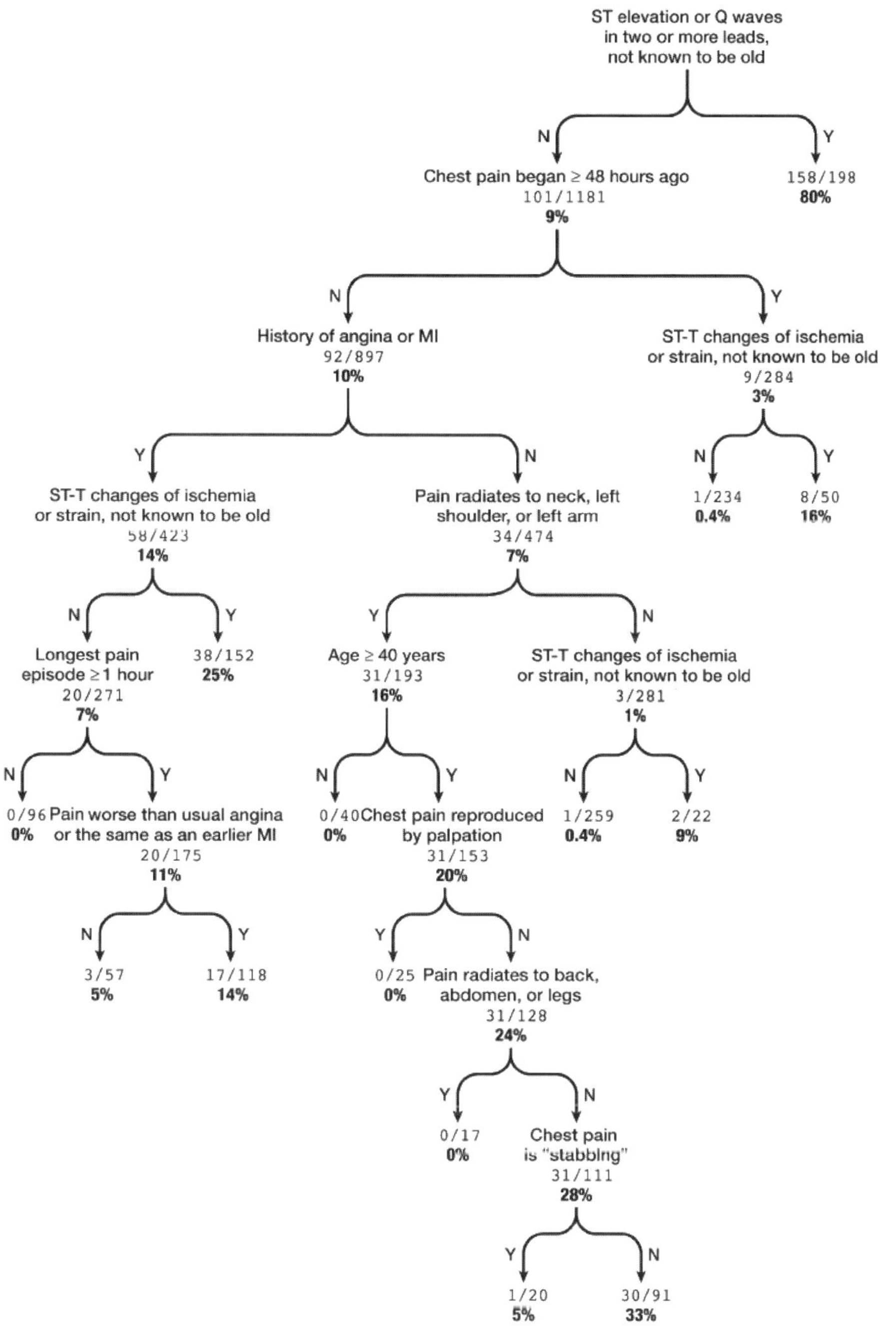

[그림 13-1] 환자의 심근경색 가능도를 예측하는 CART 모형

출처: Goldman, L., et al. (1988). "A computer, protocol to predict myocardial infarction in emergency department patients with chest pain." *N. Engl. J. Med*, 318, 797 803; Lee, T. H., et al. (1991). "Ruling out acute myocardial infarction." *N. Engl. J. Med*, 324, 1239–1246.

이전에 언급한 것처럼, 임상의사는 원래 이러한 의사결정 방식을 사용하는 데 별다른 관심을 보이지 않았다(2장 4절). 앞서 언급한 연구의 연구자는 예측 모형을 병원에 도입하여 환자의 자료를 조회할 때 함께 확인할 수 있도록 하였는데, 단지 46%의 의사만이 이 모형을 사용하였다. 더구나 이 모형이 사용된 115건 중에서도 결국 최종 의사결정이 달라진 것은 단 한 건뿐이었다. 의사의 수련 경력이 길수록 모형 사용에 회의적이었다(레지던트는 전문의보다, 인턴은 레지던트보다 자주 사용하였다). [그림 13-1]에 제시된 모형을 전향적으로 평가하였을 때 대학병원과 지역병원에 근무하는 의사보다 이 모형의 성능이 더 좋았는데도 불구하고 말이다.

위에서 언급한 흉통 진단 모형의 한 가지 단점은 이 모형에 너무 많은 변수가 사용되었다는 점이다. CART를 이용해 개발되어 널리 쓰이는 알고리즘 중 하나로 오직 세 변수만으로 환자의 발목 골절을 예측하는 모형이 있다.[4] 오타와 앵클 룰(Ottawa ankle rule)로 알려진 이 모형은 골절을 예측하는 데 100%의 민감도를 보인다. 따라서 알고리즘에서 음성으로 판정된 환자에게는 방사선 촬영을 할 필요가 없어지고, 환자는 많은 돈과 시간을 절약할 수 있게 되었다. 모형의 낮은 특이도(50%)는 큰 문제가 되지 않는데, 사실 발목 부상을 입은 모든 환자는 언젠가 방사선 촬영을 하기 때문이다.

이러한 편의성과 높은 민감도 덕분에 오타와 앵클 룰은 심근경색 예측 모형보다 더 널리 사용된다. 그러나 그렇다고 해서 심근경색 예측 모형이 잘못 만들어진 것이라고 말할 수는 없다. 심근경색을 정확히 예측하기 위해서는 발목 골절에 비해 더 많은 변수가 필요하다는 것은 당연한 사실이고, 비록 많은 변수를 사용했다고 하더라도 심근경색을 예측하는 일은 단순히 발목 골절을 예측하는 일에 비해 불확실성이 더 높기 때문이다. 그럼에도 불구하고 임상의사는 보다 간단하고 민감도가 높은 진단 기준을 선호한다.

4 Stiell, I. G., Greenberg, G. H., McKnight, D., et al. (1993). "Decision rules for the use of radiography in acute ankle injuries: Refi nement and prospective validation." *JAMA,* 269, 1127–1132; Stiell, I. G., McKnight, R. D., Greenberg, G. H., et al. (1994). "Implementation of the Ottawa ankle rules." *JAMA*, 271, 827–832.

4 의학통계학자와의 협업

의학통계학자와의 협업은 임상의 매우 세밀한 부분과 통계적인 현실 사이에 이루어지는 반복적이고 동적인 상호작용이다.

복잡한 연구에서는 분석의 각 단계에서 의학통계학자와의 상담이 필요하다. 연구를 설계하는 단계부터 의학통계학자와 함께 다양한 연구 설계의 통계적 함의를 검토하고 검정력을 계산해보는 것이 좋다. 단변수 분석을 수행한 후에는 비대칭 분포, 비선형 관계, 다중공선성 및 결측 자료를 처리하기 위한 전략에 대해 논의할 수도 있을 것이다. 예비 분석을 먼저 시행해보고 최적의 다변수 분석 방법을 함께 결정하는 것도 방법이다. 마지막으로, 다변수 모형을 추정했을 때 모형의 적합성을 평가하기 위한 검토 과정 또한 중요하다. 특히 잔차를 검토하는 데 의학통계학자가 도움이 될 것이다.

협업을 하다 보면 의학통계학자의 성향이 각자 다르다는 것을 알게 될 것이다. 누군가는 주로 자료를 분석하는 새로운 방법론을 개발하는 것에 관심이 있고, 또 누군가는 자료 분석 자체를 향상시키는 방법에 더 관심이 있을 것이다. 비록 전자의 성향을 지닌 의학통계학자가 유용한 통계적 기술을 더 많이 사용할 수 있겠지만, 일반적으로는 후자의 성향을 지닌 전문가와 일하는 것이 더 유리하다.

자동차 기술자를 상대하다 보면 자동차에 대해 더 많이 알게 되는 것처럼, 연구자는 의학통계학자와의 협업을 통해 연구 프로젝트 및 통계에 대한 이해력을 높일 수 있다. 특히 수행하는 연구가 통계적인 문제와 더 깊이 결부되어 있을 경우 의학통계학자는 훨씬 큰 도움이 된다.

5 어떤 통계 패키지를 사용할 것인가?

널리 사용되는 대부분의 통계 패키지(SAS, SPSS, BMDP, Stata, S-PLUS)는 사실 동일한 형태의 분석을 수행한다. 그럼에도 최적의 프로그램 하나를 선택한다고 하면 같은 연구실에 근무하는 다른 연구자가 어떤 프로그램을 사용하고 있는지를 확인해보자. 프로그래밍과 관련된 문제는 끊임없이 발생하므로 가까이 있는 다른 사용자가 사용하고 있는 프로그램과 소스를 사용하는 것이 도움이 된다.

외국어를 배우는 것과 같이 몇몇 통계 패키지는 배우기가 쉽지 않다. 그러나 일단 하나를 알게 되면 다른 패키지의 사용법을 배우는 것도 어렵지 않다는 것을 알게 될 것이다. SAS는 다른 통계 패키지에 비해 배우는 것이 다소 어려운데, 사용자를 위한 설명서가 제대로 구성되어 있지 않고 그 내용이 혼란스럽기 때문이다. 그럼에도 불구하고 SAS는 다른 대다수의 통계 패키지에 비해 매우 유연성이 높고 강력하다. SAS가 지닌 확장성은 한 대상자에 대해 여러 관측값을 가지고 있는 경시적 연구에서 특히 중요하다. Stata는 복잡한 종단 자료의 분석에서 SAS와 같이 다양한 분석(일반화 추정 방정식 등)을 수행할 수 있으면서도 보다 쉽게 배우고 사용할 수 있다. S-PLUS 패키지는 그래프 작성 기능이 매우 탁월해 인기가 있다. 패키지 MLwiN은 다수준 모형을 분석하기 위해 개발된 것으로 무료로 다운로드할 수 있다(11장, http://www.bristol.ac.uk/cmm/software/mlwin/download/). SUDAAN은 가중치가 부여된 자료를 분석하는 데 종종 사용된다.

최근에는 R과 Python과 같은 오픈소스 프로그램이 큰 인기를 끌고 있다. 이들은 무료인 데다, 최신 통계 기법에 대한 수많은 라이브러리와 사용법을 인터넷에서 쉽게 찾고 다운로드 받을 수 있기 때문이다. R은 tidyverse 라이브러리와 만나 데이터프레임을 효과적으로 다루고, 시각적으로 뛰어난 그래프를 쉽게 그릴 수 있어 데이터 연구자들 사이에서 사용자 폭을 넓혀가고 있다. Python은 통계 분석 전용으로 만들어진 언어는 아니지만 scikit-learn 및 pandas 라이브러리를 이용하여 R 못지않게 통계 분석을 수행할 수 있고, 특히 머신 러닝 및 딥 러닝에 관해 가장 풍부한 라이브러리를 갖고 있다.[5]

5 이 문단은 통계 패키지의 최근 변화를 반영하기 위해 역자가 덧붙인 것이다.

chapter

14

출판

1. 논문에 분석 과정을 얼마나 자세히 기술해야 할까?
2. 사용한 분석 방법에 대한 통계 문헌을 인용해야 할까?
3. 어떤 정보를 결과로 제시해야 할까?

1 논문에 분석 과정을 얼마나 자세히 기술해야 할까?

주요 의학 학술지는 논문에 통계 분석에 대한 내용을 얼마나 자세히 서술해야 하는지 일종의 가이드라인을 제시해두고 있다. 가이드라인에 따라 내용은 조금씩 다르지만, 결국 주요 원칙은 다음과 같다. "지식을 갖춘 독자가 원시 자료를 가지고 있다면 논문에서 제시한 결과를 재현할 수 있을 정도로 분석 방법을 자세히 설명하라."[1]

이러한 원칙은 매우 중요하지만 통계 분석을 해본 연구자라면 분석의 모든 세부사항을 원고에 포함시킨다는 건 불가능하다는 것을 알고 있다. 예컨대 "각각의 독립변수에 대해 우리는 '모름' 범주와 '결측' 범주 또는 '하나의 변수'의 결과에 차이가 있는지 여부를 평가하여 다소의 빈도 증가가 있음을 발견했다. 결과는 '모름' 대 '결측' 범주이므로 우리는……". 이 모든 것을 적을 수는 없을 것이다. 연구를 수행할 때는 수많은 결정이 필요하다. 논문의 독자는 저자가 다양한 선택지 중에서 올바른 선택을 했다고 가정하고 이를 따라가게 된다. 그러나 중요한 선택, 특히 결과에 영향을 미치는 선택에 대해서는 왜 그러한 의사결정이 이루어졌는지 반드시 설명해주어야 한다.

논문 및 학술지마다 방법론에 정보를 구성하고 기술하는 방법이 서로 다르다. 필자가 선호하는 방법은 대상자 모집 방법(참가자), 중재 방법과 자료 수집 방법(절차), 변수 코딩 방법(측정)과 자료 분석 방법(통계 분석)의 소절을 만들어 기술하는 것이다. 그러나 몇몇 논문에서는 소절을 사용하지 않고 모든 정보를 한데 모아서 제시하기도 한다. 따라서 방법론을 작성하기에 앞서 먼저 투고하려는 학술지에 게재된 최근의 논문을 살펴보고 편집인이 어떤 방식을 선호하는지 파악하는 것이 좋다. 일반적으로 연구자가 논문의 방법론에 기술해야 할 사항은 다음과 같다.

1 International Committee of Medical Journal Editors. (1997). "Uniform requirements for manuscripts submitted to biomedical journals." *Ann. Intern. Med*, 126, 36–47(also available at www.icmje.org); Moher, D., Schulz, K. F., Altman, D., et al. (2001). "The CONSORT statement: Revised recommendations for improving the quality of reports of parallel-group randomized trials." *JAMA,* 285, 1987–1991; Des Jarlais, D. C., Lyles, C., Crepaz, N., et al. (2004). "Improving the reporting quality of nonrandomized evaluations of behavioral and public health interventions: The TREND statement." *Am. J. Public Health*, 94, 361–366. 연구 결과를 게재하기 위한 훌륭한 논문 작성 가이드로 다음을 참조하기 바란다. Browner, W. S. (1999). *Publishing and Presenting Clinical Research.* Philadelphia, PA: Lippincott Williams and Wilkins.

① 연구 대상자가 추출된 모집단과 그 추출 방법(예: 저소득층 가구 조사에서 가구 단위로 확률적 추출, 부비동염으로 진료받은 환자의 연속 표본)

② 표본크기와 표본 중 일부가 제외된 경우 그 이유(예: 혈액 표본이 부족한 세 명의 대상자를 분석에서 제외)

③ 연구에 참여한 사람과 참여하지 않은 사람 사이의 차이를 포함한 응답률(일부 학술지는 이 정보를 결과에서 제시하는 걸 선호하기도 한다.)

④ 중재의 특성(예: 환자는 약물 치료의 세 그룹 중 하나에 무작위 배정되었다.)

⑤ 자료 취득 방법(예: 면담, 등록 자료의 연계)

⑥ 독립변수와 종속변수의 선정 및 측정 방법

⑦ 독립변수와 종속변수의 범주화 방법(예: 명목형, 다중 이분형 변수)

⑧ 단변수 분석 방법(예: 범주형 변수의 카이제곱 검정, 연속형 변수에 대한 t검정)

⑨ 다변수 모형 방법(예: 다중 선형 회귀분석, 조건부 로지스틱 회귀)

⑩ 결측값 처리 방법

⑪ 다변수 분석에 포함될 수 있는 변수의 조건과 해당 변수(예: 제시된 모든 변수 중 결과변수와의 연관성 분석에서 유의수준 $p<0.15$인 변수)

⑫ 다변수 분석에서 변수 선택 절차를 사용했을 경우 그 방법(예: 전진 선택, 후진 선택), 그리고 선택 과정에서 설정한 변수를 포함하거나 제외할 조건(예: $p<0.10$)

⑬ 중도절단된 관측값이 있다면 중도절단 처리 시점(예: 대체 결과의 사용, 관찰 종료 시점으로부터 우측 중도절단 처리)

⑭ 연속형 독립변수에 대한 선형성 가정의 검정 방법

⑮ 비례오즈 모형에서 비례오즈 가정의 검정 방법

⑯ 비례위험 모형에서 비례위험 가정의 검정 방법

⑰ 상호작용을 검정한 경우 그 방법

⑱ 사용한 통계 패키지(특정 통계량에 대해 패키지마다 계산 방식이 다를 수 있기 때문이다.)

⑲ 보고한 p값이 단측 검정 혹은 양측 검정에 의한 것인지 여부

본문 내 소절을 이용한다면 ①에서 ③항은 연구 대상자 소절, ④와 ⑤항은 절차 소절, ⑥과 ⑦항은 측정 소절, 그리고 ⑧에서 ⑲항까지는 통계 분석 소절에서 서술한다. 그러나 학술지와 평가자에 따라 선호하는 방식이 다르다.

2 사용한 분석 방법에 대한 통계 문헌을 인용해야 할까?

사용한 분석 방법에 대해 통계 문헌을 제시하는 데에는 두 가지 이유가 있다.

① 연구자가 수행한 분석 방법이 낯설어 더 깊이 이해하고자 하는 독자에게 정보를 제시하기 위해
② 연구자가 수행한 분석 방법이 최선의 선택인지 이견의 여지가 있어 최종적으로 선택한 방법론에 대한 근거를 제시하기 위해

어떤 방법은 이름만 기술해주면 되고, 어떤 방법은 그 내용까지 자세히 서술해야 하는지에 대해 합의된 규칙은 없다. 왜냐하면 통계 방법론에 대한 독자의 지식수준이 학술지에 따라 차이가 있기 때문이다. 그러나 다중 선형 회귀분석이나 로지스틱 회귀분석과 같이 너무나 잘 알려진 방법에 대해 인용할 필요는 없다. 비례위험 회귀모형에 대해서는 종종 아래와 같은 고전을 인용하기도 한다.

Cox, D. R. (1972). "Regression models and life tables." *J. R. Stat. Soc*, 34, 187–220.

그렇다고 이런 고전적 인용을 읽어보는 것이 항상 도움이 되는 것은 아니다. 일반 독자가 읽고 이해하기에는 내용이 너무 기술적이고 복잡하기 때문이다. 오히려 비례위험 모형은 일반적인 통계 서적에서 더 쉽게 서술하고 있다. 한편 포아송 회귀모형 또는 음이항 회귀모형을 사용한 논문을 작성한다면, 다음과 같은 문헌을 인용하는 것이 도움이 된다.

Gardner, W., Mulvey, E. P., and Shaw, E. (1995). "Regression analyses of counts and rates: Poisson, overdispersed Poisson, and negative binomial models," *Psych. Bull*, 118, 392–404.

만약 자주 사용되지 않고 이견의 여지가 있는 분석 방법을 사용하는 경우 참고문헌을 제시하는 것이 좋다. 참고문헌은 연구자가 이 방법을 선택한 결정의 근거가 되고 복잡한 분석 방법을 논문의 본문에 길게 설명하지 않고도 독자가 이해할 수 있도록 해주기 때문이다. 대부분의 학술지는 단어 제한을 두고 있기 때문에 이 방법을 활용하는 것이 좋다. 예를 들어 비례위험 회귀모형을 사용한다면 비례위험 가정을 검토하는 방법에 대한 참고문헌을, 일반화 추정 방정식을 사용한다면 어떤 종류의 가상관행렬(working correlation matrix)을 선택했는지에 대한 참고문헌을 제시하는 게 좋다.

3 어떤 정보를 결과로 제시해야 할까?

방법론을 얼마나 자세히 설명해야 하는지에 대한 질문에 겸해 답하자면, 분석 결과를 어디까지 제시해야 하는지에 대한 일률적인 원칙은 존재하지 않는다.

자료에 결측값이 전혀 존재하지 않는 경우가 아니라면 개별 분석 결과마다 n수를 제시해야 한다. 다중 회귀모형 결과에서 회귀계수와 그에 대한 표준오차, 계수의 통계적 유의수준을 제시하는 것이 일반적이며, 모형이 결과변수를 얼마나 잘 설명하는지에 대한 판단 척도로는 수정된 R^2값을 많이 사용한다.

로지스틱 회귀분석과 비례위험 분석에서는 추정계수를 그대로 제시하지 않고, 오즈비 또는 비례위험과 이들의 95% 신뢰구간으로 제시한다. 신뢰구간은 표준오차와 p값에 대한 정보를 포함하고 있어 유용하다. 모형이 자료를 얼마나 잘 설명할 수 있는지 나타내는 방법은 상황에 따라 다르다. 가능도비 검정이나 호스머-레임쇼(Hosmer-Lemeshow) 검정을 사용하거나, 도표나 표 형태로 결과변수의 추정값을 관측값과 비교할 수 있다. 앞에서 언급하지 않았던 다른 방법을 사용할 수도 있다(8장 2-2절). 진단 또는 예후 연구에서는 예측에 대한 몇몇 척도(민감도, 제대로 분류된 개체의 수, c지수 등)를 제시한다(8장 2-2절).

많은 논문에서 연구와 관련된 주요 결과만 제시하는 것이 유행이다. [표 14-1]은 여성의 심장질환과 뇌졸중 위험에 대한 연구를 재현한 것이다.[2] 이 연구에서는 비례위험 분석을 사용하여 현재의 에스트로겐 또는 에스트로겐/프로게스틴 치료 요법이 관상동맥 질환이나 뇌졸중 위험을 증가시키는지 확인했다.

표에는 추적관찰 기간의 인-년, 개체의 수, 비례위험도와 95% 신뢰구간이 제시되어 있다. 비례위험은 연령에 대해서만 보정된 결과와, 관상동맥 질환 및 뇌졸중 발생 가능성에 영향을 미치는 다른 여러 변수가 모두 보정된 결과의 두 가지 형태로 제시되어 있다. 표의 아래에 있는 † 표시에는 보정된 변수 목록을 제시했다. 이 과정에서 자연스럽게 다른 변수에 대한 비례위험과 95% 신뢰구간이 함께 추정되었겠지만 이들이 모두 표에 제시되지는 않았다. 그러나 표의 하단에 나열된 변수 중 일부(예: 연령, 흡연)가 관상동맥 질환 및 뇌졸중 위험과 관련되어 있다고 보고한 연구가 있으므로 이들 통계량을 완전히 무시할 수만은 없을 것이다.

다른 변수에 대한 비례위험과 신뢰구간을 모두 제시하지 않는 이유는 이 값까지 제시할 경우 표가 너무 커지기 때문이다. 또한 이 연구는 관상동맥 질환과 뇌졸중에 대한 에스트로겐과 에스트로겐/프로게스틴 요법이 미치는 영향을 검증하기 위해 설계된 것이지, 연령 또는 흡연의 효과를 평가하려는 연구가 아니다. 그러한 질문에 대한 답은 이미 다른 연구에서 제시하고 있으므로 이 연구에서 굳이 다시 제시할 필요성은 떨어지는 것이다.

그러나 이러한 제시 방법에는 단점이 있다. 첫째, 관상동맥 질환과 뇌졸중에 대해 에스트로겐과 에스트로겐/프로게스틴 요법이 미치는 영향이 흡연과 같은 다른 요인에 비해 어떤 강도로 작용하는지를 비교할 수 없다. 둘째, 이 연구 결과가 미래의 다른 연구에 기여하는 데 제한이 있다. 예를 들어 향후 호르몬 요법 외에 경구피임약 사용에 따른 주요 관상동맥 질환이나 뇌졸중 발생에 대한 메타분석을 실시한다면, 이 표에 제시된 결과에서 얻을 수 있는 정보가 없다. 이 연구의 결과만으로는 과거 경구피임약 사용 여부가 가지는 결과변수에 대한 효과크기(effect size)를 알 수 없기 때문이다.

2 Grodstein, F., Stempfer, M. J., Manson, J. E., et al. (1996), "Postmenopausal estrogen and progestin use and the risk of cardiovascular disease." *N. Engl. J. Med*, 335, 453–461.

[표 14-1] 1978년-1992년 에스트로겐과 에스트로겐/프로게스틴을 사용하는 여성과 사용하지 않은 여성에서의 심혈관 질환 발생의 비례위험도

호르몬 사용	인-년	발생 건수	주요 관상동맥 질환		발생 건수	뇌졸중(모든 형태)	
			비례위험(95% 신뢰구간)			비례위험(95% 신뢰구간)	
			연령 보정 결과	다변수 보정 결과†		연령 보정 결과	다변수 보정 결과†
전혀 사용하지 않음	304,744	431	1.0 (기준)	1.0 (기준)	270	1.0 (기준)	1.0 (기준)
사용 형태							
에스트로겐 단일 제제	82,626	47	0.45 (0.34–0.60)	0.60 (0.43–0.83)	74	1.13 (0.88–1.46)	1.27 (0.95–1.69)
에스트로겐/프로게스틴	27,161	8	0.22 (0.12–0.41)	0.39 (0.19–0.78)	17	0.74 (0.45–1.20)	1.09 (0.66–1.80)

†분석 결과는 다음 변수로 보정되었다. 연령(5세 단위 구간), 시간(두 연도 범주), 폐경 당시 연령(두 연도 범주), 체지방지수(분위수), 당뇨병 여부(예/아니오), 고혈압 여부(예/아니오), 높은 콜레스테롤 수치(예/아니오), 흡연 상태[전혀 피운 적 없음, 과거 또는 최근 흡연(하루 1-14, 15-24, 또는 25개비 이상)], 과거 경구피임약 사용 여부(예/아니오), 부모의 60세 이전 심근경색 병력(예/아니오), 폐경 특성(자연 또는 수술로 인한).

출처: Grodstein, F., et al. (1996). "Postmenopausal estrogen and progestin use and the risk of cardiovascular disease." *N. Engl. J. Med*, 335, 453–461.

마지막으로, 결과의 적절성을 검토하는 측면에서 몇몇 독립변수의 영향에 대한 분석 결과가 선행 연구에서 보고되었던 것과 유사하다면 연구 결과가 견고하다는 것을 보다 자신 있게 주장할 수 있을 것이다. 예를 들어 기존에 흡연이 관상동맥 질환 및 뇌졸중과 연관성이 있다는 여러 보고가 있었고, 이번 분석 결과에서도 그 경향이 유사하게 나타난다면 분석 모형이 적절하다는 확신을 할 수 있다. 그러나 반대로 분석 결과가 기존 보고와 반대라면 연구자는 모형의 타당성에 대해 고민해보아야 할 것이다.

여러 단점에도 불구하고 결국 한정된 공간과 단어 수 제한의 이유로 [표 14-1]처럼 결과를 제시할 가능성이 크다. 여러 독립변수가 포함된 커다란 모형에서 얻을 수 있는 모든 통계 결과를 제시하기는 어렵다. 이 딜레마를 해결할 수 있는 방법으로 독자가 원하면 전체 분석 결과를 찾아볼 수 있도록 별도의 문서를 웹사이트에 제시하는 것도 좋다.

TIP

전체 분석 결과를 제시하기 어렵다면 별도의 웹페이지나 문서에서 상세 결과를 볼 수 있도록 하는 것이 좋다.

chapter

15

요약: 다변수 분석의 절차

1단계: 결과변수가 어떤 형태인지 확인하고, [표 3-1]을 참조하여 다변수 모형의 종류를 결정한다. 만약 결과변수가 반복 측정된 형태라면 [표 11-2]의 방법을 고려한다.

2단계: 단변수 분석을 통해 독립변수와 결과변수의 분포 형태가 어떤지 살펴본다. 연속형 변수라면 정규분포 가정을 위반하지는 않는지, 분포에서 공백인 구간이나 이상값은 없는지 검토한다(3장 2-3절).

3단계: 개별 독립변수와 결과변수 사이에 단변수 분석을 수행한다.

4단계: 명목형 독립변수가 있다면 다중 이분형 변수로 변환한다(4장 2절).

5단계: 연속형 독립변수와 결과변수 사이에 선형 관계가 있는지 확인한다(4장 3절). 만약 그렇지 않다면 변수를 다른 형태로 변환해본다. 이 과정에서 다양한 수학적 변환 함수를 사용할 수 있고, 다중 이분형 변수를 생성할 수도 있다.

6단계: 상관계수 행렬을 만들어본다. 독립변수 중 어느 한 쌍의 상관계수가 0.9를 초과하면 다중공선성이 존재하는 것이므로 어느 변수를 제외하고 분석을 할지 결정한다. 그러나 이것은 절대적인 기준이 아니므로 상관계수가 0.8을 넘는 경우에도 다중공선성을 해결하기 위해 변수 제외가 필요한지 고려해보아야 한다(5장).

7단계: 다변수 분석을 통해 결측값이 얼마나 존재하는지 살펴본다. [표 6-4]를 참조하여 어떠한 방식을 이용해 결측값을 처리할지 검토한다.

8단계: 다변수 분석을 실시한다(7장).

9단계: 적합된 모형이 자료를 얼마나 잘 설명하는지 평가한다[8장 2절, 예: F검정, 가능도비 검정, 수정된 R^2, 호스머-레임쇼(Hosmer-Lemeshow) 검정, c지수].

10단계: 결과변수를 추정할 때 개별 공변량이 가지는 영향력의 크기를 평가한다(8장 3절).

11단계: 회귀진단을 통해 적합된 모형이 기본 가정을 충족하고 있는지 평가하고, 모형의 설명력을 더 향상시키기 위한 방법을 찾아본다(9장). 비례오즈 회귀분석이라면 비례오즈 가정을 충족하는지 확인하고(9장 8절), 비례위험 모형에서는 비례위험 가정을 충족하는지 확인한다(9장 9절).

12단계: 모형에 상호작용항이 필요한지 검토한다(1장 4절, 7장 3절, 8장 4절, 9장 7절).

13단계: 적합된 모형의 타당성 검증이 가능한지 검토한다(12장).

14단계: 이제 논문을 작성하여 *New England of Journal of Medicine*에 게재한 후 친구와 동료들에게 부러움을 잔뜩 받을 일만 남았다.

차후 개정판에 대한 질문이나 제안이 있다면 mhkatz59@yahoo.com으로 보내주기 바란다.

찾아보기

ㄱ

ㄴ

ㄷ

ㄹ

ㅁ

ㅂ

ㅅ

ㅇ

ㅈ

ㅊ

ㅋ

ㅌ

ㅍ

ㅎ